Die Icons bedeuten:

 Anregungen zur Weiterarbeit

 Beispiele

 Checklisten

 Fragen zur Weiterarbeit

 Literaturhinweise

König/Volmer | Einführung in das systemische Denken und Handeln

Inhaltsverzeichnis

Vorwort	9

01 Wie tickt ein soziales System? — 11

»Systemisch« – was heißt das?	12
Theoretischer Hintergrund	13
Merkmale sozialer Systeme	14
Wer hat das Sagen? – Stakeholder und Netzwerke	21
Stakeholdermanagement	21
Visualisierung des sozialen Systems	25
Netzwerke	28
Unser Bild der Wirklichkeit	32
Theoretischer Hintergrund	32
Das Bild der Wirklichkeit klären	34
Das Bild der Wirklichkeit verändern	42
Glaubenssätze	47
Regeln	52
Theoretischer Hintergrund	54
Regeln erkennen	54
Regeln beurteilen	56
Veränderung von Regeln	59
Mit Regeln leben?	62
Regeln, Werte und Rituale	64
Regelkreise: Immer wieder das gleiche Muster	70
Theoretischer Hintergrund	71
Typische Regelkreise	72
Regelkreise erkennen und unterbrechen	75

Wo sind die Grenzen? – Systemgrenzen und Umwelt	82
Theoretischer Hintergrund	83
Wo ist die Grenze? – Systemgrenzen zwischen sozialen Systemen	84
Soziale und materielle Umwelt	86
Entwicklung sozialer Systeme	89
Theoretischer Hintergrund	89
Der Blick zurück: die Geschichte	94
Der Blick nach vorn: die Vision	98
Die Zukunft gestalten	99

02° Struktur und Intuition: zwei Seiten einer Medaille — 103

Struktur ist nicht alles, aber sie hilft: GROW	104
Theoretischer Hintergrund	104
GROW: Die Struktur des Problemlösungsprozesses	106
Die Kunst der »starken« Fragen	112
Wer hat das Problem?	114
Die andere Seite der Medaille: Bauchgefühl und Empathie	118
Theoretischer Hintergrund	118
Die eigenen Emotionen nutzen	121
Empathie: Die Gefühle des anderen erfassen	125
Geschichten erzählen	128

03° Handlungsfelder — 133

Systeme verstehen	134
Theoretischer Rahmen	137
Das Interview	138
Beobachtung	144
Dokumentenanalyse	147
Auswertung und Zusammenfassung der Ergebnisse	148
Eine neue Position: Schritte in ein neues System	151
Theoretischer Hintergrund	151

Inhalt

Die Ablösungsphase	152
Die Schwellenphase	153
Die Diagnosephase	155
Die Integrationsphase	156
Moderation: Struktur und Steuerung des Systems	158
Theoretischer Hintergrund	159
Moderation als Steuerung des Prozesses: GROW	159
Moderation als Steuerung des sozialen Systems	162
Konflikte schlichten	168
Theoretischer Hintergrund	168
Schlichtung von Konflikten als Steuerung eines sozialen Systems	171
Die Struktur des Schlichtungsgesprächs	173
Fort- und Weiterbildung: systemisch	179
Theoretischer Hintergrund	180
Soziale Systeme: Teilnehmer, Auftraggeber, Leitungs- und Veranstaltungssystem	180
Die Vorbereitung der Veranstaltung: systemisch betrachtet	182
Durchführung der Veranstaltung: Steuerung eines komplexen Systems	186
Sicherung der Nachhaltigkeit	188
Systemisches Projektmanagement	191
Theoretischer Hintergrund	191
Prozess- und Systemebene bei Projekten	192
Systemische Führung	195
Theoretischer Hintergrund	195
Aufgaben der Führung	197
Systemische Führung als Intervention in komplexen sozialen Systemen	198
Der Entscheidungsprozess im Rahmen systemischer Führung	200
Change als Veränderung eines sozialen Systems	203
Theoretischer Hintergrund	204
Change als Veränderung eines sozialen Systems	207
Schritte in Veränderungsprozessen	211

Coaching und Organisationsberatung – aber systemisch!	216
Theoretischer Hintergrund	218
Die Struktur des Coaching- und Organisationsberatungsprozesses	220
Der Blick auf das soziale System	221
Das Beratungssystem	223
»Mit sich selbst befreundet sein«: Selbstmanagement und Lebenskunst	226
Theoretischer Hintergrund	226
Wie kann ich »besser« mit mir umgehen? – Faktoren des Selbstmanagements	228
Selbstmanagement durch die Veränderung von Auslösern	228
Selbstmanagement durch die Veränderung von Glaubenssätzen	230
Selbstmanagement durch die Nutzung der emotionalen Intelligenz	231
Selbstmanagement als Teil der Lebensstrategie	232
Selbstmanagement durch die Entwicklung besserer Copingstrategien	234
Und zum Abschluss: Unterbrechen Sie hinderliche Regelkreise	238

04° Grundlagen — 241

Personale Systemtheorie: Wurzeln und Konzepte	242
Das Menschenbild	253

05° Anhang — 261

Literaturverzeichnis	262
Personenverzeichnis	272
Stichwortverzeichnis	275

Vorwort

> Menschen sind abhängig vom jeweiligen sozialen System – aber Menschen können soziale Systeme auch verändern

Diese beiden Sätze fassen die Kernbotschaft dieses Buches zusammen: Ob Sie als Führungskraft oder Mitarbeiter in einer Organisation arbeiten, in einem Krankenhaus, einer Behörde, als Lehrerin in einer Schule oder wo auch immer – Sie sind Teil sozialer Systeme. Das bedeutet auf der einen Seite: Sie werden vom sozialen System, von anderen Personen, von ihren Gedanken und ihren Handlungen beeinflusst, aber auch von geltenden Regeln und Strukturen, die Sie nicht beliebig abändern können.

Auf der anderen Seite aber sind Sie als Person der Eigendynamik eines sozialen Systems nicht blindlings ausgeliefert, sondern können Ihrerseits das soziale System verändern. Es gibt zahllose Beispiele, wo es eine einzelne Person war, die ein soziales System (zum Guten oder Schlechten) entscheidend verändert und geprägt hat – vermutlich kennen Sie etliche solcher Situationen. Wenn Sie als Führungskraft neu in ein System mit vorgegebenen Strukturen kommen, als Lehrerin oder Ärztin neu in einer Schule oder in einer Klinik starten oder nach dem Studium Ihre erste Stelle antreten, dann können Sie bestimmte Strukturen nicht verändern, aber Sie können ändern, wie Sie damit umgehen. Sie können sich ausgeliefert fühlen und Ihr Schicksal beklagen, oder Sie können Ihren Freiraum nutzen, ausloten und möglicherweise ausweiten. Sie können sich einrichten – und Sie können (zumindest in der Regel) ein soziales System durchaus verlassen. Sie verändern damit auch das soziale System.

Aufzuzeigen, was das konkret für das praktische Handeln bedeutet, sensibel zu werden für die Grenzen, die Risiken und die Chancen, die das soziale System bietet, aber gleichzeitig neue Handlungsmöglichkeiten in den Blick zu nehmen, das ist unser Anliegen in diesem Buch.

Das Buch basiert auf zwei Ansätzen:

- Der eine Ansatz entstammt der langjährigen Forschungstätigkeit zur Personalen Systemtheorie im Rahmen des Arbeitsbereichs Weiterbildung/Organisationsberatung an der Universität Paderborn. Grundlage des Buches ist die ursprünglich in der Tradition von Gregory Bateson entstandene Systemtheorie, bei der die Aufmerksamkeit sowohl auf die denkenden und handelnden Personen einer Organisation gerichtet ist als auch auf die sozialen Regeln und

Regelkreise und die Grenze zur Umwelt, die das Verhalten einer Organisation bestimmen,
- Der andere Ansatz entspringt aus der mehr als 25-jährigen praktischen Erfahrung als Coach und Berater, bei der Begleitung von Veränderungsprozessen in Unternehmen, Schulen, Krankenhäusern und Behörden sowie aus unseren Ausbildungen in Systemischer Organisationsberatung und Systemischem Coaching, in denen wir mittlerweile mehrere tausend Teilnehmerinnen und Teilnehmer begleitet haben.

Den Anstoß zu diesem Buch gaben die von uns begleiteten Führungskräfte, Teams, Teilnehmer unserer Ausbildungen, Studierenden, die mit der Frage an uns herantraten, wo man denn das, was wir im konkreten Miteinander erarbeitet haben, nochmals nachlesen und vertiefen könnte. Geschrieben ist dieses Buch für

- Führungskräfte und Mitarbeiter, die sich bewusst machen wollen, was es heißt, in einem sozialen System zu handeln und den Blick dafür ausweiten wollen;
- Trainer und Berater, die ihren Teilnehmern oder Klienten deutlich machen möchten, was systemisches Denken und Handeln bedeutet – oder die sich selbst weiter damit vertraut machen möchten;
- alle Personen, die in ein »neues« soziales System kommen – sei es als Führungskraft in ein neues Team, als Lehrerin in eine neue Schule oder von der Universität in ein neues berufliches System. Immer wird der Blick auf das System ein wichtiger Erfolgsfaktor sein;
- alle, die mehr darüber erfahren wollen, was es konkret heißt, systemisch zu denken und zu handeln.

Diese »Einführung in systemisches Denken und Handeln« ist zum einen ein theoretisch fundiertes, zum anderen aber vor allem ein praktisch ausgerichtetes Buch, in dem wir aufzeigen wollen, was systemisches Denken und Handeln konkret bedeutet – sei es als Führungskraft oder Mitarbeiter, als Lehrerin oder Lehrer, bei Ihrer Arbeit im Unternehmen, in der Schule, im Krankenhaus oder wo auch immer.

Wir danken unseren Gesprächspartnerinnen und Gesprächspartnern in den von uns beratenen Organisationen, in unseren Ausbildungsgruppen und den verschiedenen Hochschulen. Sie haben uns immer wieder Anstöße gegeben, unsere Überlegungen theoretisch zu reflektieren, praktisch umzusetzen und neue Lösungen zu entwickeln. Ihnen ist dieses Buch gewidmet.

Paderborn, Juni 2016   Eckard König   Gerda Volmer

Wie tickt ein soziales System?

01

»Systemisch« – was heißt das?

Beispiel: Vom Mitarbeiter zur Führungskraft

Thomas Wolf war bis vor einem halben Jahr Mitarbeiter im Bereich von Frau Sommer. In den letzten zwei Jahren hatte die Abteilung keinen eigenen Vorgesetzten, sondern verstand sich als Team. Aber das führte zu einem unklaren Nebeneinander verschiedener Aktivitäten, sodass jetzt auf der Ebene der Bereichsleitung beschlossen wurde, Herrn Wolf als Abteilungsleiter einzusetzen. Dieser ist bekannt als ein guter Fachmann, der seine Materie beherrscht und bei Kollegen und Vorgesetzten akzeptiert wird. Von daher ging er frohen Mutes an die neue Aufgabe. Nur: Es entwickelte sich nicht so, wie er es sich vorgestellt hatte.

Die Situation: Das Verhältnis zu den Kollegen hat sich verändert. Es ist distanzierter geworden. Insbesondere Frau Flick, die sich ebenfalls Hoffnung auf die Position des Abteilungsleiters gemacht hatte, geht ständig in Opposition. Sie bearbeitet ihre Themen weiter wie bisher, allerdings ohne den neuen Abteilungsleiter zu informieren. Auch die bisher gute Beziehung zur Bereichsleiterin, Frau Sommer, hat sich verändert: Sie ist unzufrieden, dass ihre Vorstellungen immer noch nicht umgesetzt werden.

Solche Situationen sind kein Einzelfall. Wir sind – durch unsere schulische Sozialisation, durch die Ausbildung oder das Studium und nicht zuletzt durch die fachliche Arbeit in unserem Beruf – so auf »Inhalte« ausgerichtet, dass wir häufig übersehen, dass entscheidende Erfolgsfaktoren auf einer ganz anderen Ebene liegen. Herr Wolf mag ein kompetenter und erfahrener Fachmann sein, aber ihm fehlt das Gespür dafür, was in diesem komplexen sozialen Geflecht abläuft. Er bemerkt nicht, dass hier bestimmte Personen sich zurückgesetzt fühlen, dass sie verunsichert sind, wie sie Herrn Wolf gegenübertreten sollen (lässt er jetzt den Chef raushängen?), dass plötzlich alte Gewohnheiten (jeder führt die Projekte durch, die er mag) nicht mehr gelten sollen. Herrn Wolf fehlt der Blick auf das, wie wir es im Folgenden nennen: »soziale System«. Doch was ist ein soziales System? Was bedeutet es, die Aufmerksamkeit darauf zu lenken? Wie geht das?

Unser übliches Erklärungsmodell im Alltag ist das Ursache-Wirkungs-Denken. Wir fragen jeweils nach der Ursache: Ist Herr Wolf doch der Falsche für diese Position (weil er nicht so kompetent ist)? Oder ist es Frau Flick, die an allem schuld ist? Mit solchen Fragen setzen wir ein bestimmtes Denkmodell voraus, nämlich das Ursache-Wirkungs-Denken: Wir gehen davon aus, dass es eine oder einige Ursachen gibt, die zu dieser Situation geführt haben.

In vielen Situationen ist dieses Ursache-Wirkungs-Denken hilfreich. Wenn das Auto nicht anspringt, fragen wir nach der Ursache – und in der Regel findet ein Experte die Ursache und kann das Problem beheben. Aber in komplexen Situationen reicht dieses Denken nicht aus. So sind es bei Herrn Wolf zahlreiche Faktoren, die ineinanderwirken und zu dieser Situation geführt haben: beispielsweise die Tatsache, dass er bisher Kollege unter Gleichgestellten war; dann kommen die Erwartungen von Frau Sommer dazu; aber auch die Vorgeschichte der letzten zwei Jahre spielt eine Rolle. Genau hier liegt der Ansatz der Systemtheorie.

> Systemtheorie, so wie wir sie hier verstehen, ist ein Modell, das uns hilft, komplexe soziale Situationen besser zu verstehen und in ihr besser zu handeln.

Theoretischer Hintergrund

Die Systemtheorie ist in den 1940er-Jahren entstanden als Modell zur Erklärung komplexer Situationen. Ein System, so die allgemeine Definition (König/Volmer 2014, S. 48 ff.), ist gekennzeichnet durch

- Elemente
- Relationen zwischen den Elementen, wobei diese Relationen keine kausalen Ursache-Wirkungs-Beziehungen, sondern Regelkreise sind, bei denen verschiedene Elemente wechselseitig aufeinander einwirken
- die Abgrenzung zur Systemumwelt, wobei die Grenze mehr oder weniger durchlässig sein kann.

Im Laufe der Entwicklung der Systemtheorie haben sich drei unterschiedliche Ansätze herangebildet (ausführlicher dazu König/Volmer 2014, S. 32 ff.):

- Eine »allgemeine Systemtheorie«, die sich als Universaldisziplin gleichermaßen für Physik, Astronomie, Biologie und Sozialwissenschaften verstand.
- Die soziologische Systemtheorie in der Tradition von Niklas Luhmann, in der Systeme durch ihre Abgrenzung von der Umwelt definiert sind. Damit werden für Luhmann Kommunikationsereignisse Elemente des Sozialsystems, Personen sind nicht Teil des Systems, sondern werden der Systemumwelt zugerechnet.
- Eine personale Systemtheorie in der Tradition von Gregory Bateson, in der die denkenden und handelnden Personen als Elemente des sozialen Systems ver-

standen werden, das System darüber hinaus aber auch bestimmt ist durch soziale Regeln, Regelkreise und die Abgrenzung zur Umwelt.

Dieses letzte Konzept einer »personalen Systemtheorie« – es wird im am Schluss dieses Buches ausführlicher dargestellt (s. S. 242 ff.) – ist Grundlage der folgenden Kapitel.

Merkmale sozialer Systeme

Greifen wir auf das System von Herrn Wolf zurück. Seine Situation ist bestimmt von den beteiligten Personen: Frau Flick, Frau Sommer sowie weiteren Personen. Das System ist aber auch bestimmt von den Gedanken, die sich die beteiligten Personen zur Situation machen. Dann gibt es die sozialen Regeln in diesem System: Zum Beispiel galt bisher die Regel, dass sich jeder Mitarbeiter selbst sein Thema, an dem er vorrangig arbeitete, aussuchen konnte. Dazu kommen Systemgrenzen, die die Abteilung von anderen Abteilungen, aber zum Beispiel auch von Kunden abgrenzen. Das System hat seine Eigendynamik entwickelt, die sich in einem Regelkreis ausdrückt: Herr Wolf fordert immer wieder gemeinsame Abstimmung der Projekte ein, Frau Flick hält sich aber nicht daran. Allgemein formuliert: Der Zustand dieses sozialen Systems ist bestimmt von:

- den für diese Situation relevanten Personen
- ihren – wie wir im Folgenden formulieren – subjektiven Deutungen, also ihren Gedanken und Empfindungen zu dieser Situation
- sozialen Regeln, die in einem System festlegen, was man tun soll, darf oder nicht tun darf
- Regelkreisen, das heißt immer wiederkehrenden Verhaltensmustern, die sich wechselseitig beeinflussen
- der materiellen und sozialen Systemumwelt – zum Beispiel sowohl der räumlichen Situation (der materiellen Umwelt) als auch der mehr oder weniger durchlässigen Grenze zu anderen sozialen Systemen
- der Vorgeschichte, also der bisherigen Entwicklung

> Systemisch denken und handeln bedeutet hier zweierlei:
> - *Diagnose des sozialen Systems:* Wichtig ist, sich zu überlegen, welche Bedeutung die verschiedenen Faktoren für die konkrete Situation haben.
> - *Systemische Intervention:* Im Blick auf die Diagnose gilt es, konkrete Handlungen zu überlegen und umzusetzen.

»Systemisch« – was heißt das?

Was das im Einzelnen heißt, wird im Folgenden anhand des Beispiels von Herrn Wolf dargestellt.

Personen als Elemente sozialer Systeme. Das erste Problem von Herrn Wolf ist, dass er seine Aufmerksamkeit zu wenig auf die in dieser Situation relevanten Personen richtet. Sein Erfolg als neuer Abteilungsleiter hängt eben nicht nur von seiner fachlichen Kompetenz ab, sondern von anderen Personen, mit denen er aus der neuen Rolle heraus zurechtkommen muss. Welche Personen hier jeweils relevant sind, lässt sich nicht aus dem Organigramm ableiten, sondern ergibt sich aus der jeweiligen Fragestellung: Mit Blick auf das Ziel, die eigene Position im sozialen System zu festigen, sind für Herrn Wolf die Teammitglieder relevant (wobei einige eine wichtigere Rolle spielen), die Bereichsleiterin, die Kollegen und die Geschäftsführung. Wenn es um Fragen der Zusammenarbeit mit Kunden geht, dann wären (teilweise) andere Personen in den Blick zu nehmen: die Ansprechpartner bei den Kunden, vielleicht Mitarbeiter aus der Produktion oder Logistik.

Aufgabe für Herrn Wolf ist es, seine Position in Bezug auf andere Personen zu überprüfen und gegebenenfalls zu verändern. Möglicherweise ist es notwendig, sich mehr auf die Bereichsleiterin zu konzentrieren, den Kontakt zu ihr zu verstärken und sich mehr mit ihr abzustimmen – und zugleich die Distanz zu seinen ehemaligen Kollegen zu vergrößern.

Systemische Grundfragen in Bezug auf die Personen des sozialen Systems

- Wer sind die relevanten Personen, die ich in dieser Situation berücksichtigen muss?
- Welche Handlungskonsequenzen ergeben sich daraus? Geht es zum Beispiel darum, sich Verbündete zu suchen oder sich von bestimmten Personen mehr abzugrenzen oder …?

Die »subjektiven Deutungen: Gedanken und Empfindungen. Die einzelnen Personen machen sich ein Bild über die Wirklichkeit, sie deuten die Situation: Sie beschreiben, erklären und bewerten die Situation und empfinden sie als belastend oder weniger belastend. Herr Wolf sieht sich im Team am Rande. Er glaubt, dass er von seinem Team nicht akzeptiert, aber auch von der Bereichsleiterin nicht unterstützt wird. Er fühlt sich unsicher dabei. Herr Wolf handelt auf der Basis dieser Situation: Er zögert, klare Anweisungen zu geben.

Entsprechend ist die Situation beeinflusst von den subjektiven Deutungen anderer Personen. Frau Fricke fühlt sich in ihrem Freiraum eingeschränkt und versucht, diese Einschränkungen so weit als möglich zu unterlaufen. Andere Teammitglieder haben damit möglicherweise weniger Probleme, vermissen aber vielleicht, dass Herr Wolf endlich eine »klare Ansage« macht. Die Bereichsleiterin hatte von Herrn Wolf erwartet, dass er ein klares Konzept vorlegt, und ist enttäuscht. All diese subjektiven Deutungen beeinflussen das Handeln der jeweiligen Personen und bestimmen damit den Zustand des sozialen Systems.

»Subjektive Deutung« wird hier als Oberbegriff für die Gedanken und Empfindungen gebraucht, die eine Person zu einer Situation hat. Für Herrn Wolf ist »Akzeptanz im Team« zentrales Thema. Er beschreibt die Situation, dass er von einigen nicht akzeptiert wird und bewertet die Situation negativ. Als Ursache (Erklärung) sieht er, dass sich die Kollegin nicht einordnen will. Er überlegt, ob er sich gegenüber der Kollegin mehr durchzusetzen muss – ist aber nicht sicher, ob er das schafft. Eben das führt zu diesem relativ unsicheren wechselnden Verhalten.

Die neueren Forschungen insbesondere im Themenbereich emotionale Intelligenz (s. S. 118) haben gezeigt, dass die Deutung einer Situation nicht nur kognitiv und »rational« erfolgt, sondern immer auch emotional: Es werden ganz bestimmte Emotionen hervorgerufen, die gleichsam Signale an uns auf der Basis unseres intuitiven Wissens sind. Herr Wolf hat der Kollegin gegenüber ein »ungutes Gefühl« und fühlt sich unsicher – und das lässt ihn zögern.

Im Blick auf die subjektive Deutung der Situation ergeben sich neue Handlungsmöglichkeiten. Herr Wolf kann seine subjektiven Deutungen überprüfen und kann sich fragen: Ist meine Beschreibung und Erklärung der Situation angemessen? Er kann sich das Gefühl in dieser Situation bewusstmachen: Welches Gefühl habe ich? Woher rührt das Gefühl? Ist dieses Gefühl berechtigt oder möglicherweise überzogen? Schließlich kann er versuchen, die subjektiven Deutungen anderer Personen zu klären: Was erwartet die Bereichsleiterin? Wo genau sieht Frau Flick das Problem?

Systemische Grundfragen in Bezug auf die subjektiven Deutungen der verschiedenen Personen

- Wie deute ich diese Situation? Wie, mit welchen Begriffen beschreibe ich die Situation? Wie bewerte ich sie? Wie erkläre ich sie? Was sind meine Ziele, die ich in dieser Situation erreichen möchte? Welche Handlungskonsequenzen ergeben sich daraus?
- Lässt sich die Situation auch noch anders deuten? Kann ich sie »aus einer anderen Perspektive« betrachten? Gibt es Aspekte der Situation, die ich bislang ausgeblendet habe, die mir helfen können, damit anders umzugehen?
- Schließlich: Wie deuten die anderen Personen die Situation? Was ist meine Vermutung? Kann ich diese Vermutung überprüfen und zum Beispiel die Personen nach ihren Erwartungen fragen? Was könnte ich dazu beitragen, dass andere ihre Deutung der Situation (oder meiner Person) verändern?

»Systemisch« – was heißt das?

Soziale Regeln. Regeln sind Anweisungen, wer etwas tun soll, tun darf oder nicht tun darf. Sie können explizit (zum Beispiel in Arbeitsplatzbeschreibungen) festgelegt sein oder nur »implizit« gelten. So ist die Situation von Herrn Wolf durch Regeln seiner Arbeitsplatzbeschreibung bestimmt. Entscheidender dürfte jedoch eine implizite Regel sein, die bisher im Team galt: »Jeder Mitarbeiter darf selbst seine Themen und Aufgaben festlegen.« Eben diese Regel führt zu Problemen mit Frau Flick, die versucht, diese Regel weiter durchzusetzen. Herr Wolf steht vor der sicher schwierigen Aufgabe, diese Regel abändern zu müssen.

Regeln werden durch Sanktionen gestützt, also positive oder negative Konsequenzen, die auf Befolgung beziehungsweise Nichtbefolgung einer Regel folgen. Diese Konsequenzen können formalisiert sein und von der Gehaltserhöhung bis zur Abmahnung oder Kündigung reichen. Sie können auch weniger formalisiert sein: Die Kritik von Frau Sommer am Führungsverhalten von Herrn Wolf ist eine Form der Sanktion.

Systemische Grundfragen in Bezug auf die sozialen Regeln

- Welche (offiziellen oder impliziten) Regeln gelten in dieser Situation? Welches Verhalten wird im sozialen System positiv oder negativ sanktioniert?
- Inwieweit sind diese Regeln sinnvoll? Inwieweit sollten sie abgeändert werden?
- Was kann getan werden, um diese Regel abzuändern?

Regelkreise. Regelkreise sind Verhaltensweisen, die sich wechselseitig beeinflussen. Im Beispiel findet sich eine ganze Menge von Regelkreisen:

- Herr Wolf fordert Absprache der einzelnen Arbeitspunkte – Frau Flick legt ihre Themen wie bisher selbst fest.
- Herr Wolf spricht Frau Flick darauf an, Frau Flick argumentiert ausführlich, dass sich dieses Verfahren doch bewährt hat. Die Diskussion verfängt sich in Nebenthemen und endet ohne Ergebnis.

Regelkreise sind von subjektiven Deutungen und sozialen Regeln beeinflusst. Der Versuch von Herrn Wolf, die soziale Regel »Jeder darf für sich die Arbeitsschwerpunkte festlegen« abzuändern, verfängt sich in einem immer wiederkehrenden Muster, hinter dem die jeweiligen subjektiven Deutungen stehen »Ich werde von Frau Flick nicht akzeptiert« und »Mein Arbeitsbereich wird eingeschränkt, dagegen muss ich mich wehren«. Damit ist die Aufgabe für Herrn Wolf deutlich: Er muss sich diese Regelkreise bewusst machen und letztlich versuchen, sie zu unterbrechen.

Systemische Grundfragen in Bezug auf Regelkreise

- Wo liegen Regelkreise (Muster, die immer wiederkehren) vor? Was ist das Verhalten von A? Was ist darauf die Reaktion von B?
- Welche subjektiven Deutungen und sozialen Regeln stehen hinter den Regelkreisen?
- Was wären Möglichkeiten, diese Regelkreise zu unterbrechen?

Die materielle und soziale Umwelt des Systems. Die materielle Umwelt eines Systems umfasst die räumliche Einrichtung, Technik, vorhandene materielle Ressourcen und so weiter. Geringere finanzielle Mittel, aber auch die Tatsache, dass Frau Flick mit einer Kollegin, Frau Gabler, zusammen in einem Büro sitzt und diese negativ beeinflusst, haben sicherlich Auswirkungen auf den Zustand des sozialen Systems. Möglicherweise kann eine räumliche Änderung ein erster Ansatz für die Lösung sein.

Die soziale Umwelt eines Systems sind andere soziale Systeme, von denen das System mehr oder weniger abgegrenzt ist. Das sind zum Beispiel die jeweiligen Kundenbereiche, das kann der Führungskreis des Unternehmens sein, das können aber auch die jeweiligen Familiensysteme sein. Systemgrenzen sind ebenfalls durch soziale Regeln bestimmt: Inwieweit darf ein Austausch mit anderen Teams erfolgen? Darf der Vorgesetzte jederzeit ins Team kommen? Oder gibt es eine »implizite« Regel, ihn möglichst weit draußen zu halten?

Systemgrenzen können zudem innerhalb eines sozialen Systems bestehen und grenzen dann Subsysteme gegeneinander ab. Das ist offenbar hier der Fall: Frau Flick und Frau Gabler, die beiden eher kritischen Mitarbeiter von Herrn Wolf, bilden so etwas wie ein Subsystem, bei dem die Systemgrenze insbesondere zu Herrn Wolf relativ starr ist: Die beiden hängen immer zusammen, besprechen alles miteinander und tragen dadurch zu den Problemen im System bei. Auch hier wird es die Aufgabe von Herrn Wolf sein, sich zu überlegen, wie er damit umgehen soll: Soll er versuchen, die Systemgrenze zu den beiden Kollegen durchlässiger zu machen (indem er zum Beispiel mehr mit ihnen abstimmt)? Oder sollte er eher die beiden als ein eigenes Subsystem mit einem gesonderten Aufgabenbereich stabilisieren?

Systemische Grundfragen in Bezug auf die materielle und soziale Umwelt

- Welchen Einfluss hat die materielle Umwelt, haben Technik, räumliche Ausstattung und so weiter auf die bestehende Situation? Gibt es Möglichkeiten, hier Veränderungen vorzunehmen?

»Systemisch« – was heißt das?

- Welchen Einfluss haben Rahmenbedingungen des Unternehmens, gesetzliche Regelungen und so weiter? Welche Handlungskonsequenzen ergeben sich daraus?
- Welche anderen sozialen Systeme sind zu beachten? Wie sind die Systemgrenzen beschaffen? Sollten die Systemgrenzen mehr geschlossen oder offener sein?
- Bestehen innerhalb des sozialen Systems Subsysteme? Wie sind die Systemgrenzen zwischen diesen Subsystemen? Sind hier Änderungen erforderlich – sei es, dass man versucht, die Systemgrenze durchlässiger oder weniger durchlässig zu gestalten?

Die bisherige Entwicklung des sozialen Systems. Soziale Systeme haben einen Anfang und einen Endpunkt und entwickeln sich zwischen diesen Punkten. Jedes System ist damit von seiner Geschichte beeinflusst. In unserem Beispiel bedeutet das: Die gegenwärtigen Probleme, die Herr Wolf in seiner Führungsrolle hat, resultieren (unter anderem) daraus, dass dieses System lange Zeit keine Leitung hatte. Auch hier gilt für Herrn Wolf: sich dessen bewusst zu werden und möglicherweise zu verdeutlichen, dass diese Phase jetzt abgeschlossen ist, dass es gilt, Altes sowohl zu bewahren als auch von bestimmten Gewohnheiten Abschied zu nehmen.

Zusammengefasst: Die Schwierigkeiten von Herrn Wolf haben mehrere Ursachen, denn hier wirken die verschiedenen Faktoren des sozialen Systems ineinander. Damit wird der Blick geöffnet für neue Handlungsmöglichkeiten: Es wird wenig bringen, weiter mit Frau Flick zu argumentieren. Aber vielleicht kann er versuchen, Frau Flick eine neue Aufgabe zu geben, kann neue Regeln einführen, die Teammitglieder in anderen Konstellationen zusammenarbeiten lassen. Eben darin liegt die praktische Relevanz eines systemischen Vorgehens. Was das im Einzelnen heißt, werden wir in den folgenden Kapiteln weiter explizieren.

Anregungen zur Weiterarbeit

Auch wenn die einzelnen Themen in den folgenden Kapiteln weiter ausgeführt werden: Versuchen Sie, im Blick auf ein relevantes Thema »Ihr« soziales System in einer ersten Runde zu analysieren und neue Handlungsoptionen zu entwickeln. Fragen Sie sich:
- Welche Personen spielen meinem sozialen System eine Rolle? Welche Veränderungen sind hier möglich? Ist es sinnvoll, sich möglicherweise neue Verbündete zu suchen, den Kontakt zu bestimmten Personen zu intensivieren – oder die Distanz zu bestimmten Personen zu vergrößern, möglicherweise auch Personen auszuwechseln?
- Was sind die subjektiven Deutungen der handelnden Personen? Wie deuten Sie und die anderen Beteiligten die Situation? Was empfinden Sie und die anderen Personen dabei? Lässt sich die Situation anders deuten?

- Welche offiziellen und impliziten sozialen Regeln spielen hier eine Rolle? Wofür wird man in diesem System positiv oder negativ sanktioniert? Sind die geltenden Regeln sinnvoll? Oder sollten einzelne Regeln abgeändert werden? Wie könnten bisherige Regeln außer Kraft gesetzt oder neue Regeln implementiert werden?
- Gibt es Regelkreise (immer wiederkehrende Verhaltensmuster)? Was haben Sie bisher (ohne Erfolg) versucht? Was wären andere Möglichkeiten?
- Welche Bedeutung hat die materielle Systemumwelt? Sind hier Änderungen möglich? Wie ist die Systemgrenze zu anderen sozialen Systemen? Gibt es Subsysteme? Lässt sich die materielle Umwelt und lassen sich Systemgrenzen ändern?
- Wie ist die Vorgeschichte? Muss diese Vorgeschichte aufgearbeitet werden? Was aus der Vergangenheit sollte beibehalten, was aber muss verändert werden?

Literaturhinweise

Die historische Entwicklung der Systemtheorie wird auf Seite 242 ff. ausführlicher dargestellt. Mehr findet sich dazu auch bei:
- König, E./Volmer, G. (2014): Handbuch systemische Organisationsberatung. 2. Auflage, Weinheim und Basel: Beltz

Darüber hinaus sei hier lediglich noch ein Buch erwähnt, das das Vorgehen eines systemischen Ansatzes an zahlreichen Beispielen verdeutlicht:
- O'Connor, J./MacDermott, I. (2006): Die Lösung lauert überall. 4. Auflage Kirchzarten bei Freiburg: VAK-Verlag

Wer hat das Sagen? – Stakeholder und Netzwerke

Stakeholdermanagement

Beispiel: die neuen Geschäftsführer

Herr Holl ist Geschäftsführer eines größeren mittelständischen Unternehmens. Bislang lag die Leitung in der Hand von drei Geschäftsführern: Herr Koch fungiert als CEO, Herr Braun ist zuständig für Finanzen und eben Herr Holl, der zuständig für die Technik ist. Zwischenzeitlich wurde das Unternehmen verkauft. Der neue Investor hat nun zwei weitere Geschäftsführer eingesetzt: Frau Fortner als neue CEO und Herrn Quantus, zuständig für die Finanzen. Herr Braun hat das Unternehmen mittlerweile verlassen. Herr Holl macht sich Gedanken: Wie ist meine Position in dieser neuen Konstellation? Bislang hat er eng mit Herrn Koch, dem ehemaligen CEO, zusammengearbeitet. Er fragt sich: Gerate ich jetzt in die Schusslinie der neuen CEO? Muss ich um meine Position fürchten?

Vielleicht kennen Sie solche Situationen:

- Das System verändert sich. Was bedeutet das für mich? Werde ich an den Rand gedrängt? Wird mein Freiraum eingeschränkt?
- Sie übernehmen eine Führungsposition, waren bislang Kollegin und werden jetzt Vorgesetzte. Wie werden die ehemaligen Kollegen mit dieser Situation umgehen? Werde ich überhaupt akzeptiert – oder versuchen einige, gegen mich zu agieren?
- Sie kommen neu in eine Organisation, zum Beispiel als Lehrerin in ein neues Kollegium. Die anderen kennen sich schon länger. Wie wird hier das Klima sein? Kann ich das verwirklichen, was ich mir vorstelle? Oder geschieht es hier wie auf einem Hühnerhof, wo die bisherigen Hühner versuchen, das »neue Huhn« in die Ecke zu drängen, um sich selbst den besten Futterplatz (übertragen: zum Beispiel den besten Stundenplan) zu sichern?

In allen drei Beispielen geht es um das gleiche Thema: sich in einem sozialen System gegenüber anderen relevanten Personen – den Stakeholdern – zu positionieren.

Stakeholder sind die Personen oder Personengruppen, die maßgeblichen Einfluss auf den Erfolg (oder Misserfolg) einer Organisation, eines Projekts, einer Maßnahme haben. In unserem Beispiel: Wer sind die relevanten Personen, die Einfluss darauf haben, wie Herr Holl sich in seiner neuen Position positioniert.

Theoretischer Hintergrund

Der Begriff Stakeholder wurde in den 1960er-Jahren durch Edward R. Freeman in die Organisationstheorie eingeführt. Stakeholder sind diejenigen »Individuen oder Gruppen, die die Ziele einer Organisation beeinflussen können oder die von deren Zielerreichung betroffen sind« (Freeman 1984, S. 25). Stakeholdermanagement ist ein wichtiger Erfolgsfaktor zum Beispiel bei Strategieprozessen in Organisationen (zum Beispiel Kerth/Asum/Stich 2015, S. 153 ff.). Hier sind es insbesondere die verschiedenen Interessengruppen wie Anteilseigner, aber auch Kunden, Mitarbeiter, Betriebsrat. Stakeholdermanagement ist aber ebenso ein wichtiger Bestandteil des Projektmanagements (zum Beispiel Reuter 2011, S. 52 ff.). Hier können es zum Beispiel Linienvorgesetzte sein, die das Projekt behindern (oder unterstützen), und damit wichtige Stakeholder sind. Damit lassen sich verschiedene Stakeholdergruppen unterscheiden:

- **Legitimierte Stakeholder:** beispielsweise der Eigentümer eines Unternehmens, der Aufsichts- oder der Verwaltungsrat, aber auch der Betriebsrat
- **Stakeholder durch Beteiligung am Wertschöpfungsprozess:** Kunden, aber auch Mitarbeiter und Lieferanten. Die Sekretärin von Herrn Holl kann für ihn ebenfalls ein wichtiger Stakeholder sein: Sie kann die Arbeit des Vorgesetzten unterstützen – aber ihn ebenso blockieren, wenn sie zum Beispiel Termine vergisst.
- **Nicht direkt betroffene Stakeholder:** Das kann der Vorgänger des neuen Geschäftsführers sein, der immer noch seine Finger im Spiel hat. Das kann ebenso (um ein Beispiel aus einem Beratungsprozess zu nehmen) die Ehefrau des Schulleiters sein, die ihn immer wieder darin zu bestärken suchte, »sich nichts gefallen zu lassen und durchzugreifen«.

Stakeholderanalyse

Die erste Aufgabe für Herrn Holl ist, sich einen Überblick über die für seine Position relevanten Stakeholder zu verschaffen:

Wer hat das Sagen? –
Stakeholder und Netzwerke

- Wer ist für seine Position relevant?
- Wer kann seine Arbeit als Mitglied der Geschäftsführung entscheidend behindern oder unterstützen?

Für Herrn Holl sind das seine drei Kollegen, nicht aber Herr Braun (er ist in der Versenkung verschwunden und hat keinen Einfluss mehr). Darüber hinaus spielt Frau Reichert, die Vertreterin des Inhabers, eine Rolle, die immer wieder in die Steuerung des Unternehmens eingreift.

Doch wie soll sich Herr Holl zum Beispiel gegenüber der neuen CEO verhalten? Um hier den Blick auszuweiten, ist es zweckmäßig, nicht sofort Ideen aufzuschreiben, sondern sich zunächst bewusst zu machen, was man über den Stakeholder weiß. Zwei Fragen sind hier vor allem hilfreich:

- **Welche Ziele verfolgt der betreffende Stakeholder?** Dabei sind oft die persönlichen Ziele die entscheidenden: jemand will Karriere machen, seine Position festigen oder zusätzliche Arbeit vermeiden. Natürlich gibt es »offizielle Ziele« (Frau Fortner will das Unternehmen voranbringen). Aber wenn dahinter das persönliche Ziel steht, sich selbst als erfolgreich zu präsentieren, dann ist das für Herrn Holl möglicherweise noch wichtiger. Denn wenn Herr Holl versucht, seine Schwerpunkte an der neuen CEO vorbei umzusetzen, dann kann es sein, dass er gerade dadurch in die Schusslinie gerät. Vielleicht ist die eher mögliche Konsequenz, das eigene Vorgehen zuvor mit ihr abzusprechen und ihr den Erfolg zuzuschreiben. Oder Herr Holl riskiert den Konflikt.
- **Was sind typische Verhaltensweisen?** Wenn Herr Holl weiß, dass seine CEO nicht mit Kritik im Geschäftsführungsteam umgehen kann, sollte er damit zumindest in Besprechungen vorsichtig sein. Vielleicht ist es klüger, sie eher unter vier Augen ansprechen.

Auf dieser Basis lassen sich dann als Ideenspeicher mögliche Vorgehensweisen im Umgang mit dem betreffenden Stakeholder zusammenstellen.

Bewährt hat sich, die Stakeholderanalyse als Tabelle zu erstellen. Das bietet den Vorteil, dass man eine Übersicht erhält, die sich später ergänzen lässt.

Stakeholder	Inhaltliche und persönliche Ziele des Stakeholders	Typisches Verhalten	Ideen für das eigene Vorgehen
Frau Fortner (neue CEO)	• will Erfolg des Unternehmens aufzeigen • will erfolgreich dastehen, zeigen, dass sie es geschafft hat • will Entscheider sein	• erfahrene Praktikerin • trifft einsame Entscheidungen • kein Teamplayer • wird aggressiv, wenn Entscheidungen an ihr vorbei getroffen werden • reagiert auf Kritik im Team aggressiv	• mit ihr das Vorgehen abstimmen • ihren Rat einholen • ihr den »ersten Platz« lassen, nicht an ihr »vorbei« agieren • nicht in Teambesprechungen kritisieren, eher ihre Vorschläge »positiv aufgreifen« und ergänzen
Herr Quantus (neu, zuständig für Finanzen)	• will Kosten sparen • will seine Macht zeigen • will sich von anderen nicht reinreden lassen	• wehrt sich gegen alles, was Geld kostet • endlose Diskussionen	• mit ihm Grundsatzgespräch führen • Investitionen mit ihm vorher durchsprechen • größere Investitionen vorher mit Frau Fortner und Frau Reichert abstimmen
Herr Koch	...	...	...
Frau Reichert	...	...	...

Die Stakeholderanalyse hilft, Wissen, das implizit meist irgendwo vorhanden ist, zu systematisieren und zu visualisieren. Fast immer ergeben sich daraus plausible Handlungsstrategien. Hier nochmals die Hauptpunkte als Checkliste.

Checkliste Stakeholdermanagement

- Erstellen Sie zunächst eine Übersicht über die für ein bestimmtes Thema (Ihre Position in der Organisation, Ihr Projekt, Ihre Karriere) relevanten Stakeholder. Mehr als zehn bis zwölf sollten es nicht sein – sonst verlieren Sie den Überblick.
- Erstellen Sie sich anschließend eine Stakeholdertabelle. Füllen Sie dann die Liste der Stakeholder zeilenweise aus. Denken Sie daran, das sind Hypothesen, die Sie über die Stakeholder aufstellen sowie mögliche Ideen.

Wer hat das Sagen? –
Stakeholder und Netzwerke

Abschließend noch drei Hinweise, die Sie beachten sollten.

- Die Stakeholderanalyse erfolgt auf der Basis Ihres subjektiven Wissens. Möglicherweise täuscht sich Herr Holl über die Ziele seiner CEO oder er hat (noch) zu wenige Informationen. Konsequenz davon kann sein, sich zunächst genauer über den Stakeholder zu informieren, ihn möglicherweise darauf ansprechen – und andererseits die Ergebnisse als Hypothesen und Ideenspeicher, aber nicht als die absolute Wahrheit zu nehmen.
- Die Stakeholderanalyse enthält »sensible« Daten. Man kann sich die Wirkungen vorstellen, was geschieht, wenn Herr Quantus seine Einschätzung durch Herrn Holl zufällig am Kopierer findet.
- Hilfreich kann sein, die Stakeholderanalyse nicht allein, sondern mit einem Gesprächspartner durchzuführen. Dieser Gesprächspartner kann die betreffenden Stakeholder kennen (und dann weitere Hypothesen über mögliche Ziele der Stakeholder aufstellen) – er kann aber auch jemand sein, der die Situation nicht kennt und dann die passenden Fragen stellt.

Anregungen zur Weiterarbeit

Gerade dann, wenn Sie in einem für Sie nicht ganz überschaubaren System agieren, lohnt es sich für die Stakeholderanalyse Zeit zu nehmen. Sie werden in der Regel eine Reihe von Hinweisen finden, die Ihnen helfen, Klarheit zu bekommen und neue Handlungsmöglichkeiten zu entwickeln.

Literaturhinweise

- Reuter, M. (2011): Psychologie im Projektmanagement. Erlangen: Publicis, S. 52–81
- Kerth, K./Asum, H./Stich, V. (2015): Die besten Strategietools in der Praxis. 6. Auflage, München: Hanser, S. 148–153

Visualisierung des sozialen Systems

Dies ist eine weitere Möglichkeit, die eigene Position im Stakeholdersystem zu reflektieren. Sie beginnt wie die Stakeholderanalyse mit einer Auflistung der relevanten Stakeholder, nutzt dann aber die »emotionale Intelligenz«, um die Position der jeweiligen Stakeholder zueinander bildlich darzustellen. Es ist ein Verfahren, das wir in den 1990er-Jahren für Coaching und Organisationsberatung entwickelt haben. Sie können es aber auch für sich oder mit Unterstützung eines Gesprächspartners nutzen. Wir verdeutlichen die Schritte anhand der Situation von Herrn Holl:

- Die Visualisierung des sozialen Systems beginnt damit, dass Herr Holl die Namen der Stakeholder auf runde Karten schreibt und (das ist für die Bestimmung seiner Position wichtig) auch eine Karte für die eigene Person wählt. Alternativ reichen kleine Notizzettel (aber keine Post-its, sie sollten sich leicht verschieben lassen). Im Rahmen von Coachings werden vielfach Playmobilfiguren oder Ähnliches genutzt. Hilfreich kann sein, zu den Personen jeweils zwei bis drei Eigenschaften aufzuschreiben – das hilft, die Aufmerksamkeit auf den jeweiligen Stakeholder zu fokussieren. Hilfreich ist zudem, sich auf die wichtigsten zu beschränken, ungefähr ab acht Personen wird anschließend die Darstellung schnell unübersichtlich.
- Der nächste Schritt besteht darin, diese Karten intuitiv im Blick auf Nähe und Distanz auf dem Tisch anzuordnen. Dabei geht es nicht um das Organigramm, sondern um die jeweiligen Beziehungen zueinander: Engere Beziehung bedeutet größere Nähe der Karten zueinander, schlechtere oder keine Beziehung bedeutet größeren Abstand. Entscheidend dabei ist, sich aus der inhaltlichen Betrachtung zu lösen, sich auf das Bild zu konzentrieren und auf die Intuition zu verlassen: Stimmt vom Gefühl her der Abstand? Muss ich diese Karte noch etwas verschieben? Für Herrn Holl ergibt sich folgendes Bild

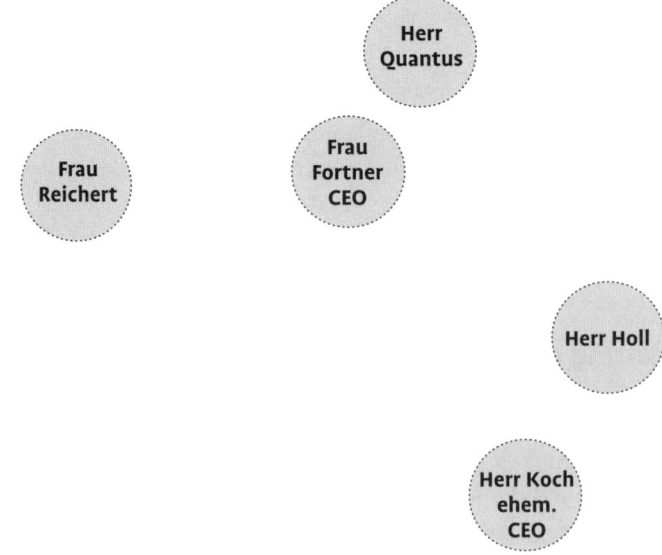

Wer hat das Sagen? –
Stakeholder und Netzwerke

Dieses Bild stellt die Ist-Situation dar: So erlebt Herr Holl seine jetzige Position. Es zeigt gleichzeitig Möglichkeiten auf, in welche Richtungen Herr Holl seine Position verändern kann. Er kann auf einzelne Stakeholder näher zugehen (also seine Karte in die Richtung verschieben) – oder er kann die Distanz zu einzelnen Stakeholdern vergrößern. Verlassen Sie sich auf Ihr Gefühl und fragen Sie sich: Was könnte eine vom Gefühl her stimmige Position sein?

- Systemisch heißt aber, dass andere Personen reagieren, wenn sich eine Position im System verändert. Wenn Herr Holl den Kontakt mit Herrn Koch verstärkt (sich näher an ihm positioniert), wäre möglicherweise damit zu rechnen, dass Frau Fortner sich weiter zurückzieht und die Beziehung zu Herrn Quantus verstärkt. Konkret: Nachdem Sie Ihre Karte in eine andere Position verschoben haben, können Sie die anderen Karten daraufhin verschieben – oder sie am gleichen Platz lassen. Nutzen Sie auch hier Ihre emotionale Intelligenz! Für Herrn Holl ergibt sich dabei folgendes Bild.

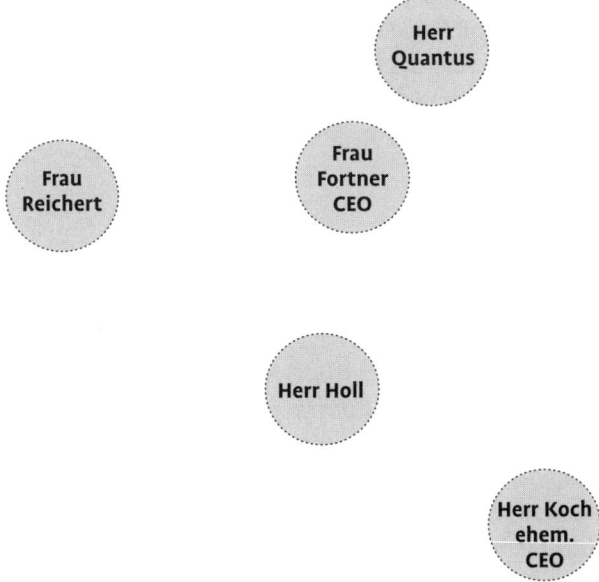

- Erst im nächsten Schritt erfolgen die Übertragung auf die Realität und die Entwicklung eines konkreten Handlungsplans: Was heißt es, wenn Herr Holl sich näher auf Frau Fortner zubewegt, ohne die Verbindung zu Herrn Koch abzubrechen? Er wird mehr sein Vorgehen mit Frau Fortner abstimmen – aber zugleich deutlich machen, dass er immer noch zu Herrn Koch die Verbindung hält.

Checkliste zur Visualisierung des sozialen Systems

- Erster Schritt Schreiben Sie die Namen Ihrer wichtigsten Stakeholder (und ihren eigenen) jeweils auf Karten. Achten Sie darauf, dass es nach Möglichkeit nicht mehr als acht bis zehn Karten werden, ansonsten wird das Bild zu unübersichtlich. Hilfreich ist, zu den einzelnen Personen zwei bis drei Eigenschaften dazuzuschreiben.
- Zweiter Schritt: Ordnen Sie dann die Karten »nach dem Gefühl« (nicht nach dem Organigramm) auf dem Tisch an. Achten Sie auf Nähe und Distanz: Stimmt der Abstand zu den einzelnen Stakeholdern – oder müsste der Abstand größer oder geringer sein? Steht jemand wirklich zwischen zwei Personen? Lassen Sie sich Zeit dabei – fast immer wird das Bild im Laufe der Zeit korrigiert.
- Dritter Schritt: Überlegen Sie, wie es Ihnen in dieser Position geht, oder ob Sie etwas ändern möchten. Wenn: In welche Richtung können Sie sich bewegen? Verschieben Sie Ihre Karte, bis es – wieder nach dem Gefühl – passt.
- Vierter Schritt: Daraufhin verschieben Sie die Karten der anderen Stakeholder: Wenn Sie Ihre Position verändern, würden die jeweiligen Stakeholder ihre Position beibehalten oder ebenfalls verändern? Möglicherweise müssen Sie den dritten und den vierten Schritt mehrmals wiederholen. Oder Sie stellen fest, dass es in diesem System für Sie keine bessere Position gibt – auch das ist möglich.
- Fünfter Schritt: Der letzte Schritt ist schließlich die Übertragung in die Realität und die Entwicklung eines Maßnahmenplans. Was werden Sie konkret tun?

Netzwerke

Früher nannte man das »Seilschaften«, und dieser Begriff hatte einen eher kritischen Beigeschmack. Heute spricht man von »Netzwerken«. »Networking« ist in: Netzwerke bestehen aus einer Reihe von Kontakten, die wiederum andere Kontakte haben und die man nutzen kann, um sich miteinander auszutauschen, Anregungen zu bekommen, möglicherweise auch Unterstützung für die eigene Karriere. Zugleich bedeutet ein Netzwerk, dass man auch von anderen, die man möglicherweise gar nicht kennt, angefragt wird. Herr Holl hat eine ganze Reihe solcher Kontakte. Er ist gelegentlich bei Tagungen des VDI, wo er sich mit anderen austauscht, beispielsweise mit einer Kollegin Fragen der Einführung einer neuen Software diskutiert. Auf diese Weise hat er Informationen über Frau Fortner erhalten (einer seiner Netzwerkkontakte hatte früher mit Frau Fortner zusammengearbeitet). Außerdem wird er aus dem Netzwerk angefragt, ob es bei ihm eine freie Stelle für einen Fachingenieur gebe. – Er selbst kann möglicherweise das Netzwerk nutzen, um eine neue Position zu finden, falls es mit der Zusammenarbeit mit den neuen

Wer hat das Sagen? –
Stakeholder und Netzwerke

Kollegen auf Dauer nicht klappen würde. Netzwerke aufzubauen – und zu pflegen – ist nicht selten ein entscheidender Erfolgsfaktor.

Theoretischer Hintergrund

Der Netzwerkbegriff wurde Mitte des 20. Jahrhunderts in der Soziologie eingeführt, als man begann, die Beziehungen in Gemeinden oder im familiären Umfeld zu untersuchen. Dabei stellte sich heraus, dass es hier nicht nur feste Gruppen (Familien, Vereine, Mitarbeiter einer Firma) gibt, sondern darüber hinaus zahllose Kontakte zwischen Personen, die sich untereinander keineswegs alle kennen (oder teilweise nur vom Sehen), die aber zum Beispiel zu wechselseitiger Unterstützung genutzt werden können. Im Anschluss daran wurden zunehmend Verfahren der Netzwerkanalyse entwickelt, um zum Beispiel die Zahl der Kontakte, den Grad der Zentralität einzelner Personen im Netzwerk (Welche Personen haben die meisten Kontakte?) oder die Dichte des Netzwerks (Wie viele Kontakte bestehen überhaupt?) zu untersuchen (Übersicht bei Fuhse 2016).

Seit den 1970er-Jahren wird der Netzwerkbegriff in unterschiedlichen Bereichen angewandt:

- **soziale Unterstützungsnetzwerke** als Netzwerke derjenigen Personen, die einem Individuum bei Alltagsproblemen oder größeren Belastungen zur Verfügung stehen und damit zum einen Unterstützung bieten, zum anderen aber auch Belastung (»Pflicht« zur Hilfeleistung) sein können
- **regionale Netzwerke** wie zum Beispiel regionale Bildungsnetzwerke, in denen verschiedene Bildungseinrichtungen (Schulen, Universitäten, Unternehmen) zusammenarbeiten und sich wechselseitig unterstützen
- **Unternehmensnetzwerke** als Zusammenarbeit zwischen (grundsätzlich konkurrierenden) Unternehmen zum Beispiel bei neuen Entwicklungen
- und schließlich **digitale soziale Netzwerke** wie Facebook, LinkedIn und anderen, die es ermöglichen, Online-Gemeinschaften zu gründen und von Nutzern erstellte Inhalte zu teilen.

Allgemein ergeben sich daraus folgende Merkmale von Netzwerken:

- Ein Netzwerk ist ein soziales System mit unscharfen Systemgrenzen: Es gibt Netzwerke, die gleichsam für jedermann offenstehen, oder solche, die auf bestimmte Gruppen beschränkt sind (zum Beispiel Alumni-Netzwerke) – aber wer davon tatsächlich in diesem Netzwerk ist, bleibt unscharf.

- Die einzelnen Personen sind autonom in ihrer Entscheidung, sich diesem Netzwerk anzuschließen oder nicht und wie viel Zeit sie investieren.
- Die Ziele der einzelnen Personen können unterschiedlich sein – gemeinsames Ziel ist, das Netzwerk für die Erreichung dieser Ziele zu nutzen.
- Die Zugehörigkeit zu einem Netzwerk erfordert eine gewisse Pflege des Netzwerks: sich an Chats beteiligen, mehr oder minder regelmäßig Kontakt herstellen, an Tagungen teilnehmen …

Networking

Wie man Networking betreibt, dazu gibt es mittlerweile eine Fülle an Ratgeberliteratur. Auf der einen Seite ist Networking ein wichtiger Erfolgsfaktor. Dabei können die Ziele ganz unterschiedlich sein: Es können berufliche Ziele sein wie Karriere machen, erfolgreich sein, bekannt werden. Es können soziale Ziele sein: einen neuen Partner oder neue Freunde finden. Es kann ebenso das Ziel sein, etwas für andere tun wollen. Es kann sein, dass es Ihnen einfach liegt und Spaß macht, Kontakte zu knüpfen. Auf der anderen Seite ist Networking immer eine Investition: Zeit, um Kontakte aufzubauen und zu pflegen. Je nachdem werden die nächsten Schritte unterschiedlich sein. Wir beschränken uns hier auf die folgende Checkliste.

Checkliste Networking

- Legen Sie Ziele fest und setzen Sie Prioritäten. Wollen Sie Ihr Netzwerk beruflich nutzen oder um private Kontakte zu knüpfen?
- Legen Sie im Blick auf die Ziele mögliche Stakeholder fest: Was sind Stakeholder, die Sie bei der Erreichung Ihrer Ziele unterstützen können? Zu welchen bestehen bereits Kontakte?
- Überlegen Sie: Wie können Sie neue Kontakte herstellen? Welche Arbeitskreise, Projekte, Tagungen, Arbeitstreffen, aber auch welche Freizeitaktivitäten und welche sozialen Medien können Sie nutzen?
- Networking basiert auf Empfehlungen, zum Beispiel, dass jemand Sie für eine neue Position empfiehlt, dass ein Kunde auf Sie zukommt. Networking schließt damit stets »Selbstmarketing« mit ein: Wie können Sie in wenigen Sätzen darstellen, was Sie tun, was Sie gemacht haben, was Sie können? Bereiten Sie einen »Elevator-Pitch« vor, das heißt eine Vorstellung von Ihnen, die Sie gleichsam im Fahrstuhl bei der Fahrt von der obersten Etage zum Erdgeschoss geben könnten.
- Networking heißt auch, wirkliches Interesse am anderen haben: Was tut er, was sind seine Themen, seine Probleme?

Wer hat das Sagen? –
Stakeholder und Netzwerke

- Networking bedeutet auch, Unterstützung geben: Oft reicht schon eine Information über ein interessantes Thema, die Sie ihm nach dem Treffen weiterleiten
- Schließlich: Netzwerk erfordert Pflege: der gelegentliche Anruf, die Vereinbarung zu einem Treffen …
- Networking ist kein total zielgerichtetes Verfahren. Networking heißt, relativ offen Kontakte knüpfen, ins Gespräch kommen – dann aber auch Gelegenheiten wahrnehmen und nutzen.

Literaturhinweise

Eine lesenswerte Einführung in das Thema Netzwerke mit vielen konkreten Beispielen und Anwendungsmöglichkeiten bietet das Buch
- Christakis, N. A./Fowler, J. H./Neubauer, J. (2010): Connected! Frankfurt am Main: Fischer

Darüber hinaus gibt es, mittlerweile eine kaum mehr überschaubare Literatur mit vielen praktischen Tipps und Hinweisen. Exemplarisch seien genannt:
- Haas, M. (2014): Crashkurs Networking. München: Beck
- Fey, G. (2015): Kontakte knüpfen und beruflich nutzen. 7. Auflage Regensburg: Walhalla

Unser Bild der Wirklichkeit

Beispiel: Bin ich Abteilungsleiterin oder Assistentin?

Frau Wunder ist seit einem halben Jahr Abteilungsleiterin in der Firma Dolbeck. Früher war sie Assistentin des Vorstands, Frau Schneider. Sie hatten ein gutes Verhältnis. Doch jetzt ist sie verunsichert: Sie hat den Eindruck, dass Frau Schneider sie immer noch als ihre Assistentin sieht und mit allen möglichen Aufgaben an sie herantritt, zugleich mit ihrer Arbeit als Abteilungsleiterin nicht zufrieden ist und sie unterschwellig immer wieder kritisiert. Sie überlegt sich, was sie wohl falsch gemacht hat. Frau Wunder schwankt zwischen Verunsicherung, Ärger und Hilflosigkeit.

»Nicht die Dinge, sondern die Meinungen über diese beunruhigen die Menschen«, schreibt der römische Stoiker Epiktet um 100 n. Chr. Genau das ist hier der Fall: Frau Wunder zerbricht sich die ganze Zeit den Kopf, malt sich das Schlimmste aus – und genau das führt zu Verunsicherung, Ärger und Hilflosigkeit.

Vielleicht kennen Sie ebenfalls solche Situationen: Man macht sich Gedanken, zerbricht sich den Kopf. Nicht selten stellt sich dann heraus, dass die Befürchtungen unberechtigt waren. Daraus ergeben sich drei Konsequenzen:

- Um eine andere Personen zu verstehen, muss ich versuchen, ihr »Bild der Wirklichkeit zu erfassen«.
- Um von einer anderen Person verstanden zu werden, muss ich versuchen, ihr mein Bild der Wirklichkeit, also meine subjektiven Deutungen verständlich zu machen.
- Schließlich: Mein Bild der Wirklichkeit kann förderlich oder hinderlich sein – doch ich kann versuchen, es abzuändern.

Genau diese Konsequenzen sind Thema dieses Kapitels.

Theoretischer Hintergrund

Dass Menschen nicht einfach reagieren, sondern dass ihr Tun Ergebnis ihres Bildes der Wirklichkeit ist, ist zentrale These der Handlungstheorie. Eine der frühesten Formulierungen ist das »Thomas-Theorem«: »If men define situations as real, they are real in their consequences« (Thomas/Thomas 1928, S. 572). Das wird häufig

Unser Bild der Wirklichkeit

am Beispiel der Last National Bank verdeutlicht wird: Allein das Gerücht, dass die Bank insolvent sei, führte zu ihrem Zusammenbruch.

Herbert Blumer, der Begründer des symbolischen Interaktionismus, formuliert die Grundsätze der Handlungstheorie als drei Prämissen:

- »Die erste Prämisse besagt, dass Menschen ›Dingen‹ gegenüber auf der Grundlage der Bedeutungen handeln, die diese Dinge für sie besitzen …
- Die zweite Prämisse besagt, dass die Bedeutung solcher Dinge aus der sozialen Interaktion, die man mit seinen Mitmenschen eingeht, abgeleitet ist oder aus ihr entsteht …
- Die dritte Prämisse besagt, dass diese Bedeutungen in einem interpretativen Prozess, den die Person in ihrer Auseinandersetzung mit den ihr begegnenden Dingen benutzt, gehandhabt und abgeändert werden« (Blumer 1973, S. 81).

Die Handlungstheorie ist Grundlage für eine Reihe neuerer Konzepte. Zwei seien hier erwähnt:

Die Kognitive Verhaltenstheorie: Mitte der 1950er-Jahre wird in der Verhaltenstheorie die »kognitive Wende« vollzogen: Menschliches Verhalten, so die Einsicht, ist kein bloßes Reagieren auf äußere Reize, sondern ist abhängig von den jeweiligen Kognitionen, also davon, wie jemand die Situation deutet, welche Gedanken er sich dazu macht. In der Folge werden zum Beispiel von Albert Ellis, Arnold A. Lazarus, Michael Mahoney, Judith Beck oder Donald W. Meichenbaum unterschiedliche Konzepte entwickelt, die die Bedeutung der Kognitionen für praktisches Handeln hervorheben (Übersicht bei Rammsayer/Weber 2010, S. 87 ff.). Lösung von Problemen, so die Konsequenz, ist dann dadurch möglich, dass die Bedeutung der Situation verändert wird, jemand zum Beispiel eine schwierige Situation weniger als Bedrohung, sondern als Herausforderung sieht.

Der Konstruktivismus: Die Hauptthese lautet: Wir »konstruieren« uns ein Bild der Wirklichkeit, das unser Handeln beeinflusst.

- Der **»radikale Konstruktivismus«** von Humberto R. Maturana und Ernst von Glasersfeld wendet sich gegen die »Korrespondenztheorie der Wahrheit«, der zufolge Wahrheit als Übereinstimmung »mit einer als absolut unabhängig konzipierten objektiven Wirklichkeit« (Glasersfeld 1987, S. 199) beschrieben wird. Demgegenüber wird die These vertreten, dass jede Beschreibung und Erkenntnis abhängig von dem jeweiligen Beobachter ist: »Alles, was gesagt wird, wird von einem Beobachter gesagt« (Maturana 1985, S. 34). Jeder »Beobachter« konstruiert sich ein Bild der Wirklichkeit und handelt auf der Basis dieses Bildes.

- Während der radikale Konstruktivismus stärker die Position eines individuellen Beobachters in den Mittelpunkt stellt, betont der **»soziale Konstruktionismus«** von Kenneth J. Gergen die Bedeutung gemeinsamen sozialen Handelns bei der Konstruktion der Wirklichkeit. Entscheidend ist für Gergen, »dass Denken kein privates Ereignis« ist, sondern dass begriffliche Unterscheidungen im sozialen Handeln gemeinsam entwickelt werden (Gergen 2002).

Das Bild der Wirklichkeit klären

Zuhören, Fragen stellen und das Verständnis absichern

»Was die kleine Momo konnte wie kein anderer das war: zuhören […] Wirklich Zuhören können nur ganz wenige Menschen. Und so wie Momo sich aufs Zuhören verstand, war es ganz und gar einmalig. Momo konnte so zuhören, dass dummen Leuten plötzlich sehr gescheite Gedanken kamen […] sie saß nur da und hörte einfach zu, mit aller Aufmerksamkeit und aller Anteilnahme.«

Momo – im gleichnamigen Buch von Michael Ende – konnte etwas, was vielen Führungskräften – aber nicht nur ihnen – fehlt: Sie konnte zuhören. Das führte dazu, dass die anderen sich verstanden fühlten, dass sie Zeit hatten, neue und »gescheite« Gedanken zu entwickeln. Vielleicht kennen Sie das aus leidvollen Erfahrungen von ergebnislosen Diskussionen: Jeder redet auf den anderen ein, keiner hört dem anderen zu. Von daher gilt: zuhören!

Zuhören: Zuhören ist keine bloße Technik, sondern ist zunächst Sache der Einstellung. Wie es Momo konnte: mit aller Aufmerksamkeit und aller Anteilnahme. Zuhören beginnt damit, sich auf den anderen einzustellen. Vielleicht kennen Sie das von Kindern: Wie viel es ausmacht, wenn Vater oder Mutter sich voll und ganz ihnen zuwenden – und nicht mit ihren Gedanken woanders sind. So geht es jedem Gesprächspartner: Er wird spüren, ob Sie bei ihm sind.

Zuhören bedeutet auch, dem Gesprächspartner Zeit zum Denken zu geben und Pausen auszuhalten. Achten Sie auf die Körpersprache Ihres Gegenübers: Sie werden spüren, ob der andere noch überlegt, ob er noch Zeit zum Denken braucht. Wir formulieren es häufig in unserer Arbeit mit Führungskräften: Es ist nicht die Aufgabe einer Führungskraft, Mitarbeiter durch eigenes Reden am Denken zu hindern – es ist vielmehr Aufgabe, den anderen zu unterstützen, selbst zu denken.

Checkliste Zuhören

- Nehmen Sie sich Zeit, sich auf den anderen einzustellen. Blenden Sie alles andere aus und machen Sie sich bewusst: Der andere ist in diesem Moment die wichtigste Person!
- Geben Sie dem anderen Zeit zum Denken. Halten Sie Pausen aus und achten Sie darauf: Braucht er oder sie noch Zeit zum Nachdenken?
- Manchmal reichen einfache »Aufmerksamkeitsreaktionen« wie »Hm«, »Wirklich?« aus, um den anderen einen Anstoß zum Weiterreden zu geben. Aber: Das darf nicht zu einer Technik werden – entscheidend ist das wirkliche Interesse.

Fragen stellen: Fragen stellen ist eines der wichtigsten Mittel, um die Sicht des anderen zu erfassen, eine Situation zu klären und neue Lösungen zu gewinnen. Fragen stellen unterscheidet den Menschen von anderen Primaten, Fragen sind der Schlüssel zu neuen wissenschaftlichen Entdeckungen – und Fragen sind der Schlüssel, die Welt des anderen zu verstehen. Dabei ist es keineswegs leicht, »gute« Fragen zu stellen. Es gibt eine »Kunst des klugen Fragens« (so der Titel eines Buches von Warren Berger [2014]). Es gibt Fragen, »die wie Küsse schmecken« (Kindl-Beilfuß 2015), die Bewegung bringen und Begegnungen ermöglichen.

Fragen können in unterschiedliche Richtungen zielen: Sie können die Gegenwart bewusst machen, die Empfindungen des anderen, sie können die Vorgeschichte aufdecken und damit die Faktoren, die zu der gegenwärtigen Situation geführt haben, und sie können festgefahrene Situationen in Bewegung bringen, neue Perspektiven und neue Handlungsmöglichkeiten aufdecken. Wir beschränken uns hier auf eine Zusammenstellung von Fragen, die in vielen Situationen hilfreich sind.

Checkliste Fragen stellen

Fragen zur Klärung der gegenwärtigen Situation

- Wie sehen Sie die Situation?
- Was meinen Sie, wie sehen andere (Ihr Gegenüber, Ihre Mitarbeiter) die Situation?
- Was ist erreicht, was nicht?
- Wie weit ist es erreicht (0 = überhaupt nicht; 100 = vollständig)?
- Wo genau liegen die Probleme?
- Was geht Ihnen gerade durch den Kopf?
- Was wäre ein konkretes Beispiel für diese Situation?
- Wie geht es Ihnen damit?

Fragen zur Klärung der Vorgeschichte

- Wie kam es zu dieser Situation?
- Welche Faktoren haben zu dieser Situation geführt?

Fragen mit Blick auf die Zukunft

- Was möchten Sie erreichen?
- Was erwarten oder befürchten Sie?
- Was wäre die beste oder die schlimmste Konsequenz?
- Was wäre, wenn das Problem nicht vorhanden oder gelöst wäre?
- Warum müssen wir das so machen?
- Was wäre, wenn wir etwas anderes täten?
- Was wären andere Möglichkeiten?
- Wie können wir hier vorgehen?
- Wie könnten wir es noch schlimmer machen?
- Was würden Sie vorschlagen?

Hilfreich ist es, dabei genau auf die Sprache Ihres Gesprächspartners zu achten. Häufig werden Aspekte lediglich angedeutet oder bleiben im Allgemeinen: »Irgendwie kommen wir bei diesem Projekt nicht voran.« Hier wird etwas angedeutet, aber nicht ausgesprochen: »Wer kommt nicht voran?«, »Vorankommen heißt was?« Und Sie können dann mit den eben aufgeführten Fragen weiterfahren: »Welche Faktoren führen aus Ihrer Sicht dazu, dass wir nicht vorankommen?«, »Welche Möglichkeiten gibt es, um voranzukommen?«, »Was könnten Sie anders machen?«

Wenn Sie für sich diese Fragen durchgehen (vielleicht anhand einer konkreten Situation), spüren Sie vermutlich selbst, wie diese Fragen Anstöße geben, in eine neue Richtung zu denken. Von daher: Sie können diese Fragen nutzen, um die Sicht Ihres Gesprächspartners zu erfassen. Sie können sie aber ebenso nutzen, um ihm Anstöße zu geben, selbst weiterzudenken. Und Sie können diese Fragen auch für sich selbst nutzen, um eine Situation zu klären.

Das Verständnis absichern: Den anderen verstehen bedeutet gleichzeitig, das Verständnis abzusichern. Dabei ist die einfachste Form das Paraphrasieren – den Inhalt wiederholen – nicht als bloßes Nachplappern zu verstehen, sondern es geht um die Frage: »Habe ich Sie richtig verstanden?«

Eine besondere Form des Paraphrasierens ist das »aktive Zuhören«. Der Begriff »aktives Zuhören« stammt von Thomas Gordon, einem Schüler von Carl Rogers. Es ist mehr als bloßes Paraphrasieren (s. Gordon 2005, S. 79 ff.). Aktives Zuhören bedeutet, die Gefühle und Empfindungen des anderen herauszuhören und widerzuspiegeln: Eine Kollegin beklagt sich darüber, dass sie zu einer Besprechung nicht eingeladen wurde. Aktives Zuhören würde bedeuten, die dahinterstehenden Empfindungen zu entschlüsseln: Ist sie ärgerlich, enttäuscht, fühlt Sie sich ausgeschlossen? Und diese Empfindungen können Sie dann – als Aussage formuliert – widerspiegeln: »Verstehe ich das richtig? Sie fühlen sich dabei ausgeschlossen.« Aktives Zuhören führt dazu, dass die Gesprächspartnerin sich über ihre Empfindungen klar wird. Sie wird daran anknüpfen »Genau das ist es …« oder korrigieren »Nein, weniger ausgeschlossen, vor allem bin ich ärgerlich …«.

Checkliste: Das Verständnis absichern

- Fassen Sie die Hauptthese ihres Gesprächspartners nochmals zusammen. Gegebenenfalls leiten Sie es ein mit den Worten »habe ich Sie richtig verstanden, Sie sehen …«
- Wenn es um Empfindungen und Gefühle geht, die angedeutet, aber nicht explizit ausgesprochen werden, können Sie »aktiv zuhören«: die (möglicherweise) dahinterstehenden Empfindungen aufgreifen und widerspiegeln.

Zurück zu Frau Wunder: Sie weiß nicht, woran sie mit ihrer Chefin ist. Hier Klarheit zu bekommen würde bedeuten, Fragen zu stellen, zum Beispiel: Was genau erwarten Sie von mir als Abteilungsleiterin? Inwieweit erfülle ich Ihre Erwartungen? Was erfülle ich? Was nicht? Was würden Sie mir in meiner Situation empfehlen? Frau Wunder könnte ihre Deutung der Situation auch als Frage formulieren: Höre ich da einen Vorwurf heraus? Wogegen genau richtet sich der Vorwurf?

Frau Wunder hat damit zum einen die Möglichkeit, ihr Bild der Wirklichkeit (genauer: ihr Bild von ihrer Chefin) zu überprüfen und möglicherweise zu verändern. Ihre Fragen können aber auch Anstoß für Frau Schneider sein, sich selbst über ihre Erwartungen klar zu werden.

Zum Schluss wieder einige Anregungen, wie Sie damit weiterarbeiten können.

Anregungen zur Weiterarbeit

- Gute oder starke Fragen zu stellen erfordert Übung. Eine einfache Form ist es, zum Beispiel in Besprechungen einfach zuzuhören und sich »starke« Fragen zu überlegen. Sie schärfen damit Ihre Wahrnehmung.
- Wenn ein Gespräch nicht so verlaufen ist, wie Sie es sich vorgestellt haben, liegt das nicht selten daran, dass Sie nicht die »richtigen« Fragen gestellt haben. Nehmen Sie sich anschließend Zeit für eine kürzere Reflexion: Welche Fragen hätten Sie stellen können?
- Schließlich können Sie für bestimmte Situationen Fragen vorbereiten. Sie haben den Jour fixe mit Ihrer Mitarbeiterin, in der es um den Stand ihres Projektes geht. Welche Fragen könnten Sie stellen?

Literaturhinweise

Hier einige Leseanregungen, wenn Sie sich weiter mit dem Thema befassen möchten:
- Berger, W. (2014): Die Kunst des klugen Fragens. Berlin: Berlin-Verlag
- Brunner, A. (2013): Die Kunst des Fragens. 4. Auflage, München: Hanser
- Kindl-Beilfuß, C. (2015): Fragen können wie Küsse schmecken. 6. Auflage, Heidelberg: Carl Auer

Das eigene Bild der Wirklichkeit transparent machen

Das Bild der Wirklichkeit klären bedeutet auch, die eigene Sicht dem Gegenüber transparent machen. Kennen wir das nicht selbst: Wir sind ärgerlich, enttäuscht, fühlen uns von der Chefin oder einem Kollegen oder dem Ehepartner im Stich gelassen – aber wir sagen es nicht. Der Gesprächspartner rätselt, was los ist, und wird zwischen unsicher und ungehalten schwanken. Transparenz schaffen heißt auch, die eigene Sichtweise dem Gesprächspartner transparent zu machen. Im Einzelnen bedeutet dies:

- Position beziehen
- die eigene Sichtweise begründen
- die eigene Sichtweise durch Beispiele verdeutlichen

Position beziehen: Frau Schneider in unserem Eingangsbeispiel findet, dass ihre ehemalige Assistentin, Frau Wunder, sich als Abteilungsleiterin zu sehr in Details verliert. Aber sie spricht das nicht an. Trotzdem nimmt Frau Wunder die Kritik intuitiv wahr, aber sie kann sie nicht entschlüsseln. Aber sie spricht das ebenfalls nicht an. Sie frisst ihre Unsicherheit und ihren Ärger in sich hinein, sagt weder, was sie stört, noch wie sie sich ihre Rolle als Abteilungsleiterin (und nicht zugleich immer noch als Assistentin) vorstellt. Was hier fehlt, ist eine klare Position.

Vielen Menschen fällt es schwer, klar Position zu beziehen. Man will den anderen nicht verletzen – und beachtet nicht, dass der oder die andere intuitiv wahrnimmt, dass etwas nicht in Ordnung ist. Unklarheit ist in der Regel belastender als eine klare Botschaft. Oder man erwartet, dass der andere von selbst darauf kommt: »Wenn sie wirklich zu mir stehen würde, wüsste sie «, »Wenn du mich wirklich lieben würdest, wüsstest du, was ich möchte«. Nur: der oder die andere kann wirklich zu mir stehen oder mich wirklich lieben, aber kann nicht Gedanken lesen. Fehlende Klarheit führt immer zu Störungen im sozialen System. Also gilt hier: Position beziehen. Das bedeutet:

Unser Bild der Wirklichkeit

- **Klar sagen, was Ihnen wichtig ist, was Sie wollen und was Sie nicht wollen.** Das muss nicht heißen, dass Sie sofort eine Entscheidung treffen müssen. Ihre Position kann sein: »Ich finde das gut«, »Ich finde das nicht gut« – aber ebenso »Ich brauche hier Zeit zum Überlegen«. Damit kann sich Ihr Gegenüber auseinandersetzen, kann sich überlegen, was er davon annimmt, was nicht, was möglicherweise Konsequenzen sind, wenn er eine andere Position vertritt.
- **Klares Feedback geben.** Mitarbeitern Feedback zu geben gehört zu der Aufgabe der Führungskraft – ebenso wie es Aufgabe von Mitarbeitern ist, der Führungskraft Feedback zu geben. Nicht ohne Grund haben mittlerweile zahlreiche Organisationen das 360-Grad-Feedback eingeführt, bei dem jede Führungskraft von dem eigenen Vorgesetzten, von den Mitarbeitern sowie von Kollegen eingeschätzt wird. Feedback ist notwendig, um sich selbst weiterzuentwickeln. Aber dafür muss es ausgewogen sein, das heißt, sowohl positive als auch negative Aspekte beinhalten. Menschen können sich nur weiterentwickeln, wenn sie beides erhalten: Bestätigung und Anerkennung, aber auch Kritik und Anregungen. Feedback muss schließlich authentisch sein – Ihr Gegenüber spürt sehr schnell, ob es sich hier um ein echtes Kompliment handelt oder nicht.
- **Die eigenen Empfindungen transparent machen.** Ich kann mit einem Gegenüber besser umgehen, wenn ich weiß, dass er sich über das Erreichte freut, dass er ärgerlich oder verunsichert ist, als wenn er seine Empfindungen hinter allgemeinen Formulierungen versteckt.

Position beziehen bedeutet, sich nicht hinter allgemeinen Formulierungen wie »Wissen Sie nicht, dass eine Führungskraft sich nicht im Tagesgeschäft verlieren sollte« verstecken, sondern die Position als die eigene formulieren: »Mir ist wichtig, dass Sie mehr delegieren und sich nicht in Details verlieren.« Sprachlich ist das eine Ich-Botschaft: »Ich wünsche mir ...«, »Mir ist wichtig«, »Ich bin enttäuscht«. Sie geben damit dem anderen die Möglichkeit, Sie als Person einzuschätzen. Thomas Gordon unterscheidet hier zwischen Du-Botschaft und Ich-Botschaft (Gordon 2005, S. 119 ff.): »Sie verlieren sich zu sehr im Tagesgeschäft« ist eine Du-Botschaft, die vom anderen als Angriff und Kritik verstanden wird und in der Regel zu Abwehr führt. »Mir ist wichtig, dass Sie sich nicht im Tagesgeschäft verlieren« ist eine Ich-Botschaft. Sie gibt die Möglichkeit, sich eigenständig mit einer anderen Person auseinanderzusetzen und öffnet für die eigene Entwicklung.

Die eigene Sichtweise begründen: Die Forderung von Frau Scheider »Ich möchte, dass Sie sich weniger um das Tagesgeschäft kümmern!« für sich allein ist schlecht nachvollziehbar. Warum soll sich Frau Wunder weniger um das Tagesgeschäft kümmern? Um die Position des Gegenübers nachvollziehen zu können, fehlt hier noch die Begründung: »Mir ist wichtig, dass Sie mehr Zeit dafür haben, Ihr Team aufzubauen, Ihre Führungsrolle wahrzunehmen.«

Auch die Begründung ist hier als persönliche Stellungnahme formuliert. Also nicht allgemein »Führungskräfte müssen mehr Zeit für Mitarbeitergespräche verwenden«, sondern wieder als Ich-Botschaft. In der Mediation spricht man in diesem Zusammenhang davon, dass sich Konflikte eher lösen lassen, wenn man die hinter gegensätzlichen Positionen stehenden »Interessen« oder »Bedürfnisse« transparent macht. Auf einer höheren Ebene ist häufig eher Einigung möglich, als wenn man nur Positionen gegeneinander verteidigt. Das Gleiche gilt aber nicht nur für Konflikte, sondern generell. Die Begründung ist für den Gesprächspartner eher nachzuvollziehen, wenn das dahinterstehende eigentliche Anliegen deutlich wird: das Anliegen von Frau Schneider, den Mitarbeitern mehr Verantwortung zu geben und Führungskräfte stärker als Führungskräfte zu positionieren.

Die eigene Sichtweise durch Beispiele verdeutlichen: Was heißt »sich nicht im Tagesgeschäft verlieren«? Möglicherweise ist Frau Wunder überhaupt nicht klar, was ihre Vorgesetzte damit meint. Allgemeine und abstrakte Formulierungen bleiben eher unklar oder missverständlich.

Doch wie kann Frau Schneider verdeutlichen, was sie damit meint? Am besten geschieht das durch Beispiele: Frau Schneider berichtet von einer Situation, in der ihre Mitarbeiterin selbst detailliert Schritt für Schritt einen Projektplan entwickelt hat (anstatt einem Mitarbeiter zumindest die Vorarbeiten zu übertragen).

Der Erlanger Sprachphilosoph Wilhelm Kamlah spricht in diesem Zusammenhang von der »exemplarischen Einführung« von Begriffen (Kamlah/Lorenzen 1973). Bereits Kinder lernen einen neuen Begriff durch Beispiele »Dies ist eine Lokomotive«, »Nein, dies ist keine Lokomotive, das ist ein Sattelschlepper«. Entsprechend kann man neue Begriffe wie »Wahrnehmung der Führungsrolle« am besten durch Beispiele verdeutlichen. In Prüfungen an der Universität brachten Fragen nach Beispielen bisweilen Studierende ziemlich in Verlegenheit: »Können Sie an einem Beispiel verdeutlichen, was Rollendistanz bedeutet?« – Dann wird relativ schnell deutlich, ob jemand den Inhalt verstanden hat oder nicht.

In eine ähnliche Richtung zielen Konzepte des »narrativen Managements« etwa im Anschluss an Michael Loebbert (2003). Hintergrund ist die These, dass Menschen vor allem durch Beispiele lernen: Was in Erinnerung bleibt, sind nicht abstrakte Begriffe, sondern konkrete Beispiele. Das können Sie ebenfalls nutzen, wenn Sie Ihrem Gesprächspartner Ihre Sicht verdeutlichen möchten: Verdeutlichen Sie die an einem Beispiel. Schildern Sie die Situation konkret, sagen Sie, was passierte, was Sie und Ihr Gegenüber sagten und taten, aber auch, was Sie dabei fühlten.

Unser Bild der Wirklichkeit

Checkliste: Die eigene Sicht dem Gesprächspartner verdeutlichen
- Beziehen Sie Position: Sagen Sie, was Sie wollen oder nicht wollen.
- Sagen Sie, was Sie empfinden. Sie werden dann als Person transparent und erlebbar.
- Begründen Sie Ihre Sichtweise. Führen Sie dafür die zwei bis drei wichtigsten Argumente an. Nicht: »je mehr, desto besser«.
- Verdeutlichen Sie Ihre Sichtweise durch ein oder zwei konkrete Beispiele.
- Machen Sie anschließend eine Pause und geben Sie Ihrem Gesprächspartner Zeit zum Nachdenken!
- Und vor allem: Wichtig ist, dass grundsätzliche Wertschätzung und Empathie Ihrem Gesprächspartner gegenüber deutlich werden. Machen Sie transparent, dass Sie seine Position ernst nehmen, vielleicht werden Sie Verständnis für seine Position zeigen – dann können Sie inhaltlich eine andere Position vertreten, ohne ihn als Person anzugreifen.

Zum Abschluss dieses Abschnitts zwei grundsätzliche Hinweise:

- **Beschränken Sie sich auf das Wesentliche.** Vermutlich kennen Sie das: Jemand stellt seine Sicht dar, bringt ein Argument, dann noch eins, dann noch eins und so weiter. Irgendwann schalten Sie ab und nehmen überhaupt nicht mehr wahr, was der andere sagt. Anstatt ihn zu überzeugen, erzeugen Sie nur Widerstand. Sie überfordern das Kurzzeitgedächtnis Ihres Gesprächspartners: Maximal können hier nur zwischen fünf und sieben Informationen gleichzeitig gespeichert werden, häufig noch weniger. Und Sie geben dem anderen keine Zeit, das Gesagte zu verarbeiten. Von daher: Fassen Sie sich kurz, beschränken Sie sich auf wenige wichtige Punkte – und machen Sie anschließend eine Pause. Sie können danach wieder ansetzen.
- **Nicht in allen Kulturen sind Ich-Botschaften angemessen.** Wenn Sie zum Beispiel in China arbeiten, muss man die eigene Sicht wesentlich vorsichtiger und verschlüsselter formulieren: grundsätzlich in neutraler Formulierung zustimmen, vorsichtig Bedenken formulieren, dann die Bedenken an anderer Stelle ebenso vorsichtig wiederholen – hier wird Ihr Gesprächspartner wahrnehmen, dass Sie ganz und gar anderer Meinung sind – selbst wenn Sie das eben nicht direkt formulieren. Achten Sie auf die Kultur, in der Sie sich bewegen.

Anregungen zur Weiterarbeit

Am besten können Sie die Inhalte in konkreten Situationen üben. Wählen Sie sich ein konkretes Beispiel:
- Überlegen Sie: Was ist hier Ihre Position? Stimmen Sie zu? Haben Sie eine andere Meinung? Ist Ihre Position, dass das Thema noch weiter verfolgt werden muss?
- Überlegen Sie, wie Sie Ihre Position Ihrem Gesprächspartner vermitteln können. Wie drücken Sie grundsätzliche Wertschätzung und möglicherweise Verständnis für seine Position aus? Wie können Sie Ihre Sichtweise als Ich-Botschaft deutlich machen?
- Nehmen Sie sich nach dem Gespräch etwas Zeit zur Reflexion: Was ist Ihnen gut gelungen? Wo hing das Gespräch? Wo haben Sie sich möglicherweise in immer wiederholenden Argumentationsmustern verfangen?

Literaturhinweise

Hinweise dazu, wie Sie Ihre Sicht verdeutlichen können, finden Sie in gängigen Büchern zur Gesprächstechnik. Exemplarisch sei genannt:
- Scharlau, C./Rossié, M. (2014): Gesprächstechniken. Freiburg: Haufe

Zum Thema »Ich-Botschaften« immer noch lesenswert sind die Bücher von Thomas Gordon. Als Beispiel:
- Gordon, T. (2005): Managerkonferenz. Effektives Führungstraining. München: Heyne

Das Bild der Wirklichkeit verändern

Erinnern Sie sich an das Eingangsbeispiel dieses Kapitels: Frau Wunder ist verunsichert in ihrer Rolle als Abteilungsleiterin. Sie hat jetzt grundsätzlich zwei Möglichkeiten, mit dieser Situation »besser« umzugehen:

- Sie kann versuchen, die Situation zu klären (das war Thema des vorigen Abschnitts).
- Sie hat zudem die Möglichkeit, ihr eigenes Bild zu verändern.

Bislang hat sie immer nur die Probleme gesehen: dass sie ihre Rolle nicht richtig ausfüllen kann, dass ihre ehemalige und jetzige Vorgesetzte sie nicht »loslässt«, dass es schwierig ist, mit ihr umzugehen. Doch ist dies wirklich das »richtige« Bild der Wirklichkeit? Kann es nicht sein, dass gerade dieser Blick auf das Negative ihr die Sicht auf alle Möglichkeiten und Chancen, die ihre neue Position bietet, versperrt?

Theoretischer Hintergrund

Gegenwärtig gibt es eine Reihe von Konzepten, für die die Veränderung des Bildes der Wirklichkeit ein zentraler Ansatz für die Lösung von Problemen ist. Einige seien hier genannt:

Kognitive Verhaltenstherapie: In der Tradition der »kognitiven Wende« der Verhaltenstherapie Mitte des 20. Jahrhunderts mit der These, dass Verhalten von Kognitionen gesteuert ist, ist ein breites Spektrum von Methoden der »kognitiven Umstrukturierung« (zum Beispiel Einsle/Hummel 2015) entwickelt worden. Das Modell der kognitiven Therapie, so schreibt Robert E. Leahy, Leiter des Cognitive Therapy Center in New York, in seinem Buch »Techniken kognitiver Therapie«, »basiert auf der Auffassung, dass belastende Zustände wie Depression, Angst und Ärger oft durch übertreibende oder verzerrende Arten zu denken aufrechterhalten oder verschlimmert werden. Die Aufgabe des Therapeuten besteht diesem Ansatz gemäß darin, dem Patienten zu helfen, die Eigentümlichkeiten seines Denkens zu erkennen und sie aufgrund relevanter Tatsachen und logischer Überlegungen zu verändern« (Leahy 2007, S. 17).

Systemische Familientherapie und NLP: Im Anschluss an Bateson führt Paul Watzlawick in seinem Buch »Lösungen« die »sanfte Kraft des Umdeutens« anhand des Beispiels von Tom Sawyer ein, der die harte Arbeit, einen Zaun zu streichen, als »Vergnügen« darstellt, für das er sich bezahlen lässt (Watzlawick u. a. 2013, S. 135 ff.).

Im Neurolinguistischen Programmieren (NLP) wird dafür der Begriff »Reframing« durch Richard Bandler und John Grinder eingeführt: »Die Bedeutung, die ein Ereignis hat, hängt ab von dem ›Rahmen‹, in dem wir es wahrnehmen. Verändern wir den Rahmen, so verändern wir die Bedeutung, Das wird ›Reframing‹ genannt: man wechselt den Rahmen, indem ein Mensch Ereignisse wahrnimmt, um die Bedeutung zu verändern. Wenn sich die Bedeutung verändert, verändern sich auch die Reaktionen und Verhaltensweisen des Menschen« (Bandler/Grinder 1992, S. 13).

Lösungsfokussierte Therapie und Beratung: Unter dem Einfluss des MRI (Mental Research Institute) und Milton Ericksons entwickelte Steve de Shazer zusammen mit seiner Frau Insoo Kim Berg am Brief Family Therapy Center in Milwaukee Ende der 1970er-Jahre die, wie sie sich zunächst bezeichnet, »lösungsfokussierte Kurztherapie«. Grundgedanke ist, die Aufmerksamkeit weniger auf die Probleme, sondern auf das Erreichte und die Lösungen zu richten – und das heißt gleichzeitig, Situationen positiv zu deuten (zum Beispiel Shazer 2010).

Positive Psychologie im Anschluss an Martin Seligman: In Abgrenzung von »defizitorientierten« Ansätzen versucht die Positive Psychologie (Seligman 2005) die Aufmerksamkeit auf das Positive im Leben zu richten. Kernfrage ist, was dazu beiträgt, dass Menschen sich weniger mit Problemen befassen, sondern ihre Aufmerksamkeit stärker auf das richten, was das Leben lebenswerter macht.

In allen genannten Konzepten geht es darum, das Bild der Wirklichkeit zu verändern. Das bedeutet:

- den Blick auf das Positive richten
- sich in die Situation des anderen versetzen
- die Situation in einen anderen thematischen Kontext stellen
- den Blick von Problemen auf Lösungen richten
- die eigenen hinderlichen »Glaubenssätze« überprüfen und möglicherweise verändern

Der Blick auf das Positive

Vermutlich kennen Sie das: Man braucht nur lange genug ein Problem zu betrachten, und es wird immer größer. Aber niemand zwingt Sie, die Aufmerksamkeit immer nur auf die Probleme und das Negative zu lenken. Schauen Sie auf die positiven Aspekte einer Situation – und Sie haben eine gute Chance, dadurch ihr Bild der Wirklichkeit zu verändern und besser mit der Situation umzugehen.

Bezogen auf unser Eingangsbeispiel: Frau Wunder sieht nur die Probleme. Aber dass sie in ihrer neuen Position neue Handlungsmöglichkeiten hat, dass Sie selbst einen Schritt vorwärtsgekommen ist (sie wollte schon immer Führungskraft werden), kommt ihr nicht in den Blick. Und damit verstellt sie sich selbst ihre Chancen.

Im Folgenden führen wir wieder einige Fragen auf, die Ihnen helfen, den Blick auf das Positive zu richten. Sie können diese Fragen für sich, aber auch in Gesprächen mit anderen nutzen.

Fragen, die den Blick auf das Positive zu richten

- Was ist das Positive an dieser Situation?
- Was war heute, diese Woche positiv? Was haben Sie geschafft? Was haben Sie für sich Positives getan?
- Was ist das Positive an einem Einwand, einer Kritik?
- Was schätzen Sie an sich, an Ihrer Arbeit, an Ihrer Organisation, an einem Kollegen?

- Wie lässt sich eine schwierige Situation mit anderen, positiven Begriffen beschreiben (zum Beispiel als Herausforderung)?
- Welchen Nutzen hat dieses Verhalten (für Sie, für andere)? Was gewinnen Sie dadurch?
- Welche positiven oder zumindest nachvollziehbaren Ziele könnten hinter dem Verhalten des anderen stehen?
- Was würde Ihnen fehlen, wenn die Situation anders wäre?

Fragen, die den Blick auf die eigenen Ressourcen richten

- Was hat Ihnen geholfen, das zu schaffen, was Sie geschafft haben?
- Was hat Ihnen geholfen, ähnliche (schwierige) Situationen zu bewältigen?
- Was sind Ihre Ressourcen, die Sie in schwierigen Situationen nutzen können?
- Stellen Sie sich eine Situation vor, in der es Ihnen richtig gut ging: Was hat Ihnen geholfen, diese Situation zu erreichen?

Entscheidend ist, dass Sie Fragen finden, die Ihren Blick auf das »wirklich Positive« lenken. Es ändert Ihre Gedanken nicht, wenn Sie gleich ein »aber« anhängen: »Eigentlich war meine Präsentation ganz gut, aber in der anschließenden Diskussion kam ich nicht vorwärts.« Hier überwiegt der Aber-Teil: Ihre Aufmerksamkeit bleibt auf das Negative gerichtet. Fokussieren Sie Ihre Aufmerksamkeit noch genauer: Was war der Teil, der wirklich gut war – ohne »Haare in der Suppe«. Entsprechend können Sie bei einem schwierigen Kollegen oder Ihrer schwierigen Vorgesetzten differenzieren: Was sind die kritischen Punkte – und was finde ich wirklich gut?

Die Aufmerksamkeit auf das Positive zu richten bedeutet nicht, aus schwarz weiß zu machen: Eine Kündigung oder eine Krankheit lässt sich nicht einfach als positive Herausforderung umdeuten; die Fehler, die ein Mitarbeiter gemacht hat, können nicht einfach als Entwicklungspotenzial verbucht werden. Aber der Blick auf die positiven Aspekte hilft Ihnen, die Situation besser zu bewältigen.

Anregungen zur Weiterarbeit

Den Blick auf das Positive zu richten ist letztlich eine Einstellung. Aber Sie können diese Einstellung üben:
- Stellen Sie sich selbst die eben aufgeführten Fragen. Gehen Sie die Fragen durch. Welche Fragen machen Ihnen neue Aspekte deutlich?
- Arrangieren Sie positive Situationen: Nehmen Sie sich zum Beispiel jeden Tag (oder einmal in der Woche) Zeit, für sich etwas Positives zu tun.
- Nehmen Sie sich Zeit, den Tag im Blick auf das Positive Revue passieren zu lassen: Was habe ich heute geschafft? Was habe ich für mich getan? Was war ein positives Erlebnis?

- In unseren Coachingprozessen »verordnen« wir manchmal das »Erfolgstagebuch« – ein (am besten schön gestaltetes) Notizbuch, mit der Aufgabe, dass der Klient jeden Tag (oder einmal die Woche) Erfolge einträgt. Sie können das auch für sich nutzen – wichtig, dass hier wirklich nur positive Ergebnisse aufgeführt werden.

Literaturhinweise

Es gibt eine umfangreiche Ratgeberliteratur zu positiv denken und Positiver Psychologie. Hier nur zwei Titel
- Seligman, M. E. P. (2005): Der Glücks-Faktor. 2. Auflage, Köln: Bastei Lübbe
- Blickhan, D. (2015): Positive Psychologie. Paderborn: Junfermann

Perspektivenwechsel

Eine weitere Möglichkeit, die Frau Wunder hat, Ihr Bild der Wirklichkeit zu verändern, ist der Perspektivenwechsel: sich in die Situation ihrer Chefin zu versetzen und zu überlegen, wie Frau Schneider die Situation wohl wahrnehmen würde. Angestoßen wird ein solcher Perspektivenwechsel durch »zirkuläre Fragen«, das heißt Fragen, in denen eine Person nicht nach ihrer Sichtweise gefragt wird, sondern nach der Einschätzung, wie andere Personen die Situation deuten. Hier einige Beispiele (s. auch Wehrle 2013, S. 124 ff.):

Zirkuläre Fragen

- Wer, meinen Sie, wird sich über Ihre Beförderung freuen? Wer wird sich ärgern?
- Was meinen Sie, erwarten Ihre Mitarbeiter von Ihnen als neue Abteilungsleiterin? Was erwarten Ihre Vorgesetzte, Ihre Kollegen?
- Was meinen Sie, wie würden Mitarbeiter diese Situation erklären?
- Was erhoffen oder befürchten sich die anderen Beteiligten (Ihre Mitarbeiter …)?
- Wie würde Ihre Vorgesetzte diese Situation schildern? Wie hat sie sie erlebt? Was würde sie sich von Ihnen wünschen?
- Was würden Ihre Mitarbeiter, Kollegen, ein Experte … zur Lösung vorschlagen?

Gemeinsam ist all diesen Fragen, dass Sie die Aufmerksamkeit in eine andere Richtung lenken: Wenn ich mir überlege, wie mein Vorgesetzter, meine Kollegin, mein Kontrahent die Situation beschreiben würden, dann betrachte ich Situation aus

Unser Bild der Wirklichkeit

einer anderen Perspektive. Mir werden möglicherweise Verhaltensweisen meines Gegenübers verständlich, es ergeben sich neue Lösungen.

Anregungen zur Weiterarbeit

- Wenn Sie neu in ein Team kommen (sei es als Vorgesetzte oder als neues Teammitglied): Nehmen Sie sich Zeit zu überlegen, wie die anderen sie einschätzen, was sie von Ihnen erwarten, was mögliche Hoffnungen oder Befürchtungen sind.
- Sie können den Perspektivenwechsel gut mit einer Stakeholderanalyse oder einer Visualisierung, wie wir sie im Kapitel über Stakeholder beschrieben haben, verbinden: Versetzen Sie sich in die jeweilige Person und schreiben Sie mögliche Gedanken und Äußerungen auf.
- Schließlich: Nutzen Sie den Perspektivenwechsel, um geplante Maßnahmen aus unterschiedlichen Perspektiven abzuchecken: Was meinen Sie, wie werden Kunden, Vorgesetzte, Ihre Mitarbeiter auf die geplante Umstrukturierung Ihres Teams reagieren?

Perspektivenwechsel erweitert Ihren Blick, macht sensibel für mögliche Probleme und eröffnet möglicherweise neue Lösungen. Aber es ist immer nur Ihre Einschätzung dessen, was die anderen Beteiligten denken und empfinden. Diese Einschätzung wird, wenn Sie die betreffende Person kennen, in vielen Situationen zuverlässig sein. Aber sie muss nicht zutreffen. Möglicherweise sieht Ihr Gesprächspartner die Situation ganz anders, als Sie es sich vorgestellt haben. Konsequenz kann dann durchaus sein, die betreffende Person zu fragen.

Glaubenssätze

Beispiel: »Nur wenn ich es selbst mache, wird es gut«

Frau Krämer war früher Sachbearbeiterin, jetzt ist sie Abteilungsleiterin der Rechtsabteilung einer größeren Organisation. Ihr ist klar, dass sie jetzt andere Aufgaben als früher hat. Jetzt muss sie mehr Zeit für Führungsaufgaben verwenden und mehr delegieren. Theoretisch ist ihr das alles klar – nur, sie schafft es nicht. Sie geht immer noch die Stellungnahmen ihrer Mitarbeiterinnen im Detail durch, findet häufig Punkte, die sie verbessern kann. Doch damit versinkt sie zunehmend im Chaos unerledigter Aufgaben.

Woran liegt es, dass Frau Krämer hier nicht weiterkommt? Es liegt nicht an ihren Fähigkeiten. Sie kann delegieren, sie weiß, wie sie mit ihren Mitarbeitern Ziele vereinbart, und kann auch die Umsetzung verfolgen. Es liegt an einem »Glaubenssatz«, der ihr Handeln leitet: »Nur wenn ich es selbst mache, wird es gut.«

Glaubenssätze sind, wie Robert Dilts, einer der bekanntesten Vertreter des »Neurolinguistischen Programmierens« formuliert, »Überzeugungen über uns selbst und darüber, was in der Welt um uns herum möglich ist« (Dilts 1993, S. 11). Dabei lassen sich zwei Arten unterscheiden:

- Glaubenssätze darüber, wie ich bin oder die Welt ist
- Glaubenssätze darüber, wie ich oder die Welt sein sollen

Glaubenssätze sind gleichsam Modelle, die uns helfen, uns in einer komplexen Welt zurechtzufinden, die uns sagen, wie wir uns verhalten können und sollen, was wir erwarten müssen oder dürfen. Glaubenssätze können motivierend, aber auch einschränkend sein. »Es findet sich immer eine Lösung« und »immer muss das ausgerechnet mir passieren« sind zwei Glaubenssätze, die eine völlig unterschiedliche Deutung der Wirklichkeit hervorrufen und damit zu unterschiedlichen Handlungskonsequenzen führen. Um auf unser obiges Beispiel zurückzukommen: Frau Krämer wird ihr Problem, in der Menge ihrer Aufgaben unterzugehen, nur lösen können, wenn sie ihren Glaubenssatz »Nur, wenn ich es selbst mache, wird es gut« abändert.

Es gibt zahlreiche hinderliche Glaubenssätze. Im Folgenden einige Beispiele:

- Ich muss alles allein schaffen.
- Wer rastet, der rostet.
- Bleibe mal auf deinem Teppich.
- Du musst für alles bezahlen.
- Irgendwo ist immer ein Haken.
- Ich kann ohnehin nichts ändern.
- Ich muss stark sein.
- Ich muss für meine Mitarbeiter, meine Familie jederzeit da sein.
- Ich muss von allen geliebt werden.
- Ich kann nicht Nein sagen.
- Ich muss Kompromisse eingehen.
- Arbeit macht mich krank.
- Zur Führungskraft muss man geboren sein.
- Ich schaffe das nie.

Vielleicht kommt Ihnen der eine oder andere Glaubenssatz bekannt vor.

Unser Bild der Wirklichkeit

Theoretischer Hintergrund

Glaubenssätze sind seit der Mitte des 20. Jahrhunderts zunächst Thema unterschiedlicher therapeutischer Konzepte.

Albert Ellis, der Begründer der rational-emotiven Verhaltenstherapie, unterscheidet vier Arten von »irrationalen Denkmustern« (Ellis/Hoellen 1997, S. 90ff.):

- **Mussdenken:** »Ich muss perfekt sein!«, »Sie müssen unbedingt pünktlicher werden!«
- **Katastrophendenken:** »Es ist schrecklich, wenn ich den Termin nicht einhalten kann!«
- **globale negative Bewertungen von sich selbst und anderen:** »Ich bin ein totaler Versager!«, »Der Chef ist ein absoluter Mistkerl!«
- **negative Frustrationstoleranz:** »Ich kann es nicht ertragen!«, »Es ist zu schwierig!«

Aufgabe ist, diese Denkmuster rational überprüfen: Stimmt diese Deutung mit der Realität überein? Ist es logisch, so zu denken? Was nützt es, jetzt darüber nachzudenken?

Die Transaktionsanalyse in der Tradition von Erich Berne spricht in diesem Zusammenhang von »Antreibern« (zum Beispiel Stewart/Joines 2010, S. 228 ff.):

- Sei perfekt!
- Sei (anderen) gefällig!
- Streng dich an!
- Sei stark!

Antreiber sind Botschaften, die in der Regel aus der Kindheit übernommen werden. Sich diesen Zusammenhang bewusst zu machen kann dann ein erster Schritt sein, oder sie durch »Erlauber« wie »Ich erlaube mir, um Hilfe zu bitten« zu ersetzen.

Die Schematherapie verknüpft Ansätze der kognitiven Therapie und der Transaktionsanalyse. Schemata sind »emotionale und kognitive Muster« (Young/Klosko/Weishaar 2008, S. 36), die meist aus der Kindheit übernommen sind und später Auslöser für immer wiederkehrendes Verhalten sind. Ein Schema ist zum Beispiel »überhöhte Standards/übertrieben kritische Haltung«, nämlich der Glaubenssatz, dass man sich intensiv anstrengen muss, um den eigenen Erwartungen gerecht zu werden. Auch hier besteht die Lösung darin, sich des ursprünglichen Entstehungszusammenhangs bewusst zu werden, um auf dieser Basis das Schema abzuändern.

Neurolinguistisches Programmieren: Robert B. Dilts, der den Begriff »Glaubenssatz« eingeführt hat, hatten wir bereits erwähnt. Glaubenssätze sind, so Dilts, jedoch nicht immer offenkundig, sondern in vielen Fällen hinter einer »Nebelwand« verborgen. Aufgabe ist somit, sich zunächst der einschränkenden Glaubenssätze bewusst zu werden und sie dann – möglicherweise wieder mit Rückgriff auf frühere Erfahrungen, aber auch unter Zuhilfenahme von vorhandenen Ressourcen – abzuändern.

Die Arbeit mit Glaubenssätzen

Was können Sie tun, um einengende Glaubenssätze abzuändern?

Checkliste Überprüfung limitierender Glaubenssätze

- Machen Sie sich Ihre limitierenden Glaubenssätze bewusst.
- Machen Sie sich die Entstehung dieses Glaubenssatzes bewusst.
- Versuchen Sie, diesen Glaubenssatz rational zu überprüfen:
  – Ist dieser Glaubenssatz wirklich zutreffend? Ist es wirklich »immer« so – oder gab es Ausnahmen?
  – Wer sagt denn, dass es so ist?
  – Was sind Konsequenzen aus diesem Glaubenssatz?
  – Was nützt es Ihnen, so zu denken?
  – Was könnte als Schlimmstes passieren, wenn Sie diesen Glaubenssatz nicht mehr befolgen?
- Formulieren Sie Alternativen zu diesem Glaubenssatz. Wählen Sie die Formulierung aus, bei der Sie ein gutes Gefühl haben
- Überlegen Sie, was dieser Glaubenssatz für Ihr Handeln bedeutet.
- Halten Sie Ihren neuen Glaubenssatz bewusst.

Bezogen auf Frau Krämer bedeutet das, dass sie ihren Arbeitsalltag durchgeht und sich selbst die Frage stellt: »Woran liegt, dass ich immer in Arbeit untergehe?« Ihr wird schnell deutlich, dass dahinter der Glaubenssatz steht: »Nur, wenn ich es selbst mache, wird es gut.« Der nächste Schritt ist dann, diesen Glaubenssatz zu reflektieren: Woher stammt dieser Glaubenssatz? War das eine Botschaft, die sie möglicherweise von einem Elternteil oder einem früheren Vorgesetzten erhalten hat, und die bis heute nachwirkt? Möglicherweise war dieser Glaubenssatz in der damaligen Situation hilfreich, aber heute ist Frau Krämer in einer anderen Situation – wird es nicht Zeit, sich von ihm zu verabschieden und ihn zu verändern?

Ein hilfreiches Vorgehen dabei ist, sich den ursprünglichen Glaubenssatz aufzuschreiben und darunter mögliche alternative Formulierungen zu notieren: Welche Wörter lassen sich abändern? Lassen sich die Modaloperatoren »sollen«, »müssen« durch »können«, dürfen«, »wollen« ersetzen? Lassen sich Bedingungen einführen? Eine Möglichkeit ist, die Antreiber durch sogenannte »Erlauber« zu ergänzen: »Ich erlaube mir, auch einmal nichts zu tun.«

Hilfreich ist, die jeweiligen Glaubenssätze laut auszusprechen, die einzelnen Wörter unterschiedlich zu betonen und dabei jeweils auf das Gefühl zu achten. Man muss sich dafür Zeit nehmen – hilfreich ist zudem ein Gesprächspartner, der einen dabei unterstützt. In der Regel lässt sich eine Formulierung finden, die für die Situation angemessener ist. Frau Krämer hat hier zwei neue Glaubenssätze gefunden: »Führung heißt, loslassen – und Mitarbeiter unterstützen, gut zu arbeiten« und »Ich mache es nur dann selbst, wenn die Risiken zu groß sind«.

Was sind nun die praktischen Konsequenzen des neuen Glaubenssatzes? Frau Krämer überlegt, wie groß die Risiken sind. Sie entdeckt eine ganze Reihe von Themen, bei denen sie loslassen kann. Zugleich verwendet sie mehr Zeit darauf, sich mit ihren Mitarbeitern zu befassen und aktuelle schwierige Fragen mit ihnen durchzusprechen – um ihnen allmählich ein Gefühl für die Materie zu vermitteln.

Natürlich besteht die Gefahr, den neuen Glaubenssatz zu vergessen und in das alte Muster zu verfallen. Frau Krämer muss ihn in Erinnerung halten. Sie schreibt ihn (zusammen mit einem passenden Bild) auf eine Karte, die sie sich in ihre Mappe legt. Sie kann ihn morgens lesen und überlegen, was dieser Satz heute bedeutet. Oder sie reflektiert am Schluss der Woche, was sie geschafft hat.

Anregungen zur Weiterarbeit

- Bewahren Sie sich Ihre unterstützenden Glaubenssätze. Wenn Sie mögen, schreiben Sie sie auf oder suchen Sie sich ein Bild dazu.
- Schließlich: Wenn Sie auf einen Glaubenssatz stoßen, der Sie hindert, gehen Sie die genannten Schritte durch und versuchen Sie, dafür eine Alternative zu finden.

Literaturhinweise

Eine hilfreiche Einführung zum Thema Glaubenssätze ist:
- Sander, C. (2012): Change! Bewegung im Kopf. 3. Auflage, Göttingen: BusinessVillage

Regeln

Beispiel: Was wird von mir erwartet?

Frau Göhlmann, Abteilungsleiterin in der Firma Kuhlmann, hat eine neue Abteilung übernommen. Sie hat damit einen neuen Vorgesetzten, Herrn Spontan. Mit ihrem ehemaligen Vorgesetzten war die Zusammenarbeit wirklich gut, doch jetzt hat sie das Gefühl, es Herrn Spontan nie recht machen zu können. Früher gab es jede Woche einen Jour fixe mit ihrem Vorgesetzten, bei dem sie die anstehenden Themen durchsprechen und dann bis zum nächsten Termin selbstständig erledigen konnte. Bei Herrn Spontan gibt es keine regelmäßigen Besprechungstermine, also arbeitet sie an ihren Themen wie gewohnt weiter. Drei Wochen später wird sie nach der Bereichsbesprechung von Herrn Spontan angefahren: »Was machen Sie eigentlich, ich bekomme von Ihrer Arbeit überhaupt nichts mit.«

Was ist hier geschehen: Auch, wenn es das gleiche Unternehmen ist: Frau Göhlmann kommt in eine neue Welt. Und eine neue Welt heißt: Es gibt hier neue Regeln. Erinnern Sie sich an Reisen in Ihnen unbekannte Länder: Was darf man hier, was nicht? Darf man Kinder fotografieren? Wie viel Trinkgeld sollte man geben? Dafür gibt es Regeln – doch die sind einem zunächst unbekannt. Eben das passiert Frau Göhlmann. In ihrer ursprünglichen Abteilung waren ihr die dort geltenden Regeln klar: Es gab jede Woche einen Jour fixe, es wurde berichtet. Doch beim neuen Vorgesetzten gilt diese Regel offenbar nicht. Hier gilt eine andere Regel: Mitarbeiter sollen von sich aus Kontakt zum Bereichsleiter halten und sich dafür Termine geben lassen. Diese Regel hat Frau Göhlmann niemand erklärt – und sie hat sie nicht erkannt.

An diesem Beispiel lässt sich gut aufzeigen, was Regeln bedeuten.

- **Regeln sind Handlungsanweisungen, die festlegen, was man tun soll, tun darf, nicht tun darf.** Bei Herrn Spontan gilt die Regel »Mitarbeiter sollen von sich aus Kontakt zum Bereichsleiter halten und sich dafür Termine geben lassen«. Es gibt Teamregeln wie zum Beispiel »Wir fangen pünktlich an, gleichgültig wie viele da sind« oder »Wir warten, bis alle da sind« und es gibt zudem persönliche Regeln wie beispielsweise »vor wichtigen Entscheidungen erst einmal eine Nacht darüber schlafen«. Auch Glaubenssätze wie »Ich muss alles kontrollieren« sind Regeln. Regeln sind eine Richtschnur, an der ich mich orientieren kann.

- **Regeln können explizit festgelegt sein oder implizit Geltung besitzen.** Explizite Regeln kennen wir aus dem Straßenverkehr. Arbeitsplatzbeschreibungen sind ebenfalls explizite Regeln, die festlegen, wofür eine Abteilungsleiterin zuständig ist, was sie darf oder nicht darf. Daneben gibt es implizite Regeln, die nirgendwo schriftlich fixiert sind, aber nichtsdestoweniger Geltung besitzen (und manchmal wichtiger sind als die schriftlich fixierten). Die Regel »Mitarbeiter sollen von sich aus Kontakt zum Bereichsleiter halten« ist nirgendwo fixiert und wurde Frau Göhlmann am Anfang nicht mitgeteilt – aber sie ist trotzdem gültig. Andere implizite Regeln können sein »Mitarbeiter dürfen abends nicht früher das Büro verlassen als der Vorgesetzte« oder »Mitarbeiter sollen sich nur bei Problemen an ihren Vorgesetzten wenden«.
- **Die Einhaltung von Regeln wird durch Sanktionen gesteuert.** Sanktionen sind positive oder negative Konsequenzen. Frau Göhlmann erfährt negative Konsequenzen: Sie wird von ihrem Vorgesetzten kritisiert. Negative Konsequenzen können Kritik, aber auch Nichtbeachtung, Übergehen bei Beförderungen – und natürlich Bestrafungen (Bußgeld für zu schnelles Fahren) sein. Positive Sanktionen sind zum Beispiel Anerkennung durch den Vorgesetzten, ein besonderes Lob, Beachtung von Beiträgen, Gehaltserhöhung, eine neue Position.

Regeln steuern das Verhalten in einem sozialen System. Sie sind Anweisung und geben zugleich Orientierung. Wenn Frau Göhlmann die Regeln kennt, weiß sie, wie sie vorgehen soll – und weiß zugleich, was sie von ihrem Vorgesetzten zu erwarten hat. Regeln sind damit zum einen notwendig – vielleicht haben Sie selbst in einer Wohngemeinschaft das Mülleimerproblem kennengelernt, das dadurch entsteht, dass es keine Regeln gibt, die festlegen, wer den Müll runterbringt.

Regeln können zum andern hinderlich sein. Die Regel »Mitarbeiter sollen so lange im Büro bleiben wie der Vorgesetzte« ist keineswegs sinnvoll. Sie mag erklärbar sein (der Vorgesetzte hat zu Hause Konflikte mit seiner Ehefrau und ist deshalb lieber lange im Büro), aber sie führt für Mitarbeiter zu negativen Konsequenzen. Oder man denke an hinderliche bürokratische Vorschriften – nichts anderes als Regeln, die die Konsequenz haben, zusätzlichen Aufwand zu haben, ohne dass der Sinn dahinter erkennbar ist.

Das Verhalten in sozialen Systemen wird durch Regeln gesteuert. Damit werden Regeln zu einem wichtigen Thema: Welche Regeln gelten in meinem sozialen System? Wie sinnvoll sind diese Regeln? Müssen wir neue Regeln einführen (weil unklar ist, was der Einzelne tun darf oder nicht)? Müssen wir Regeln abändern oder möglicherweise außer Kraft setzen? Und wie gehen wir mit unvernünftigen geltenden Regeln um, die wir nicht abändern können?

Theoretischer Hintergrund

Regeln dienen der Abstimmung von Handlungen untereinander. Ein Beispiel dafür ist die Sprache: Sprache ist regelgeleitetes Verhalten. Und ähnlich, wie man die Regeln zum Beispiel des Schachspiels lernt, muss ein Kind die Regeln des jeweiligen »Sprachspiels« lernen, so der Philosoph Ludwig Wittgenstein in den 1953 veröffentlichten »Philosophischen Untersuchungen« (Wittgenstein 1968, § 83). Ähnlich formuliert später der amerikanische Sprachphilosoph John R. Searle: »Sprechen ist eine (höchst komplexe) Form regelgeleiteten Verhaltens. Eine Sprache zu lernen und zu beherrschen bedeutet..., entsprechende Regeln zu lernen und zu beherrschen« (Searle 2007, S. 24, 26).

Ein Kind lernt eine Sprache, indem es Regeln lernt. Es wird korrigiert: »Nein, das ist keine Lokomotive, das ist ein Sattelschlepper!« – Das beinhaltet die Regel: »Diesen Gegenstand darfst du nicht als Lokomotive bezeichnen!«

In der Soziologie sind vor allem Max Weber in den 1920er-Jahren und in den 1960er- und 1970er-Jahren die Ethnomethodologie (zum Beispiel Goffman 1971; Garfinkel 1967) zu nennen, die Regeln thematisieren. Ausgangspunkt ist die Frage, wie Menschen es schaffen, ihre Handlungen aufeinander abzustimmen. Sie schaffen es, so lautet die Antwort, weil es Regeln gibt, die das Handeln leiten und wechselseitige Verständigung ermöglichen. Regeln, so der kanadische Soziologe Erving Goffman, sind zum einen Verpflichtung, so und so zu handeln – und zugleich sind sie Erwartungen, welches Verhalten man vom anderen erwarten darf. Goffman verdeutlicht das am Verhalten von Ärzten, Pflegern und Patienten im Krankenhaus, das regelgeleitet ist: »Eine Krankenschwester ist zum Beispiel verpflichtet, den Anweisungen des Arztes bei der Behandlung ihrer Patienten zu folgen. Auf der anderen Seite hegt sie die Erwartung, dass ihre Patienten bereit sind, zu kooperieren, indem sie ihr erlauben, sie gemäß den Anweisungen zu behandeln« (Goffman 1986, S. 56).

Im deutschsprachigen Raum ist insbesondere Hartmut Esser zu nennen, der sich in seinem Standardwerk »Institutionen« intensiv mit Regeln auseinandersetzt. Institutionen sind nichts anderes als Regelsysteme: »Institutionen sind [...] bestimmte, in den Erwartungen der Akteure verankerte, soziale definierte Regeln mit gesellschaftlicher Geltung und daraus abgeleiteter [...] Verbindlichkeit für das Handeln« (Esser 2000, S. 6).

Regeln erkennen

Greifen wir auf unser Eingangsbeispiel zurück: Frau Göhlmann war sich nicht klar darüber, dass im neuen Bereich andere Regeln gelten als in ihrem bisherigen Arbeitsumfeld. Sie hatte versäumt, diese Regeln zu erfassen.

Im Grunde ist das Ihre erste Aufgabe, wenn Sie in ein neues Umfeld kommen – sei es in ein neues Team, in eine neue Organisation, nach dem Studium in den Beruf – aber auch, wenn Sie einen neuen Partner oder eine neue Partnerin finden. Sie kommen zu neuen Personen, für die – teilweise – andere Regeln gelten als die, die Ihnen bislang vertraut waren. Sie müssen diese Regeln erfassen. Das heißt nicht, dass Sie diese Regeln befolgen müssen. Sie können auch versuchen, sie abzuändern oder zu unterlaufen – aber Sie müssen sie zunächst einmal erkennen.

Im Alltag lernt man Regeln meist durch Versuch und Irrtum. So lernen Kinder Regeln in einer Familie – und so werden auch Sie in vielen Situationen Ihr Regelverständnis erweitern oder korrigieren. Aber gerade in »kritischen« Situationen, also zum Beispiel, wenn Sie in eine neue Organisation kommen, reicht das nicht aus. Hier müssen Sie explizit herausfinden, welche Regeln hier gelten.

Erfassung von Regeln durch Beobachtung: Sie kommen um halb zehn wie vorgesehen zu einer Besprechung. Doch außer Ihnen ist kaum jemand da, sondern so allmählich strömen zehn bis 15 Minuten später die übrigen Teilnehmer ein. Einige kommen noch später, als die Besprechung schon angefangen hat – aber davon nimmt niemand Kenntnis. Sie können vermuten, dass dahinter eine Regel steht: Termine brauchen nicht genau eingehalten werden. Sie können diese Regel erschließen zum einen dadurch, dass das Zuspätkommen häufiger geschieht, und dass es nicht sanktioniert wird. Frau Göhlmann hätte sehen können, dass andere Kollegen den Vorgesetzten des Öfteren am Gang ansprechen oder einfach einmal in sein Büro gehen. Damit haben Sie die beiden wichtigsten Kriterien für die Beobachtung von Regeln kennengelernt.

Checkliste Beobachtung von Regeln

- Welches Verhalten tritt immer wieder (oder nie) auf, – obwohl man möglicherweise etwas anderes erwarten würde?
- Welches Verhalten wird positiv oder negativ sanktioniert – durch Zustimmung, positive Rückmeldung, aber auch durch Stirnrunzeln, Kritik?

Übrigens ist dieses Beobachten nie reines Beobachten, sondern stets ein Stück Interpretation: Wenn Sie sehen, dass ein Kollege vom Vorgesetzten angefahren wird, weil er eine Frage stellt, so muss dahinter nicht unbedingt eine Regel stehen. Es kann sein, dass der Chef heute einfach schlechte Laune hat. Aber wenn Ihnen auffällt, dass in Besprechungen mit dem Vorgesetzten kaum nachgefragt wird oder dass bei Nachfragen der Betreffende häufiger angefahren wird, dann können Sie dahinter eine Regel vermuten.

Regeln erfragen: Das klingt zunächst ganz einfach: Ich kann fragen, welche Regeln in der neuen Abteilung, im neuen Unternehmen, der neuen Schule oder der Niederlassung in Singapur gelten. Nur: Ganz so einfach ist das doch nicht. Es ist deshalb schwierig, weil Regelwissen zu einem großen Teil unbewusstes Wissen ist. Erfragen kann man die offiziellen Regeln. Aber überlegen Sie selbst, was die »geheimen« oder impliziten Regeln in Ihrem Team, Ihrer Arbeitsgruppe sind. Vermutlich wird Ihnen zunächst wenig dazu einfallen. Hier helfen »starke« Fragen, die dem anderen helfen, sein implizites Regelwissen zu aktualisieren.

Checkliste Erfragen impliziter Regeln

- Was erwarten andere (der Vorgesetzte, Mitarbeiter) von mir?
- Was muss ich tun, um beim Vorgesetzten (im Team, in der Organisation) anzuecken?
- Wofür erhält man hier Anerkennung? Wofür nicht?
- Was muss ich tun, um hier Karriere zu machen?
- Was mussten Sie lernen, als Sie hier anfingen?

Überlegen Sie, wem Sie diese Fragen stellen. Manchmal ist hilfreich, den Vorgesetzten direkt zu fragen, was er erwartet, manchmal kennt zum Beispiel die Sekretärin oder die Assistentin die geheimen Regeln der Abteilung besser und kann Ihnen mehr dazu sagen.

Regeln beurteilen

Regeln sind notwendig. Aber das heißt nicht, dass alle Regeln sinnvoll sind. Vermutlich kennen Sie selbst genügend unvernünftige Regeln. Dabei reicht die Spannweite von unnötigen und zeitaufwendigen Tabellen und Listen, bis zu impliziten Regeln wie »Mitarbeiter dürfen abends nicht das Büro verlassen, bevor der Chef gegangen ist«. Sie kennen vermutlich ebenso Regeln, bei denen überhaupt nicht klar ist, ob sie sinnvoll sind oder nicht. Oder es werden neue Regeln eingeführt, bei denen sich erst im Nachhinein Probleme in der Umsetzung herausstellen. Was also immer wieder ansteht, ist eine Beurteilung von Regeln: Inwieweit ist die Regel sinnvoll, inwieweit nicht? Anhand welcher Kriterien lässt sich beurteilen, inwieweit eine Regel sinnvoll ist oder nicht?

Zur Verdeutlichung wählen wir ein einfaches Beispiel, nämlich die Gesprächsregeln für Besprechungen. Vielleicht haben Sie für Ihre Besprechungen ebenfalls solche Besprechungsregeln. Dazu können allgemeine Regeln gehören wie »Wir lassen einander ausreden!« oder »Wir gehen offen miteinander um!«. Oder es gibt

Unser Bild der Wirklichkeit

die Regel, dass Teilnehmer Tagesordnungspunkte für die Besprechung einbringen dürfen. Oder es gilt die Brainstormingregel: erst Ideen sammeln und dann im Anschluss an die Sammlung bewerten. Es kann zudem geheime Regeln geben wie »Eine Krähe hackt der anderen kein Auge aus« (was bedeutet, dass man andere Teilnehmer nicht kritisieren darf). Klar ist: Nicht alle solche Regelungen sind für alle Situationen sinnvoll. Doch: Inwieweit sind sie wirklich sinnvoll? Gibt es Kriterien, die bei der Beurteilung der Regeln helfen? Wir haben für Sie folgende Fragen zusammengestellt, die dabei helfen, Regeln auf den Prüfstand zu stellen.

- **Ist das Ziel, das durch diese Regel erreicht werden soll, sinnvoll?** Wenn Besprechungen bislang dadurch gekennzeichnet sind, dass jeder neue Vorschlag sofort zerredet wird, ist die Einführung von Brainstormingregeln sicherlich sinnvoll. Aber nicht jedes Gespräch muss geregelt werden. Wenn Sie einem Kollegen von Ihrem letzten Urlaub erzählen, dann brauchen Sie dafür sicherlich nicht irgendwelche Besprechungsregeln. Wenn Teambesprechungen ohnehin effizient und erfolgreich verlaufen, müssen Sie nicht zunächst Teamregeln vereinbaren. Als erstes Kriterium gilt: Besteht hier wirklich Regelungsbedarf?
- **Ist die Regel eindeutig?** Wie ist das mit einer Regel »Wir gehen offen miteinander um!«? Sicher, das Ziel kann sinnvoll sein, wenn bislang Kritik nicht geäußert wird. Aber was heißt Offenheit? Bedeutet das, dass ich jeden anderen Teilnehmer beschimpfen darf, wenn mir danach zumute ist? Hier bedarf es zumindest zusätzlicher Erläuterungen oder der weiteren Konkretisierung durch Beispiele.
- **Ist die Regel realisierbar?** In der Teambesprechung wird gefordert, dass die Führungskraft alle Informationen, die das Team betreffen, weitergibt. Aber niemand kann »alle« Informationen weitergeben. Zumindest ist hier eine Einschränkung erforderlich »alle wichtigen Informationen« – wobei dann natürlich wieder die Frage entsteht: Was ist wichtig, was nicht?
- **Wird das vorausgesetzte Ziel durch die Regel tatsächlich erreicht?** Hierzu ein Beispiel aus einem anderen Bereich: Im Forschungs- und Entwicklungszentrum eines größeren Unternehmens gelten strenge Besucherregelungen. Als Besucher wird man von seinem Gesprächspartner an der Pforte abgeholt und in den Besprechungsraum begleitet. Die Besprechung ist zu Ende, der Besucher wird mit den Worten »den Weg zur Pforte finden Sie sicher allein« verabschiedet. Hier ist das Ziel, das Unternehmen vor Betriebsspionage zu schützen, sicherlich sinnvoll. Aber es wird nicht erreicht, wenn nach der Besprechung der Besucher allein durch das Gebäude laufen darf.
- **Hat die Regel relevante Nebenwirkungen?** Es besteht die Regel, dass für Besprechungen ein ausführliches Protokoll geschrieben wird. Im Blick auf das Ziel, abwesende Teilnehmer über die Sitzung zu informieren und die Ergeb-

nisse zu dokumentieren, ist diese Regel sicherlich sinnvoll. Aber sie hat Nebenwirkungen: zum einen, dass ein armer Protokollant stundenlang mit dem Verfassen des Protokolls beschäftigt ist (er soll möglichst genau den Verlauf dokumentieren), zum anderen entbrennt fast immer in der nächsten Sitzung eine halbstündige Diskussion über das Protokoll. Ähnliche Erfahrungen macht man bisweilen mit Regeln des Qualitätsmanagements: Im Blick auf das Ziel, Abläufe zu vereinheitlichen und zu dokumentieren, sind solche Regelungen durchaus sinnvoll. Aber sie werden fragwürdig, wenn sie in einem Krankenhaus dazu führen, dass Stationsschwestern einen großen Teil ihrer Zeit mit dem Ausfüllen von Formularen verbringen.

Die Beurteilung von Regeln im Blick auf Nebenwirkungen dürfte einer der wichtigsten und häufig doch vernachlässigten Punkte bei der Beurteilung von Regeln sein. Regeln werden »in der Regel« eingeführt, wenn irgendwo Regelungsbedarf besteht. Das ist durchaus plausibel. Aber die Einführung neuer Regeln führt ihrerseits mit der Zeit in etlichen Fällen zu negativen Nebenwirkungen:

- **Häufig kann man bei der Einführung neuer Regelungen die Wirkungen und Nebenwirkungen nicht abschätzen.** Ein Beispiel aus dem politischen Umfeld war die Abschaffung der 400-Euro-Regelung (seinerzeit natürlich DM) durch die Regierung Schröder. Diese Regelung war gut gemeint, denn sie stand unter der Zielsetzung, dadurch mehr feste Stellen schaffen zu können. Aber der darauffolgende Widerstand in der Bevölkerung war so gar nicht vorhersehbar gewesen und hat viele Politiker überrascht.
- **Regelsysteme tendieren dazu, sich mit der Zeit auszudifferenzieren und damit gleichsam zu verselbstständigen.** Man stellt fest, dass eine Regel zu ungenau formuliert ist, dass hier weiterer Regelungsbedarf besteht, und führt eine weitere Regel ein, um hier Sicherheit zu geben. Nur: Der Prozess geht weiter, denn auch bei der neuen Regel besteht mit hoher Wahrscheinlichkeit in bestimmten Situationen wieder Unklarheit. Das Ergebnis sind schließlich hochkomplexe Regelsysteme, die niemand mehr überblickt – Steuerrecht beziehungsweise allgemein bürokratische Organisationen sind dafür Beispiele.
- **Regeln tendieren dazu, weiterhin zu bestehen, selbst wenn sich die Situation mittlerweile verändert hat.** Ein Beispiel: Für das Rechenzentrum einer Bank galten ganz strenge Besucherregelungen – plausibel im Blick auf den Schutz der Daten. Nur: Vor fast zwei Jahren wurde das Rechenzentrum in ein anderes Gebäude verlagert, im ursprünglichen Gebäude wurde die Ausbildung untergebracht. Aber die strengen Besucherregelungen galten in diesem Gebäude unverändert weiter, was dann zu zunehmender Verärgerung bei Auszubildenden, aber auch bei Dozenten oder Besuchern führte.

Die wichtigsten Kriterien hier nochmals als Checkliste.

Checkliste zur Beurteilung von Regeln

- Ist das Ziel, das durch diese Regel erreicht werden soll, sinnvoll?
- Ist die Regel hinreichend eindeutig?
- Ist die Regel realisierbar?
- Wir das vorausgesetzte Ziel durch die Regel tatsächlich erreicht?
- Hat die Regel relevante Nebenwirkungen?

Regelwissen, so hatten wir eingangs festgestellt, ist zu einem großen Teil implizites Wissen. Von daher spürt man meist zunächst nur intuitiv, dass irgendwo etwas hängt. Nehmen Sie sich die Zeit, die Situation – auch – im Blick auf die Regeln zu analysieren: Welche Regeln stehen dahinter? In welchem Maße sind sie sinnvoll?

Anregung zur Weiterarbeit

Gesprächsregeln sind ein schönes Beispiel für die Beurteilung von Regeln. Von daher:
- Überlegen Sie, welche Regeln gelten in Ihrem Team, Ihrer Organisation für Besprechungen oder Konferenzen? Schreiben Sie die Regeln auf ein Blatt Papier.
- Überlegen Sie: Inwieweit sind diese Regeln tatsächlich sinnvoll? Gehen Sie dazu die genannten Kriterien durch.

Veränderung von Regeln

Nehmen wir als Beispiel die aufgeführte Protokollregel, der zufolge zu jeder Besprechung ein detailliertes Protokoll geschrieben werden soll, was zu beträchtlichem Aufwand für den Protokollanten und unerfreulichen Diskussionen über die Genehmigung in der nächsten Sitzung führt. Offensichtlich ist diese Regel nicht sinnvoll, sondern sollte abgeändert werden. Doch wie können Sie das erreichen?

Das »verlässlichste« Verfahren der Veränderung von Regeln ist sicherlich, einen Konsens herbeizuführen. Das mag manchmal recht einfach sein: Sie schlagen vor, anstelle der ausführlichen Verlaufsprotokolle nur noch Ergebnisprotokolle anfertigen zu lassen, begründen diesen Vorschlag, hören sich mögliche andere Argumente an, schließlich gibt es eine Einigung. Manchmal macht es Sinn, Veränderungen von Regeln als eigenes Thema festzulegen und etwa in folgenden Schritten zu bearbeiten:

- Das Thema »Besprechungsregeln« wird auf die Tagesordnung genommen oder zum Thema in einem Teamworkshop gemacht. Ziel ist, die bisherigen Regeln zu überprüfen und gegebenenfalls Abänderungen zu vereinbaren.
- Im nächsten Schritt gilt es, eine Übersicht über die derzeit geltenden Regeln und die dabei auftretenden Probleme zu erstellen: Es gibt keine Regeln über die zeitliche Begrenzung der Abteilungsbesprechungen (meistens dauern sie mehrere Stunden), es gibt keine Vertreterregelung, was dann dazu führt, dass der Kollege, der letzte Sitzung nicht da war, in der nächsten Sitzung das Thema nochmals von vorn aufrollt. Und es gibt die Regel, dass jeweils ausführliche Verlaufsprotokolle erstellt werden müssen, die dann in der nächsten Sitzung zu verabschieden sind.
- Jetzt geht es darum, Alternativen zu den bestehenden Regeln zu entwickeln. Auch dafür gelten übrigens die Brainstormingregeln: zunächst Ideen sammeln und sie erst in einem zweiten Schritt zu bewerten. Für die Protokolle werden als Alternativen vorgeschlagen: Auf Protokolle grundsätzlich zu verzichten, nur Ergebnisprotokolle zu erstellen oder ein Ergebnisprotokoll simultan zu erstellen, das am Schluss über Beamer durchgegangen und gleich verabschiedet wird.
- Abschließend geht es darum, eine Vereinbarung zu treffen. Nicht selten findet eine Idee unmittelbar Zustimmung (in unserem Beispiel war es die Vereinbarung, dass ein Teilnehmer gleichzeitig das Protokoll erstellt).

Checkliste zur Vereinbarung von (neuen) Regeln

- Regeln als Thema auf die Tagesordnung setzen. Ziel ist, bestehende Regeln zu überprüfen und gegebenenfalls abzuändern.
- Die gegenwärtig (explizit oder implizit) geltenden Regeln identifizieren und im Blick auf Ziel, Realisierbarkeit und Nebenwirkungen diskutieren.
- Alternativen zu der bestehenden Regel sammeln (Brainstorming) und in einem zweiten Schritt zu bewerten.
- Als Abschluss Vereinbarung der neuen Regel, möglicherweise verbunden mit der Festlegung von Sanktionen zur Sicherung der Regel, Absicherung, dass alle sich auf diese Regel einlassen können und gegebenenfalls Vereinbarung eines Checktermins, zu dem diese Regel nochmals überprüft wird.

In der Praxis verläuft dieser Prozess dagegen jedoch nicht immer reibungslos.

Unser Bild der Wirklichkeit

> **Beispiel: Widerstand gegen die Veränderung der Regeln**
>
> Für die wöchentlichen Sitzungen des Managementteams besteht die Regel, dass das Controlling den einzelnen Mitgliedern zuvor eine 20-seitige Übersicht über die Zahlen vorlegt. Sachlich ist das wenig sinnvoll: Erstellung der Zahlen bedeutet einen unverhältnismäßig hohen Zeitaufwand, niemand liest die Zahlen, und die Diskussion verliert sich üblicherweise in irgendwelchen Details.
> Bei der Diskussion zeigt sich jedoch massiver Widerstand vonseiten des Controllers. Er betont, wie wichtig diese Zahlen doch seien. Letztlich stellt sich heraus, dass es dem Controller hier überhaupt nicht um die Zahlen geht, sondern um eine Mitarbeiterstelle (bisher war eine Halbtagskraft allein mit der Erstellung dieser Tabellen beschäftigt), die, so fürchtet er, er möglicherweise jetzt verliert.

Veränderung sozialer Regeln ist nie ein isolierter Prozess, sondern ist eingebunden ist in ein komplexes soziales System: Es gibt Stakeholder in Bezug auf Regeln (zum Beispiel der Controller), es gibt Erwartungen und Befürchtungen im Blick auf die Regel (eben die Befürchtung, dass dadurch Stellen gekürzt werden). Regeln stehen im Zusammenhang mit anderen Regeln und Werten (zum Beispiel der Forderung nach möglichst viel Transparenz als Begründung für ausführliche Protokolle), es gibt Regelkreise im Umgang mit Regeln (zum Beispiel endlose Diskussionen über bestimmte Regeln). Sie sind im Zusammenhang mit der Umwelt zu betrachten und haben eine Geschichte.

Konsequenz ist in diesen Situationen zunächst eine Diagnose des sozialen Systems: Was sind die Systemfaktoren, die die Beibehaltung oder Abänderung geltender Regeln unterstützen oder behindern? Und welche möglichen Interventionen ergeben sich daraus? Hier eine Übersicht:

Systemdiagnose der Regel	Mögliche Interventionen
Personen • Wer sind die Stakeholder in Bezug auf die Regel? • Wer kann über die Abänderung von Regeln entscheiden? • Wer gewinnt/verliert bei Abänderung?	• Verbündete oder Unterstützer für die Veränderung beziehungsweise Beibehaltung von Regeln gewinnen • Wer lässt sich möglicherweise noch einbinden?
Subjektive Deutungen • Was sind die Erwartungen beziehungsweise Befürchtungen in Bezug auf die Regel oder ihre Abänderung?	• Verständnis für Bedenken signalisieren • Bedenken aufgreifen und (durch andere Maßnahmen) berücksichtigen • das Thema in einen anderen Zusammenhang stellen

Regeln und Werte
- Mit welchen anderen Regeln und Werten steht die Regel in Zusammenhang?
- Regeln an gemeinsame Werte anbinden

Regelkreise
- Was geschieht im Zusammenhang mit der Regel immer wieder?
- hinderliche Regelkreise unterbrechen

Umwelt
- Welchen Einfluss hat die soziale Umwelt auf die Regel?
- Welchen Einfluss hat die materielle Umwelt?
- Regeln vereinheitlichen – oder eigene Regeln schaffen
- materielle Umwelt verändern (zum Beispiel neue technische Lösungen entwickeln)

Entwicklung
- In welcher Situation wurde die Regel eingeführt?
- Inwiefern hat sich die Situation seitdem verändert? Was hat sich verändert? Was hat sich nicht verändert?
- den Zusammenhang der Regel mit der ursprünglichen Situation deutlich machen
- Unterschiede zur ursprünglichen Situation herausarbeiten
- die Geschwindigkeit für die Veränderung der Regel austarieren

Mit Regeln leben?

Nicht alle Regeln lassen sich abändern. Doch was soll Frau Göhlmann tun, wenn die Regel gilt, dass Mitarbeiter erst nach der Chefin das Büro verlassen dürfen? Sicher, sie kann versuchen, ihre Vorgesetzte zu überzeugen, sie kann sich Verbündete suchen. Aber sie muss sich möglicherweise auch überlegen, ob sie diese Regel akzeptiert und sich darauf einrichtet – oder ob sie kündigt und sich einen anderen Arbeitsplatz sucht: Change it, love it, leave it!

Eine Möglichkeit in diesem Zusammenhang sind sogenannte »mikropolitische Taktiken« (Neuberger 2009): Das sind Handlungen, die »unter der Hand« geltende Regeln unterlaufen, ohne dass sie als Regelbruch erkennbar sind. Frau Göhlmann könnte zum Beispiel versuchen, Kundenbesuche auf den (späteren) Nachmittag zu legen, sodass überhaupt nicht klar wird, wann sie das Büro verlassen hat. Auf Nachfragen ihrer Chefin kann sie dann guten Gewissens antworten, dass sie bei Kunden war und dass Kundenbesuche natürlich Vorrang haben. – Was sie hier tut, ist letztlich nichts Anderes als ihre Regelübertretung mit Verweis auf andere (vorrangige) Regeln zu begründen. Es gibt eine ganze Reihe solcher »mikropolitischer Taktiken«.

- **Regelmäßiges Übertreten von Regeln:** Die implizite Regel, keinen Kontakt zur (konkurrierenden) Parallelabteilung aufzunehmen, kann ein Mitarbeiter (in vielen Fällen) übertreten, ohne gravierende Sanktionen befürchten zu müssen. Vielleicht erntet er kritische Kommentare. Wenn die Regelübertretung weitergeführt wird und keine massiven Sanktionen erfolgen, besteht die Chance, dass mit der Zeit andere Mitarbeiter ebenfalls diese Gewohnheit teilen und die ursprüngliche Regel außer Kraft gesetzt wird.
- **Ausweitung des Spielraums geltender Regeln:** Regeln haben stets einen gewissen Interpretationsspielraum. Die Regel »über wichtige Vorgänge in der Arbeitsgruppe ist der Abteilungsleiter zu informieren!« lässt offen, wo genau die Grenze zwischen wichtigen und unwichtigen Vorfällen liegt.
- **Verdeckte Ablehnung geltender Regeln:** Der Kundenbesuch am Nachmittag ist ein Beispiel für verdeckte Ablehnung: eine Regel nicht befolgen, aber den Anschein erwecken, dass das Vorgehen durch andere Regeln begründet war oder dass man sie nicht kannte. Manchmal ist es besser, sich im Nachhinein zu entschuldigen, als im Vorhinein zu fragen.
- **»Regeldrift«** ist eine schleichende Abweichung von der Regel. In der Abteilung gilt die Regel, dass man sich nach der Arbeitszeit noch wenigstens eine Stunde in einem Bistro trifft. Frau Klaus weicht diese Regel schrittweise auf. Sie entschuldigt sich, dass sie morgen nicht kann und wie leid ihr das tut. In der nächsten Woche fehlt sie wieder einmal – und allmählich gewöhnt sich die Abteilung (und gewöhnt sich der Chef) daran. Schrittweise wird der eigene Freiraum ausgeweitet, ohne dass es thematisiert wird.
- **Reduzierung des Aufwands bei der Befolgung von Regeln:** Ein (gemäß Regeln gefordertes) Protokoll einer Besprechung zu schreiben, kann einen Aufwand von mehreren Stunden bedeuten, aber auch in 30 Minuten erledigt sein.

Regeln sind notwendig, weil sie eine gemeinsame Wirklichkeit schaffen, in der man weiß, was einen erwartet. Auf der anderen Seite engen Regeln ein. Erfolgreiches Handeln ist nicht ein selbstverständliches Befolgen von Regeln, sondern ist immer auch ein Ausprobieren, ein Übertreten, ein Gefühl dafür zu bekommen, wie weit man gehen darf. Man kennt das von Kindern, die immer wieder gegen Regeln rebellieren, versuchen, sie zu unterlaufen und ihren Freiraum zu vergrößern – und gerade dadurch viel für das Leben lernen. Auch erfolgreiche Führungskräfte und Innovatoren sind »Rulebreaker« (Jánszky/Jenzowsky 2010), die sich irgendwann gegen geltende Regeln gestellt haben und gerade dadurch neue Wege gegangen sind. Umgang mit Regeln ist also stets ein Akzeptieren von Regeln und zugleich Aufbegehren, Übertretung und Veränderung.

Regeln, Werte und Rituale

Das Verhalten eines sozialen Systems und damit auch das Handeln einzelner Personen wird durch Regeln gesteuert. Handeln kann aber ebenso durch Werte gesteuert werden. Insofern haben Regeln und Werte eine gleiche Funktion. Aber Werte sind allgemeiner, weniger auf konkrete Situationen bezogen. Ein Beispiel: Im Unternehmen gilt die Regel, dass Mitarbeiter die vorgezeichneten Gehwege benutzen sollen, wenn sie von einem Gebäude ins andere gehen. Hinter dieser Regel stehen als Werte »Gesundheit« oder »Arbeitssicherheit«. Oder denken Sie an den Wert »Respekt«: Auch das ist eine allgemeine Orientierung für das Handeln, aber viel allgemeiner gefasst als zum Beispiel konkrete Regeln wie »wir lassen einander ausreden«.

Regeln steuern das Handeln auf einer rationalen Ebene, Werte eher auf einer emotionalen. »Respekt« ist eher eine Einstellung, aber nicht ein Set von konkreten Verhaltensregeln. Die Umsetzung von Regeln ist eindeutiger zu kontrollieren: Ob Herr Schnell Frau Körber unterbricht oder ausreden lässt, lässt sich feststellen – ob er sie mit Respekt behandelt, lässt sich zwar intuitiv spüren, aber nicht an beobachtbaren Sachverhalten festmachen.

Offenbar benötigt man beides: für kritische Situationen Regeln, die Abläufe eindeutiger festlegen, aber auch Werte, die emotional das Handeln leiten.

Werteklärung und Wertereflexion: Jeder Mensch hat bestimmte Werte, die er bewusst oder unbewusst verfolgt. Der erste Schritt ist dann, sich über diese Werte klar zu werden. Sie können sich selbst die Frage stellen, was Ihre Werte sind – oder Sie können die Frage in Ihrem Team, in Ihrer Abteilung stellen.

Fragen zur Werteklärung

- Überlegen Sie: was sind Ihre drei wichtigsten Werte, die Ihr Handeln leiten?
- Welche Werte müssen realisiert sein, damit Sie sich in Ihrer Arbeit und Ihrem Leben wohlfühlen?
- Was müsste passieren, dass Sie kündigen? Welche Werte stehen dahinter?
- Was sind Tätigkeiten, die Sie immer wieder ausführen: Welche Werte stehen dahinter?
- Was würden Sie Ihren Kindern sagen, wenn diese Sie fragen, wofür, für welche Werte Sie stehen?
- Welche Werte versuchen Sie, Ihren Kindern, Ihren Mitarbeitern zu vermitteln?
- Stellen Sie sich vor, es ist Ihre Verabschiedung aus dem Unternehmen: Was möchten Sie, dass Ihre Kollegen von Ihnen in der Abschlussrede sagen? Welche Werte möchten Sie betont wissen?

Werteklärung ist der erste Schritt, um über die eigenen Werte zu reflektieren. Wenn Sie jeden Tag wenigstens zehn Stunden im Büro sitzen: Ist Arbeit wirklich der oberste Wert, nach dem Sie Ihr Leben einrichten möchten? Nehmen Sie sich Zeit, die eigenen Werte zu überdenken. Nehmen Sie sich im Team dafür Zeit (zum Beispiel im Rahmen eines Workshops): Welche Werte brauchen wir für die Zukunft? Welche Werte wollen wir verwirklichen?

Werte leben: In zahlreichen Leitbildern oder Führungsgrundsätzen finden sich wohlklingende Werte wie Offenheit, Respekt, Vertrauen – nur, sie werden nicht gelebt. Und Werte, die nicht gelebt werden, führen zu Zynismus: Wir haben kein Leitbild – wir haben ein »Leidbild«. Das heißt, es stellt sich die Frage, wie es gelingen kann, die Werte, die Sie sich vorstellen, tatsächlich zu leben.

Diese Frage stellt sich gleichermaßen für Sie als einzelne Person wie für ein Team.

Beispiel: Den Wert »Familie« leben

Herr Klaus will den Wert »Familie« wieder mehr in den Mittelpunkt stellen, nur er schafft es nicht, er sitzt trotzdem jeden Abend bis neun im Büro. Er entwickelt folgende Möglichkeiten, die ihm dabei helfen können:
- Er sorgt dafür, dass er immer wieder an seinen Wert erinnert wird: Auf dem Schreibtisch steht ein Bild seiner Familie vom letzten Sommerurlaub.
- Er überlegt sich, wie er den Wert umsetzen kann. Ihm werden verschiedene Möglichkeiten deutlich: rechtzeitig Schluss machen und nach Hause gehen, seine Kinder einmal in der Woche morgens zum Kindergarten bringen, die halbe Vorlesestunde, wenn er nach Hause kommt.
- Er trifft Vereinbarungen: Am Mittwoch holt ihn seine Familie im Büro ab.

Nun sind Sie wieder an der Reihe. Mithilfe der folgenden Checkliste können Sie überlegen, welche Werte Sie leben wollen und wie Sie diese erreichen können.

Checkliste Werte leben
- Überlegen Sie: Wie können Sie sich immer wieder an Ihre Werte erinnern: ein Lesezeichen in Ihrer Arbeitsmappe, auf dem Bildschirmschoner, eine Karte, die Sie auf Ihren Schreibtisch stellen …
- Überlegen Sie: Wie können Sie die Werte im alltäglichen Handeln umsetzen? Suchen Sie sich konkrete Beispiele.
- Machen Sie Vereinbarungen mit sich oder mit anderen, zum Beispiel im Team.

- Nehmen Sie sich ab und an Zeit, Ihre Werte zu reflektieren: Bin ich meinen Werten treu – oder habe ich sie im Tagesgeschäft verloren? Achten Sie hier auf Ihr Bauchgefühl.
- Belohnen Sie sich, wenn Sie die Werte umgesetzt haben.
- Schließlich: Nutzen Sie Ihre Werte in Entscheidungssituationen. Überlegen Sie: Welche Werte spielen hier eine Rolle? Vergegenwärtigen Sie sich diesen Wert: Was ergibt sich daraus für das Vorgehen – nicht selten werden Ihnen neue Aspekte deutlich.

Diese Punkte können Sie gleichermaßen für sich wie auch im Team umsetzen: ein Plakat mit den zentralen Werten des Teams, des Unternehmens, ein Werteworkshop, in dem das Team überlegt, was die Werte für das konkrete Handeln bedeuten und wie sie sich umsetzen lassen, das Thema Werte als Agenda-Punkt bei Teambesprechungen, vierteljährig konkrete Maßnahmen

Wertekonflikte: Werte werden nicht immer übereinstimmen, sondern es können Konflikte zwischen den Werten auftreten. Bei Herrn Klaus sind es beispielsweise zwei Werte, die sich gegenüberstehen: Familie und etwas Sinnvolles in der Arbeit tun. In Teams gibt es meistens die Planer und die Chaoten, die häufig unterschiedliche Werte vertreten.

Ein hilfreiches Verfahren, solche Wertekonflikte zu bearbeiten, ist das Wertequadrat von Schulz von Thun (2006, S. 43). Grundgedanke ist, dass jeder Wert in Gefahr ist, übertrieben zu werden: Flexibilität kann zu Chaos führen, Planung zu Starrheit und Kleinkariertheit. Hier ein Beispiel zur Verdeutlichung:

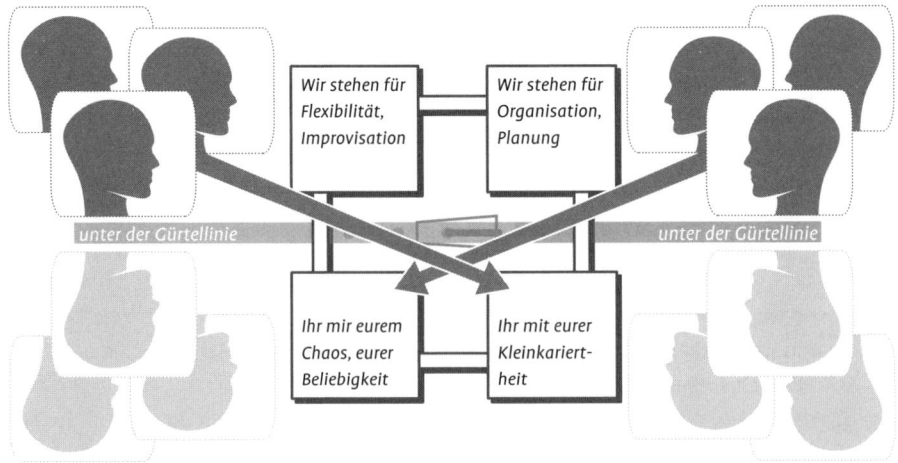

Mithilfe des Wertequadrats lässt sich die Position der einzelnen Werte feststellen. Anschließend gilt es, eine Balance zwischen den verschiedenen Werten herzustellen. Dabei ist folgende Checkliste hilfreich:

Checkliste Wertekonflikte

- Was ist der eigene positive Wert?
- Wo liegen die Gefahren der Übertreibung dieses Wertes?
- Was ist der negativ empfundene (übertriebene) Wert des anderen?
- Was ist der dahinterstehende positive Wert?
- Wie lassen sich Wert und Gegenwert ausbalancieren?

Sie können auch versuchen, widersprüchliche Werte auf der Basis gemeinsamer übergeordneter Werte auszugleichen: übergeordneter Wert in Bezug auf Planung und Flexibilität könnte zum Beispiel der Erfolg des Teams sein. Daraus lassen sich diese Fragen ableiten: Wie viel Planung benötigen wir, um wirklich erfolgreich zu sein? Wie viel Spontaneität ist dazu nötig?

Rituale: Sie kennen sicherlich das Gute-Nacht-Ritual aus Ihrer Kindheit oder von Ihren Kindern.

Beispiel: Das Gute-Nacht-Ritual

Zum Schlafengehen muss der vierjährige Stephan von seinem Vater (oder seiner Mutter) ins Bett gebracht werden. Das Kissen wird ordentlich aufgeschüttelt, der Teddy bekommt seinen Stammplatz. Dann wird die Gute-Nacht-Geschichte vorgelesen. Es folgt der Gute-Nacht-Kuss. Vorher kann Stephan nicht einschlafen.

An diesem Beispiel lassen sich folgende Merkmale von Ritualen erkennen (Imber-Black 2001, S. 20 ff.):

- **Rituale sind regelgeleitete Handlungen:** Es gibt ganz bestimmte Regeln, wie das Schlafengehen vonstatten zu gehen hat – und wehe, wenn die Regeln nicht eingehalten werden, also zum Beispiel die Geschichte nicht vorgelesen wird. Lautes Geschrei von Stephan ist eine eindeutige Sanktion.
- **Rituale sind keine bloß zweckrationalen Handlungen:** Einschlafen könnte Stephan auch, wenn er allein in sein Zimmer geht. Rituale sind mehr, sie haben eine zusätzliche symbolische Bedeutung.

In der Folge der 1968er-Jahre verschwanden viele Rituale (zum Beispiel Rituale der Examensfeier bei Studierenden) als Überreste verstaubter Traditionen. Sicherlich, Rituale können auf der einen Seite verstaubt und bedeutungslos sein. Auf der anderen Seite aber wissen wir aus der Ritualforschung (zum Beispiel Dücker 2007, S. 28 ff.), dass Rituale eine wichtige Funktion besitzen.

- **Rituale sind Orientierungsmuster zur Lebensbewältigung:** Sie helfen uns, schwierige Situationen emotional zu bewältigen – denken Sie an Abschieds- oder Beerdigungsrituale.
- **Rituale schaffen eine gemeinsame Identität:** Das gemeinsame Frühstück am Samstag macht die Gemeinsamkeit der Familie deutlich – und wird gerade dann infrage gestellt, wenn das System Familie sich verändert, beispielsweise wenn die Kinder erwachsen werden und das Elternhaus verlassen.
- **Rituale symbolisieren zugrundeliegende Werte:** Das Einschlafritual steht für den Wert der Geborgenheit, eine Geburtstagsfeier ist ein Symbol der Wertschätzung.

Gerade für Organisationen wird in den letzten Jahren zunehmend die Bedeutung unterschiedlicher Rituale erkannt, Examensrituale für Studierende sind wieder wichtig geworden, und es gibt »Rituale der Wertschätzung« (Klejbor 2014). Aber entscheidend ist, dass der Zusammenhang zwischen Ritual und den dahinterstehenden Werten bewusst wird: Ein Geburtstagskuchen für Mitarbeiter ist dann hilfreich, wenn dahinter tatsächlich die entsprechende Einstellung der Wertschätzung steht – und es nicht eine bloße Routine ist. Von daher: Die Einführung von Ritualen kann man nicht »technisch« planen, sondern ist Bestandteil des Bewusstwerdens gemeinsamer Werte.

Checkliste Rituale

Machen Sie sich bewusst:
- Welche Rituale habe ich, hat meine Familie, haben wir in unserem Team?
- Sind diese Rituale tatsächlich symbolhaftes Zeichen von Werten – oder ist dieser Zusammenhang verloren gegangen?

Verändern Sie Rituale:
- Heben Sie Rituale auf, wenn Sie keine Bedeutung mehr besitzen, weil der Zusammenhang zu den Werten verloren gegangen ist.
- Überlegen Sie andererseits: Was könnten bei uns Rituale zur Bewältigung schwieriger Situationen oder zur symbolischen Verdeutlichung der gemeinsamen Werte sein?
- Seien Sie sensibel im Umgang mit Ritualen: Achten Sie darauf, wo sich im Zusammenhang mit grundlegenden Werten ein Ritual andeutet und verstärken Sie es.

- Und schließlich: Machen Sie sich (und Ihrem Team) stets den Zusammenhang zwischen dem Ritual und den zugrundeliegenden Werten bewusst.

Werte, Regeln und Rituale sind die grundlegenden Mechanismen, die gemeinsames Handeln in einem sozialen System überhaupt erst ermöglichen. Aber es kann geschehen, dass Werte nicht gelebt werden, Regeln nur noch Einengung ohne positive Funktion sind, Rituale hohl bleiben. Machen Sie sich das bewusst und werden Sie sensibel im Umgang damit.

Anregung zur Weiterarbeit

Zum Schluss wieder einige Anregungen, wie Sie daran arbeiten können.
Nehmen Sie sich Zeit (für sich oder im Team), um über Ihre grundlegenden Werte, die Regeln und Rituale nachzudenken.
- Welche Werte sind uns wirklich wichtig? Werden Sie tatsächlich gelebt? Welche Werte möchten Sie verwirklicht haben?
- Welche Regeln haben wir? Sind die Regeln hilfreich? Gibt es Situationen, für die Regelungsbedarf besteht – oder Situationen, in denen bestehende Regeln abgeändert oder aufgehoben werden müssen (man kann und muss nicht alles regeln)? Wie können Sie Regeln abändern?
- Welche Bedeutung haben Rituale für Sie oder für Ihr System? Wo wären Rituale als symbolische Verdeutlichung zentraler Werte hilfreich? Wo sind Sie leer? Was können Sie hier tun?

Literaturhinweise

Hier wieder einige Literaturhinweise für die Themen dieses Kapitels.

Zum Thema Regeln
- Scott-Morgan, P. (2008): Die heimlichen Spielregeln. Frankfurt am Main: Campus
- Jánszky, S. G./Jenzowsky, S. A. (2010): Rulebreaker. Wien: Goldegg

Zum Thema Werte
- Hemel, U. (2007): Wert und Werte. Ethik für Manager – ein Leitfaden für die Praxis. 2. Auflage, München: Hanser
- Scheitler, C./Wetzel, S. (2007): Werte, Worte, Taten. Bern: Haupt

Zum Thema Rituale
- Dücker, B. (2007): Rituale. Formen – Funktionen – Geschichte. Eine Einführung in die Ritualwissenschaft. Stuttgart: J. B. Metzler und Carl Ernst Poeschel
- Echter, D. (2011): Führung braucht Rituale. 2. Auflage München: Vahlen

Regelkreise: Immer wieder das gleiche Muster

Beispiel: Immer wieder das Gleiche

Herr Gründlich ist Assistent der Bereichsleiterin, Frau Bischoff. Er erhält den Auftrag, das Konzept für eine Präsentation zu erstellen. Er gibt sich viel Mühe, aber seine Chefin ist nicht zufrieden: »Da hätte ich etwas anderes erwartet. Ich habe Ihnen doch gesagt, was ich brauche.« Beim nächsten Auftrag gibt sich Herr Gründlich ganz besonders viel Mühe. Er sucht sich zusätzliche Informationen zusammen und versucht, alles, was ihm wichtig erscheint, einzuarbeiten – auch wenn er fast bis in die Nacht arbeitet. Als er das Ergebnis seiner Chefin vorlegt, ist sie jedoch wieder unzufrieden. »Ich hatte Ihnen doch gesagt, was ich brauche – uns Sie liefern mir stattdessen eine unstrukturierte Materialsammlung.« Herr Gründlich ist total verunsichert und weiß nicht mehr weiter.

Herr Gründlich hat sich in einem »Regelkreis« verfangen: Er erhält einen Auftrag, gibt sich besondere Mühe – aber Frau Bischoff ist unzufrieden. Er gibt sich nächstes Mal noch mehr Mühe – aber das Ergebnis wird nicht besser und Frau Bischoff wird noch unzufriedener. Man kann diesen Regelkreis bildlich darstellen:

An diesem Beispiel lassen sich die Merkmale von Regelkreisen gut darstellen:

- **Regelkreise sind immer wiederkehrende Verhaltensmuster:** Herr Gründlich gibt sich Mühe – und wird kritisiert. Und das geschieht immer wieder.
- **Jeder sieht die Ursache für das Verhalten beim anderen.** Hier schlägt unser alltägliches Kausalverständnis durch: Frau Bischoff sieht die Ursache für die Probleme bei Herrn Gründlich; Herr Gründlich dagegen macht die Ursache bei Frau Bischoff fest, da man es ihr nie recht machen kann.
- **Die jeweiligen Verhaltensweisen beeinflussen sich wechselseitig.** Dass Herr Gründlich seine Aufträge nicht kompetent erfüllt, führt einerseits zu Kritik von Frau Bischoff – während andererseits diese Kritik wieder dazu führt, dass sich Herr Gründlich unter Druck gesetzt fühlt, sich besonders viel Mühe gibt, sich in Details verliert und kein entsprechendes Konzept abliefert.
- **Regelkreise entwickeln eine Eigendynamik.** Dass es nicht das Anliegen von Frau Bischoff ist, Herrn Gründlich zu verunsichern, liegt auf der Hand. Ebenso wenig ist es das Anliegen von Herrn Gründlich, schlechte Konzepte abzuliefern oder seine Chefin zu ärgern. Beide sind im Muster ihrer Regelkreise verfangen. Regelkreise können sich über Jahre hinweg halten (lang verheiratete Ehepaare sind manchmal ein Beispiel dafür). Sie können eskalieren und schließlich zum Zusammenbruch des Systems führen. Die Kritik von Frau Bischoff wird immer massiver und die Arbeitsleistungen von Herrn Gründlich fallen immer mehr ab. Möglicherweise führt das irgendwann zum Eklat; Herr Gründlich bekommt Burnout, oder er kündigt oder ihm wird gekündigt.

Theoretischer Hintergrund

Regelkreise gelten seit Beginn der systemtheoretischen Diskussion in den 1950er-Jahren als entscheidendes Merkmal sozialer Systeme: Systemisch denken heißt, die Aufmerksamkeit auf Regelkreise richten:

- Frederik Vester, ein früher Vertreter der Systemtheorie, thematisiert insbesondere ökologische Regelkreise wie den Zusammenhang zwischen künstlicher Bewässerung und Bodenerosion (Vester 2002).
- Paul Watzlawick schildert insbesondere in seinem Buch »Anleitung zum Unglücklichsein« (2015) eine Fülle von Alltagsbeispielen für Regelkreise, die aus »falschen« Deutungen der Situation entstehen.
- Regelkreise sind typisches Muster von Konflikten: Jeder greift den anderen an, jeder meint, nur zu reagieren, der Konflikt eskaliert zunehmend. Hier ist insbesondere der österreichische Konfliktforscher Fritz Glasl (2013) zu nennen, der

die Regelkreise bei Konflikteskalation sowohl in politischen Systemen als auch Unternehmen untersucht hat.
- Peter Senge in »Die fünfte Disziplin« (2011) oder Gilbert Probst (zum Beispiel Gomez/Probst 2007) untersuchen komplexe Regelkreise in Organisationen: Regelkreise zwischen Kosteneinsparung und den Auswirkungen auf Betriebsklima, Arbeitsqualität und langfristig auf Umsatz und Gewinn; oder Regelkreise zwischen Patientenbedürfnissen, politischem Druck, Deckungsbeitrag und Zahl der Einweisungen im Klinikbereich.

Ein anderes Konzept, in dem Regelkreise thematisiert werden, ist die Transaktionsanalyse. Grundlage ist die auf Eric Berne zurückgehende Unterscheidung zwischen den verschiedenen Ich-Zuständen »Eltern-Ich«, »Erwachsenen-Ich« und »Kind-Ich« (zum Beispiel Stewart/Joines 2010):

- **Eltern-Ich:** Im Umgang mit anderen lege ich Verhaltensweisen, aber auch Denkweisen und Empfindungen an den Tag, die ich bei einem Elternteil erlebt habe.
- **Erwachsenen-Ich:** Ich benutze Verhaltensweisen und Denkweisen, die mir als Erwachsenem zur Verfügung stehen.
- **Kind-Ich:** Ich benutze Gedanken, Empfindungen und Verhalten, wie ich es als Kind getan habe.

Aus der Interaktion zwischen verschiedenen Ich-Zuständen unterschiedlicher Personen entstehen Regelkreise (die Transaktionsanalyse spricht hier von »psychologischen Spielen«) wie zum Beispiel der Regelkreis zwischen kritischem Eltern-Ich (der Vorgesetzte verhält sich wie ein kritisches Elternteil) und angepasstem Kind-Ich aufseiten des Mitarbeiters.

Typische Regelkreise

Im Folgenden haben wir eine Reihe »typischer« Regelkreise zusammengestellt. Vielleicht kommen Ihnen einige davon bekannt vor (s. auch Dehner/Dehner 2007, S. 150 ff.):

- **»Ja, aber…«:** Herr Schmidt schlägt vor, doch einmal einen gemeinsamen Teamausflug zu machen. Er sieht sich einer Fülle von Einwänden ausgesetzt: »Ja, aber da kommt sowieso keiner«, »Ach das hatten wir vor zwei Jahren schon mal versucht, und da ist nichts daraus geworden«. Frustriert schlägt er vor, stattdessen doch nach der Abteilungsbesprechung in einen Biergarten zu ge-

Regelkreise: Immer wieder das gleiche Muster

hen. Können Sie sich vorstellen, was er zu hören bekommt? – »Ja, aber ...«. Ja-aber-Regelkreise können genauso gut in anderen Situationen auftreten: Die siebenjährige Elke langweilt sich. Ihre Mutter macht Vorschläge: »Du könntest doch mit Lego spielen.« – »Ja, aber da fehlen doch so viele Steine!« »Oder soll ich dir etwas vorlesen?« – »Ja, aber ...«.

- **»Ich bin ja so hilflos«:** Frau Stock kommt mit hilfesuchendem Blick zu ihrer Kollegin, Frau Kümmer: »Ich komme mit der Exceltabelle nicht weiter. Können Sie mir helfen?« Frau Kümmer hat bereits letzte und auch vorletzte Woche Frau Stock alles ausführlich erklärt und eigentlich gedacht, sie müsste es nun endlich können. Aber nach einigem Hin und Her lässt sie sich darauf ein. Frau Kümmer kann sicher sein, ihre Kollegin wird in der nächsten Woche wieder an ihrem Schreibtisch stehen und sie mit hilfesuchendem Blick anschauen.
- **»Ach, wie schrecklich«:** Ihre Kollegin, mit der Sie im gleichen Büro sitzen, klagt Ihnen ihr Leid: Wie schwiwerig das alles für sie sei, die ganze Arbeit und dann noch die Kinder, und jetzt stehe auch beim Auto eine Reparatur an. Sie wisse gar nicht weiter. Und mitfühlend wie Sie sind, trösten Sie sie – mit dem Ergebnis, dass Sie sich morgen das nächste Klagelied anhören müssen.
- **»Wer hat den Schwarzen Peter?«:** Ein Problem tritt auf – und jeder ist bemüht, die Schuld auf den anderen zu schieben. Es lag nicht am Vertrieb, der hat die Anfrage rechtzeitig an Frau Schmidt weitergegeben. Frau Schmidt weiß gar nichts, sie ist dafür nicht zuständig. Wer behält den Schwarzen Peter?
- **»Entweder – oder«:** Ein neues Produkt kommt auf dem Markt nicht so gut an wie erwartet. In der Geschäftsführung sind die Ansichten geteilt: Einige sind dafür, das Produkt vom Markt zu nehmen, andere wollen eine verstärkte Marketingaktion. Die Diskussion ist festgefahren.
- **Der »Ausweichregelkreis«:** Der Vorgesetzte fragt nach Kosten und Zeit für ein Projekt, der Mitarbeiter erklärt ausführlich die Notwendigkeit.
- **»Chancenlos«:** Der Umsatz ist eingebrochen. Es wird ausführlich diskutiert, dass der Markt keine Chancen biete, dass bei diesem Produkt ohnehin nichts zu holen sei, dass der Vorstand die Gelder für das neue Produkt nicht freigegeben habe. Es wird das Schicksal beklagt – aber nichts wird verändert.
- **»Neujahrsvorsätze«:** Am Schluss des Workshops sind sich alle einig: Wir werden uns mehr Zeit nehmen, die Themen miteinander abzusprechen. Aber zwei Tage später sind die guten Vorsätze vergessen. Alles läuft weiter wie bisher.
- **»Wir reiten das Pferd zu Tode«:** Ein neues Projekt soll aufgesetzt werden. Im Grunde sind alle einig, aber jetzt beginnt die Diskussion über die Details: Wie ist das mit den bisherigen Aufgaben zu vereinbaren? Wie wird der Betriebsrat dazu stehen? Sollte man nicht erst einmal eine Vorstudie machen? Aber wer macht die? ... Nach drei Stunden sind alle erschöpft, aber nichts ist entschieden.

- »**Öfter mal was Neues**«: Diesen Regelkreis können Sie auch ganz allein »spielen«. Herr Schmidt hat die Aufgabe, die Präsentation für den Vorstand zu erstellen. Eigentlich wollte er anfangen. Aber vielleicht doch erst kurz in die E-Mails schauen. Und mit Frau Stocker wollte er doch auch noch reden, und mit Herrn Meier muss er einen Termin ausmachen – und so weiter und so weiter. Schließlich ist der Vormittag vorbei, und Herr Schmidt hat nichts geschafft.
  Den Regelkreis »Öfter mal was Neues« kann man in Organisationen ebenfalls erleben. Der Bereich wird umstrukturiert. Aber es lohnt gar nicht, sich darauf einzurichten – man kann sicher sein, in drei Monaten kommt die nächste Umstrukturierung! Oder leiden Sie unter einem »Change-Manager«, der bei Ihnen zu Hause alles immer wieder verändert haben will – und Sie haben sich gerade eingewöhnt?
- »**Dramadreieck**«: Im klassischen Drama gibt es drei immer wiederkehrende Rollen: ein armes Opfer, das (unschuldig) verfolgt wird, den Verfolger, der dem Opfer zusetzt, und den Retter, der schließlich das Opfer aus den Krallen des Verfolgers errettet.
  In der Transaktionsanalyse hat man diesen Regelkreis auf alltägliche Situationen übertragen. Es gibt sie zum Beispiel in der Familie: der Vater, der das Verhalten des Sohnes kritisiert (er ist der Verfolger), die Mutter, die ihren Sohn immer wieder in Schutz nimmt (die Retterin), und schließlich der Sohn als »armes Opfer«, der sich in seiner Rolle (mehr oder weniger bewusst) zurücklehnen kann und sich nicht ändern muss – wird er doch immer wieder vor dem bösen Verfolger gerettet.
  Auch in Organisationen ist dieses Muster bekannt: der kritische Vorgesetzte, der an einem Mitarbeiter immer wieder etwas auszusetzen hat, der Mitarbeiter, der sich als Opfer sieht, und schließlich die Mitarbeiterin aus der Personalabteilung, die immer wieder den Mitarbeiter unterstützt. Keiner merkt (häufig auch die Retterin nicht), dass es sich hier um einen Regelkreis handelt, bei dem sich die jeweiligen Verhaltensweisen wechselseitig stützen – und damit schließlich die wohlgemeinte Unterstützung die Situation nur stabilisiert.

An Regelkreisen können unterschiedlich viele Personen beteiligt sein. Es gibt Regelkreise im Verhalten einer einzelnen Person (immer wieder etwas Neues anfangen, einen Bericht endlos verbessern), Regelkreise zwischen zwei Personen (zum Beispiel bei Konflikten), in Teams (zum Beispiel in festgefahrenen Besprechungen) oder Regelkreise in komplexen Organisationen: Im Rahmen der Organisationsanalyse eines Werks stellt sich heraus, dass nahezu alle Führungskräfte darüber klagen, dass die Mitarbeiter zu wenig eigenverantwortlich handeln. Gleichzeitig beklagen sich alle Mitarbeiter darüber, dass ihre Vorschläge nicht gehört werden.

Regelkreise: Immer wieder das gleiche Muster

Anregung zur Weiterarbeit

- Überlegen Sie: Was sind Ihre Regelkreise? Vielleicht kommt Ihnen das eine oder andere Beispiel bekannt vor, oder Sie ergänzen die obige Liste.
- Und als Vorbereitung auf den nächsten Schritt: Suchen Sie sich einen Regelkreis, der Sie besonders »nervt« oder der gerade aktuell ist, und den Sie als Thema für die nächsten Abschnitte nehmen können, wo es um die Veränderung von Regelkreisen geht.

Übrigens: Die genannten Regelkreise sind alle Beispiele für problematische Regelkreise oder »Teufelskreise«. Es gibt aber auch »Tugendkreise«: Zwei Kollegen unterhalten sich. Wechselseitig erzählt der eine, der andere hört zu. Das ist ebenfalls ein Regelkreis, aber er trägt zu einer erfolgreichen Kommunikation bei.

Regelkreise erkennen und unterbrechen

Vermutlich sind Ihnen eine ganze Menge eigener problematischer Regelkreise eingefallen. Vielleicht stecken Sie gerade in einem drin. Damit stellt sich die Frage: Wie kommen Sie aus diesem Muster wieder heraus?

Der erste Schritt ist, sich des Regelkreises bewusst zu werden. Aber das ist oft leichter gesagt, als getan. In der konkreten Situation ist man in diesen Mustern so gefangen, dass man den Regelkreis überhaupt nicht wahrnimmt. Man reagiert einfach nur noch – genauso wie der andere reagiert. Also: Wie erkenne ich überhaupt, dass ich in einem Regelkreis befangen bin?

Rational ist das in der konkreten Situation in vielen Fällen kaum möglich. Aber es gibt noch ein anderes Signalsystem: Ihre emotionale Intelligenz. Ihre emotionale Intelligenz oder wie wir alltagssprachlich oft formulieren Ihr Bauchgefühl (wir werden uns mit diesem Thema ab S. 118 ff. noch ausführlicher befassen), ist ein Signalsystem, das Ihnen hilft, sich in der Welt zurechtzufinden, und das schneller arbeitet als unser rationales Denken. Regelkreise werden zunächst als Gefühl wahrgenommen: Sie haben ein ungutes Gefühl in dieser Situation, spüren, dass Sie auf der Stelle treten. Das ist das Signal: Vorsicht, Sie sind im Regelkreis verfangen!

Was Sie dann brauchen, ist Zeit, nachzudenken und den Regelkreis zu erkennen. Wie Sie diese Zeit gewinnen, wird von Situation zu Situation unterschiedlich sein: Wenn der Regelkreis nicht kontinuierlich, sondern immer wieder in bestimmten Zeitabständen auftritt, reicht es, zwischendurch Zeit zu nehmen. In einem Konflikt (zum Beispiel im Regelkreise wechselseitiger Angriffe und Beschuldigungen) ist es hilfreich, kurz zu unterbrechen: »Lassen Sie uns fünf Minuten Pause machen.« Das gibt allen die Zeit, etwas herunterzufahren. Und Sie selbst erhalten die Möglichkeit, in Ruhe darüber nachzudenken: »Was läuft hier eigentlich ab?«

In anderen Situationen (zum Beispiel, wenn Sie in einer Besprechung merken, dass Sie mit Ihren Argumenten nicht weiterkommen) lassen Sie die Diskussion einfach laufen, lehnen Sie sich zurück, sagen Sie einige Momente gar nichts – und achten Sie dabei auf die Botschaft Ihres Bauchgefühls.

Dann steht an, den Regelkreis zu analysieren und zu unterbrechen. Was tut der andere? Was ist Ihre Reaktion? Wenn Sie etwas mehr Zeit haben, kann es hilfreich sein, sich den Regelkreis aufzuzeichnen – er wird dann für Sie deutlicher.

Damit haben Sie im Grunde schon den Regelkreis unterbrochen: Sie reagieren nicht einfach, sondern Sie können ihn gleichsam von außen betrachten. Doch was dann? Wie können Sie den Regelkreis auflösen? Im Prinzip ist das ganz einfach: In einem Regelkreis gefangen zu sein, bedeutet, dass Ihre bisherigen Lösungsversuche Teil des Regelkreises waren. Wenn Sie versucht haben, Ihren Kollegen durch Argumente zu überzeugen, aber immer neue Einwände als Antwort erhalten haben, dann wird jedes neue Argument nur dazu beitragen, dass Ihr Kollege ebenso neue Gegenargumente bringt.

Das heißt, um den Regelkreis aufzulösen, müssen Sie etwas anderes tun. Was das ist, ist zunächst offen. Sie können das Gespräch unterbrechen, Sie können aber auch nachfragen, wogegen sich der Einwand richtet, was Ihr Kollege damit vermeiden möchte. Sie können klären, wo Einigung besteht und wo Unterschiede bestehen. Sie können den Einwand aufgreifen, die Wichtigkeit des Einwands betonen, dem Gesprächspartner für das Argument danken. Sie können aber auch klar Position beziehen und betonen, dass Sie die Argumente verstanden haben, aber trotzdem bei Ihrer Position bleiben. Oder Sie beschränken sich darauf, als Ergebnis festzuhalten, dass hier unterschiedliche Positionen gegenüberstehen. Entscheidend ist immer, nicht mehr das ursprüngliche Muster weiterzuführen, sondern »etwas anderes« zu machen.

> Grundregel zur Unterbrechung von Regelkreisen: Wenn du dreimal etwas ohne Erfolg versucht hast, kannst du dir das vierte, fünfte und die weiteren Male schenken. Mache etwas anderes!

Der nächste Schritt ist dann, sich zu überlegen, was andere Vorgehensweisen für diese Situation sein könnten. Herr Gründlich hat bislang versucht, sich besondere Mühe zu geben – ohne Erfolg. Was könnte er stattdessen machen? Was könnte er anders machen?

Regelkreise: Immer wieder das gleiche Muster

- Eine erste Möglichkeit bestünde darin, sich nächstes Mal weniger Mühe zu geben. Das klingt paradox – aber es kann in manchen Situationen durchaus hilfreich sein. Wenn Herr Gründlich ohnehin damit rechnen muss, für das Ergebnis kritisiert zu werden, dann kann er das leichter haben, wenn er sich weniger Mühe gibt. Und es ist nicht einmal auszuschließen, dass das Ergebnis dadurch besser wird. Herr Gründlich ist weniger verkrampft, verliert sich weniger in Details – möglicherweise ist das gerade das, was seine Vorgesetzte von ihm will.
- Herr Gründlich kann genauer nachfragen, was seine Vorgesetzte erwartet.
- Er kann den Auftrag zunächst wiederholen, um abzusichern, dass er die wichtigen Punkte erfasst hat.
- Er kann mit Frau Bischoff vereinbaren, ihr zunächst einen Grobentwurf vorzulegen, um abzuklären, ob die Richtung stimmt.
- Er kann einen Kollegen bitten, mit ihm das Konzept kurz durchzugehen.
- Er kann eine Ich-Botschaft formulieren und deutlich machen, dass er sich verunsichert fühlt und nicht weiß, wie er den Erwartungen seiner Vorgesetzten gerecht werden soll.
- Er kann möglicherweise zusammen mit seiner Vorgesetzten den Regelkreis, in dem sich beide verfangen, aufzeigen. Anschließend können beide gemeinsam Möglichkeiten sammeln, sich aus dem Regelkreis zu lösen.
- Er kann vielleicht auch versuchen, sich in einen anderen Bereich, zu einer anderen Vorgesetzten, versetzen zu lassen.

Es gibt in der Regel eine ganze Reihe von Möglichkeiten, »etwas anderes« zu tun. Sie können sich selbst Möglichkeiten überlegen oder gängige Kommunikationskonzepte nutzen. Einige haben wir schon aufgeführt, hier noch weitere:

- Thomas Gordon schlägt in seinem Buch »Managerkonferenz« (2005) und in seinen anderen Büchern vor, Ich-Botschaften anstelle von Du-Botschaften zu nutzen. Negative Du- oder Sie-Botschaften (»Sie haben das nicht richtig verstanden«) führen häufig zu Abwehr – das heißt, sie führen in einen Regelkreis. Eine mögliche Unterbrechung sind Ich-Botschaften. Also: das Verhalten, das mich stört, anzusprechen, mein ehrliches Gefühl und die Konsequenzen, die dieses Verhalten bewirken: »Ich bin ärgerlich, wenn ich Ihnen das immer wieder erklären muss, denn das kostet mich zusätzliche Zeit.«
- Ebenfalls von Thomas Gordon stammt der Vorschlag, aktiv zuzuhören anstelle Ratschläge zu geben. Gut gemeinte Ratschläge führen in vielen Fällen zu einem »Ja-aber-Regelkreis«: der Empfänger antwortet mit »Ja, aber …«. Man fühlt sich verpflichtet, einen neuen Vorschlag zu machen – der dann wiederum mit »Ja, aber …« abgelehnt wird. Aktives Zuhören bedeutet demgegenüber, die hinter

einer Äußerung stehende Botschaft (zum Beispiel das dahinterstehende Gefühl) zu entschlüsseln und widerzuspiegeln: »Sie werden unsicher, wenn ich Ihnen das Konzept mehrmals zur Überarbeitung gebe.«
- Nachzufragen anstelle zu argumentieren ist ein Vorgehen, das in der Antike bereits Sokrates zugeschrieben wird – obwohl seine Fragen für seine Gesprächspartner häufig »nervig« gewesen sein dürften. Durch Fragen zu führen und dabei gute oder »starke« Fragen zu stellen, ist ein Vorgehen, das zum Beispiel im Coaching eine entscheidende Rolle spielt. Nachfragen kann aber zugleich Regelkreise unterbrechen: zum Beispiel bei Kritik erst einmal nachzufragen, welcher Wunsch oder welches Bedürfnis dahintersteht, anstelle sich zu verteidigen.
- Schulz von Thun unterscheidet in »Miteinander reden« (2014; urspr. 1981) vier Seiten einer Nachricht: den Sachinhalt, die Selbstoffenbarung (was ich von mir kundgebe), die Beziehung (was ich vom anderen halte) und den Appell (wozu ich den anderen veranlassen möchte). Kritik auf der Sachebene kommt beim Gesprächspartner nicht selten als Kritik auf der Beziehungsebene an und führt dann zum Regelkreis Kritik–Abwehr. Die Alternative ist, ganz klar zwischen Inhalt und Beziehung zu unterscheiden und deutlich zu machen, dass die inhaltliche Ablehnung nichts mit der grundsätzlichen Wertschätzung zu tun hat.
- Aus der Konfliktlösung wissen wir, dass festgefahrene Entweder-oder-Situationen sich nur dann auflösen lassen, wenn man den Blick auf weitere Alternativen ausweitet. Sollen wir das Produkt vom Markt nehmen oder nicht? Gibt es weitere Möglichkeiten, zum Beispiel das Produkt zu modifizieren, als neues Produkt zu deklarieren und neu einzuführen? Sollen wir uns auf einen bestimmten Kundenkreis konzentrieren? Übrigens hat dieses Verfahren schon Thomas Gordon als »niederlagelose Methode« zur Konfliktlösung eingeführt: Bei Konflikten zunächst weitere Alternativen sammeln und dann die Möglichkeit auswählen, die die höchste Zustimmung erhält.
- Aus dem Konstruktivismus schließlich stammt die Möglichkeit, festgefahrene Positionen einfachhin nebeneinander stehen zu lassen, anstelle sie »auszudiskutieren« (und damit in einen Regelkreis zu verfallen). Ausgehend von der These, dass jede Wahrnehmung grundsätzlich aus einer bestimmten »Beobachterperspektive« stammt, können unterschiedliche Perspektiven gleichermaßen ihre Berechtigung haben und nebeneinander stehen bleiben.
- Aus der Verhaltensmodifikation stammt das Konzept, anstelle negatives Verhalten zu kritisieren, die Aufmerksamkeit auf das positive Verhalten zu richten und es zu verstärken. So könnte Frau Bischoff die Aufmerksamkeit auf diejenigen Situationen lenken, in denen das vorgelegte Konzept (oder Teile davon) ihren Erwartungen entspricht und Herrn Gründlich dabei verstärken.

- Eine weitere Möglichkeit, Regelkreise zu unterbrechen, ist Metakommunikation (Schulz von Thun 2014). Gemeinsam zu klären, wie die Kommunikation zwischen uns abläuft: »Wir haben uns hier in einem Regelkreis verfangen.« Aber Vorsicht: Wenn diese Metakommunikation mit (impliziten) Vorwürfen verknüpft ist »daran bist du schuld«, haben Sie sich sofort wieder im ursprünglichen Regelkreis verfangen.

Manchmal kann eine Unterbrechung des Regelkreises darin bestehen, dass man das Umfeld ändert.

Beispiel: Das Büro umräumen

Herr Scholz und Herr Sprenger sitzen im gleichen Büro – aber sie sind im Konflikt verfangen: »Es reicht schon, wenn ich am Schreibtisch sitze und Sprenger mit seinem widerlichen Grinsen hereinkommt – dann kommt mir die Galle hoch!« – »Wenn ich den schon sehe, möchte ich am liebsten sofort wieder gehen!« – Das Besondere an dieser Situation: Herr Schmidt und Herr Sprenger haben ihre Schreibtische direkt gegenüber. Die Lösung bestand darin, die Schreibtische auseinanderzurücken und dazwischen einige Grünpflanzen hinzustellen. Nun mussten sie sich nicht fortwährend anschauen. – Sie wurden zwar nicht beste Freunde, aber das Verhältnis wurde deutlich entspannter.

In etlichen Fällen wird die Auflösung eines Regelkreises dadurch erreicht, dass es gelingt, die Situation anders zu deuten. – Wir haben Ihnen dazu Hinweise bereits im Kapitelabschnitt »Das Bild der Wirklichkeit verändern« (s. S. 42 ff.) gegeben. Hier noch weitere Anregungen:

- Versuchen Sie, das Verhalten Ihres Gegenübers anders zu deuten: die nervigen Kommentare Ihrer Kollegin zum Beispiel als ein Zeichen der Unsicherheit, hinter dem sich der Wunsch nach Anerkennung und Wertschätzung verbirgt – allein das hilft meist, gelassener mit der Situation umzugehen.
- Versetzen Sie sich in die Situation Ihres Gegenübers: Wie würde er die Situation beschreiben? Wie würde er seine Geschichte erzählen? Dieser Perspektivenwechsel führt oft dazu, dass sich Ihr Blick ausweitet und damit ihre Einstellung verändert.
- Versuchen Sie die Situation nicht gar so ernst zu nehmen. Stellen Sie sich zum Beispiel Ihren Chef, der Ihnen gerade die Leviten gelesen hat, hinter seinem Schreibtisch stehend vor, wie er gerade versucht, seine Schlafanzughose vor dem Herabrutschen zu bewahren. Über etwas lachen zu können, ist befreiend.

Manchmal hilft es Regelkreise aufzulösen, indem man gar nichts tut: Wenn Sie bislang vergeblich versucht haben, Ihren Gesprächspartner zu etwas zu veranlassen und Sie stattdessen gar nichts tun: Was ist das Schlimmste, das passieren kann? Das Schlimmste ist, dass sich nichts ändert – aber das hatten Sie durch alle bisherigen Versuche auch erreicht. Dann können Sie zumindest Zeit und Nerven sparen. Aber seien Sie nicht überrascht: Häufig wird es dadurch besser, dass man nichts oder weniger tut – ein Regelkreis wird unterbrochen.

Insgesamt lässt sich festhalten: Manchmal ist eine überraschende und unerwartete Äußerung erfolgreicher als ein sorgsam überlegtes Kommunikationskonzept. Wie heißt es doch: »Wenn du deinen Gesprächspartner nicht überzeugen kannst, verwirre ihn – tu etwas Unerwartetes!«

Checkliste Regelkreise unterbrechen und auflösen

- Machen Sie sich Ihr Bauchgefühl bewusst. Haben Sie in dieser Situation ein Gefühl, dass es schwer vorangeht, dass Sie auf der Stelle treten? Sie können sicher sein, dann sind Sie in einem Regelkreis verfangen.
- Schaffen Sie Distanz: Nehmen Sie sich Zeit, die Botschaft Ihres Bauchgefühls zu entschlüsseln. Halten Sie kurz inne, unterbrechen Sie die Situation. Oder lassen Sie sie einfach weiterlaufen und beobachten Sie nur.
- Versuchen Sie, den Regelkreis zu entschlüsseln: Was passiert hier immer wieder? Was tut Ihr Gegenüber? Wie ist Ihre Reaktion?
- Wenn Sie in einem Regelkreis verfangen sind: Machen Sie etwas anderes. Überlegen Sie: Was wären stattdessen alternative Handlungsmöglichkeiten?

Übrigens: Im Eingangsbeispiel war es die Vereinbarung, zunächst einen Grobentwurf zu erstellen und mit Frau Bischoff abzustimmen, die die Lösung und längerfristig Herrn Gründlich (wieder) mehr Sicherheit brachte.

Anregungen zur Weiterarbeit

Vielleicht stecken Sie ja gerade selbst (im beruflichen oder im privaten Umfeld) in einem Regelkreis. Oder Sie nehmen einen, an den Sie sich erinnern. Gehen Sie im Blick darauf die genannten Schritte durch.

Literaturhinweise

Die Bücher von Thomas Gordon und Schulz von Thun haben wir bereits erwähnt:
- Gordon, T. (2005): Managerkonferenz. München: Heyne
- Schulz von Thun, F. (2014): Miteinander reden: 1. Störungen und Klärungen. Reinbek: Rowohlt

Viele Beispiele für Regelkreise und Möglichkeiten zur Auflösung finden sich in den Büchern von Renate und Ulrich Dehner. Exemplarisch sei genannt:
- Dehner, R./Dehner, U. (2007): Schluss mit diesen Spielchen! 3. Auflage, Frankfurt am Main: Campus

Wo sind die Grenzen? – Systemgrenzen und Umwelt

Beispiel: Zentrale versus Standorte

Im Konzern gibt es einen zentralen Personalbereich, der unter anderem die Aufgabe hat, Personalentwicklungskonzepte zu entwickeln, die dann an den einzelnen Standorten umgesetzt werden sollen. In diesem Zusammenhang wurde zum Beispiel ein Formblatt für die Mitarbeiterjahresgespräche festgelegt. Die Idee dahinter ist sicherlich plausibel: Wenn jeder Standort sein eigenes Konzept entwickelt, macht das bei neun Standorten neunfache Arbeit, und es führt zu Schwierigkeiten, wenn Mitarbeiter von einem Standort zum anderen wechseln. Nur: Die Personalreferenten an den verschiedenen Standorten klagen heftig über dieses Konzept: »Das Schema für die Jahresgespräche ist so nicht anwendbar. Es führt nur dazu, dass die einzelnen Punkte auf dem Formblatt lediglich abgehakt werden. Wir können nicht etwas umsetzen, zu dem wir nicht stehen!« Versuche, den zentralen Personalbereich hier zu einer Änderung zu bewegen, waren bislang wirkungslos.

Dieses Beispiel hat etwas mit dem Thema Systemgrenzen zu tun. Es gibt hier unterschiedliche soziale Systeme: den zentralen Personalbereich und die (kleineren) Personalbereiche an den einzelnen Standorten. Nur: Die Systemgrenze zwischen beiden Systemen passt nicht. Der zentrale Personalbereich entwickelt Konzepte »für sich«. Das bedeutet auf der einen Seite, dass diese Systemgrenze relativ geschlossen ist. Von den Standorten wird wenig beigetragen oder es wird abgeblockt. Auf der anderen Seite ist die Systemgrenze vom zentralen Personalbereich zu den regionalen Personalreferenten relativ durchlässig: Die Zentrale gibt immer wieder neue Konzepte an die Standorte weiter, die Personalreferenten können sich nicht dagegen wehren. – Das führt dazu, dass es mit der Umsetzung hapert, weil die Personalreferenten der einzelnen Standorte die Konzepte nur halbherzig umsetzen oder sogar unterlaufen.

Damit ist das Thema dieses Kapitels definiert. Es geht um das Thema »Systemgrenze«: Wie durchlässig oder geschlossen ist sie? Was darf von außen hereinkommen? Was wird nach außen weitergegeben?

Wo sind die Grenzen? –
Systemgrenzen und Umwelt

Theoretischer Hintergrund

Dass Systeme durch eine Systemgrenze von der Umwelt abgegrenzt sind, gehört zu den zentralen Thesen der Systemtheorie überhaupt. Dabei unterscheidet die frühe Systemtheorie in der Mitte des 20. Jahrhunderts zwischen geschlossenen und offenen Systemen:

- Bei geschlossenen Systemen (als Standardbeispiel fungiert häufig das Sonnensystem) erklärt sich der Zustand des Systems allein aus dem System heraus.
- Offene Systeme stehen im Austausch zur Umwelt. Als Beispiel wird häufig die Flamme aufgeführt: Sie steht im Austausch mit der umgebenden Luft. Auch lebende und soziale Systeme sind offene Systeme: Einflüsse von außen dringen in das System. Das bedeutet aber auch, dass sie durch Einflüsse von außen zerstört werden können.

Für Niklas Luhmann ist die Systemgrenze, also die Abgrenzung gegenüber der Umwelt, das entscheidende Merkmal sozialer Systeme: »Systeme […] sind strukturell an ihrer Umwelt orientiert und können ohne Umwelt nicht bestehen. Sie konstituieren und sie erhalten sich durch Erzeugung und Erhaltung einer Differenz zur Umwelt und sie benutzen ihre Grenzen zur Regulierung dieser Differenz. Grenzen markieren daher keinen Abbruch von Zusammenhängen. […] Aber der Grenzbegriff besagt, dass grenzüberschreitende Prozesse (zum Beispiel des Energie- oder Informationsaustauschs) beim Überschreiten der Grenze unter andere Bedingungen der Fortsetzung […] gestellt werden« (Luhmann 1984, S. 35 f.).

Der radikale Konstruktivismus im Anschluss an Maturana und Varela sieht lebende Systeme als »operativ geschlossen«. Die Umwelt beeinflusst nicht direkt (im Sinne eines Ursache-Wirkungs-Schemas), sondern System und Umwelt sind »strukturell gekoppelt«. Im Anschluss an Maturana und Luhmann versteht dann Fritz Simon unter »operationaler Schließung«, dass solche Systeme »in ihren internen Operationen direkt immer nur auf ihre eigenen, internen Operationen oder Zustandsänderungen reagieren und nicht auf irgendwelche äußeren Ereignisse« (Simon 2015, S. 25).

Ein soziales System reagiert also niemals unmittelbar auf die Umwelt, sondern immer auf das, was der Beobachter von der Umwelt wahrnimmt.

Wo ist die Grenze? – Systemgrenzen zwischen sozialen Systemen

Systemgrenzen stecken Systeme voneinander ab. Im Beispiel gibt es eine Systemgrenze zwischen der Zentrale und den Standorten sowie zwischen benachbarten Abteilungen. Systemgrenzen können zudem zwischen Subsystemen eines Systems bestehen: die Systemgrenze zwischen »alten« und »neuen« Teammitgliedern, zwischen dem Team und den Vorgesetzten.

Soziale Systeme sind grundsätzlich »offene« Systeme in dem Sinne, dass Umwelteinflüsse auf das System einwirken. Wir reagieren auf die Temperatur des Raums, auf das neue Großraumbüro. Wir reagieren aber ebenso auf andere Personen oder soziale Systeme. Im Beispiel reagieren die Personalreferenten an den Standorten auf das neue Formblatt der Zentrale. Die Reaktion auf das neue Konzept kann jedoch unterschiedlich ausfallen: Es kann von der Personalreferentin begeistert angenommen werden, es kann halbherzig umgesetzt werden – oder führt zu großen Diskussionen.

Systemgrenzen werden durch Regeln bestimmt, die festlegen, was nur innerhalb des Systems geschehen darf, was nach außen gegeben oder was von außen in das System kommen darf. Je nachdem wird die Systemgrenze in die eine oder andere Richtung mehr oder weniger geschlossen sein. Die zentrale Personalabteilung darf in die Standorte eingreifen, zum Beispiel mit der Forderung, das neue Konzept umzusetzen. Darf die Bereichsleiterin unmittelbar Mitarbeiter ansprechen – oder muss die Kommunikation über den Abteilungsleiter gehen?

Probleme können auftreten,

- wenn die Systemgrenzen zu starr sind. Das ist bei unserem Beispiel bei der Kommunikation der Standorte zur Zentrale der Fall: Anfragen werden abgeblockt oder nicht beantwortet. Das kennen wir aber zum Beispiel ebenso zwischen verschiedenen Entwicklungsteams, die eher miteinander konkurrieren, als dass sie Kontakte untereinander haben; oder zwischen den »Alten« und den »Neuen« im Team.
- wenn die Systemgrenze (wieder in die eine oder andere Richtung) zu durchlässig ist. Das ist zum Beispiel dann der Fall, wenn die Bereichsleiterin unter Umgehung des Abteilungsleiters jedem Mitarbeiter Aufgaben zuweist oder Mitarbeiter jede Entscheidung vom Geschäftsführer genehmigen lassen müssen,
- wenn die Systemgrenze diffus, also unklar ist. Was darf das Team selbst entscheiden? Wo muss der Vorgesetzte informiert werden? Wo muss er explizit seine Zustimmung geben? Diffuse Systemgrenzen kann es auch zwischen benachbarten Abteilungen geben (wann darf ich direkt auf eine Kollegin einer anderen Abteilung zugehen?) oder sogar in Partnerschaften: Wie viel Freiraum hat der Einzelne? Was muss abgestimmt werden?

Wo sind die Grenzen? –
Systemgrenzen und Umwelt

Hinweise, dass Probleme etwas mit dem Thema »Systemgrenzen« zu tun haben, gibt die Sprache: Wenn jemand über fehlenden »Freiraum«, über unklare Rollen und Verantwortlichkeiten im Team klagt, wenn Konflikte zwischen verschiedenen Subsystemen (den Alten und den Neuen) auftreten, dann deutet das auf das Thema Systemgrenzen hin. Auch Regelkreise können Hinweise auf Systemgrenzen geben: Immer wieder beklagen sich Personalreferenten in den Standorten über unbrauchbare Konzepte der Zentrale; immer wieder spricht die Bereichsleiterin einzelne Mitarbeiter an, ohne das Vorgehen mit dem Abteilungsleiter abzustimmen.

Der nächste Schritt besteht darin, das Problem genauer zu analysieren: Welche Regeln bestehen hier? Sind sie eindeutig? Sind die Systemgrenzen zu geschlossen oder zu durchlässig? Wird es sanktioniert, wenn Regeln nicht eingehalten werden? In unserem Eingangsbeispiel gibt es zwar die Regel, dass die Personalreferenten an den Standorten den Kontakt zur Zentrale halten sollen – aber es gibt keine offizielle Regel, die die Entwicklung neuer Konzepte festlegt. Unter der Hand hat sich so etwas wie eine implizite Regel herausgebildet: Die zentrale Personalabteilung entwickelt für sich die jeweiligen Personalkonzepte, die Standorte haben diese Konzepte umzusetzen. Der Personalbereich versucht offenbar, diese Regel durchzusetzen und ihre Einhaltung zu sanktionieren: Kritik vonseiten der Personalreferenten wird abgeblockt. Dabei muss das Verhalten der zentralen Personalabteilung nicht unbedingt beabsichtigt sein: Die Regeln haben sich im Laufe der Zeit herausgebildet, ohne dass diese bewusst sind.

In vielen Fällen wird es ausreichen, sich zusammenzusetzen, die dabei auftretenden Probleme zu analysieren, Alternativen zu überlegen und neue Regeln festzusetzen. So in unserem Beispiel: In einem der gemeinsamen Treffen wurde das Problem thematisiert. Allen wurde deutlich, dass die Situation für beide Seiten unbefriedigend ist: für die Personalreferenten vor Ort, aber auch für die zentrale Personalabteilung, die sich fortwährender Kritik ausgesetzt sah. Die Lösung war einfach: Bei jeder neuen Konzeptentwicklung wurden gemeinsame Arbeitsgruppen gebildet, an denen Personalreferenten der Standorte beteiligt waren.

Aber was soll der Abteilungsleiter tun, wenn seine Vorgesetzte immer wieder direkt auf seine Mitarbeiter zugeht, aber ihr Verhalten nicht ändert? Vorsicht: Er ist hier in Gefahr, in einen Regelkreis zu verfallen, wenn er die Einhaltung der Führungsebenen ständig einfordert, sich aber nichts ändert. Er kann sich dann überlegen, was für andere Möglichkeiten er hat: Er kann das Vorgehen akzeptieren (wenn er es ohnehin nicht ändern kann); mit seinem Team vereinbaren, dass direkte Anweisungen »von oben« liegen bleiben; er kann möglicherweise das Problem eskalieren; es kann bei einem Workshop bearbeitet werden …

Checkliste Systemgrenzen

- Überlegen Sie, welche Systemgrenzen für Sie relevant sind (Systemgrenzen zu Vorgesetzten, zu Mitarbeitern, zu anderen Teams oder anderen Teammitgliedern, aber auch Systemgrenzen in der Familie zum Beispiel zwischen Eltern und Kindern, zu Verwandten und Freunden). Wenn Probleme auftreten, lohnt es sich, das Thema anzugehen.
- Der nächste Schritt ist dann, diese Systemgrenzen genauer zu analysieren. Wo genau liegt das Problem:
  - Ist die Systemgrenze zu durchlässig, sodass immer wieder von außen Störungen hereinkommen?
  - Ist sie zu geschlossen, sodass es kaum gemeinsame Kontakte gibt?
  - Ist sie in der einen Richtung geschlossen, in der anderen Richtung aber durchlässig?
  - Gibt es vereinbarte Regeln zur Definition der Systemgrenze, die aber nicht eingehalten werden?
  - Wie wird das Nichteinhalten der Systemgrenzen sanktioniert?
- Überlegen Sie anschließend mögliche Alternativen: Welche Regeln wären für die Definition der Systemgrenze sinnvoller? Stellen Sie verschiedene mögliche Regelungen zusammen.
- Überlegen Sie schließlich: Wie lässt sich die Systemgrenze verändern? In vielen Fällen kann ein Gespräch, in dem die Probleme aufgezeigt werden, ausreichen. Wenn das nichts fruchtet, gibt es weitere Möglichkeiten?

Soziale und materielle Umwelt

Systemgrenzen grenzen ein soziales System von einer Umwelt ab. Umwelt ist zunächst die soziale Umwelt: der Vorstand, das Ministerium, die andere Abteilung, vielleicht auch die Familie, der Verein. Oft können wir diese Umwelt nicht verändern. Als einzelne Lehrkraft haben Sie keine Möglichkeiten, die Vorgaben über die Klassenstärke abzuändern. Wir müssen mit Vorgaben leben, die wir vielfach unvernünftig, einschränkend, sinnlos finden. Aber das bedeutet nicht, solchen Vorgaben einfach ausgeliefert zu sein. Wenn wir sie nicht abändern können, so stellt sich doch die Frage, wie wir damit umgehen. Hier gibt es sehr wohl unterschiedliche Handlungsmöglichkeiten: Ich kann das Schicksal beklagen, wütend sein, kann in Resignation verfallen. Ich kann überlegen, ob ich kündigen und eine neue Stelle suchen will. Ich kann aber auch versuchen, die Systemgrenze zu unterlaufen oder mich damit arrangieren.

In den 1970er-Jahren hat der kanadische Psychologe Albert Bandura in diesem Zusammenhang das Konzept der Selbstwirksamkeitserwartung entwickelt

(Bandura 1997). Selbstwirksamkeitserwartung ist die Erwartung, aus eigener Kraft etwas bewirken zu können. Personen mit hoher Selbstwirksamkeitserwartung sind weniger anfällig gegenüber Angst und Depression, sondern erfolgreicher und häufig auch glücklicher. Wenn ich in der Feststellung gefangen bleibe, dass ich Vorgaben des Konzerns oder Erlasse des Ministeriums nicht abändern kann, führt das zu ergebnisloser Rebellion oder Resignation. Wenn ich stattdessen die Frage stelle, wie ich damit umgehen kann, eröffnet das neue Handlungsspielräume. Manchmal gibt es Möglichkeiten, auch hier Veränderungen zu erreichen. Wenn nicht, gibt es die Möglichkeit, sich mit ihnen als unabänderlich zu arrangieren, vielleicht den Aufwand dafür zu minimieren – oder das System zu verlassen.

Anregungen zur Weiterarbeit

- Überlegen Sie zunächst: Welche Bereiche der sozialen Umwelt beeinflussen Sie am stärksten? Welche erleben Sie als problematisch? Gibt es Bereiche, wo Sie nichts ändern können?
- Verändern Sie dann Ihre Perspektive: Beklagen Sie nicht, was Sie nicht ändern können – sondern stellen Sie die Fragen, wie Sie mit dieser Situation (besser) umgehen können.
- Wie sind Sie bisher mit dieser Situation umgegangen? Was war erfolgreich, was nicht? Wo haben Sie sich in Regelkreisen verfangen?
- Überlegen Sie mögliche Handlungsalternativen. Wählen Sie dann die Alternative, die aus Ihrer Sicht die sinnvollste ist: change it, love it or leave it!

Wir haben bislang nur von der sozialen Umwelt gesprochen. Umwelt kann aber ebenso die materielle Umwelt sein: mein Arbeitsplatz, die Software, mit der ich arbeite, der Wohnort mit dem 60-minütigen Weg zum Arbeitsplatz. Zur materiellen Umwelt gehört zudem der Platz, auf dem Sie in Besprechungen sitzen, die räumliche Position, die Sie als Redner in einem Vortrag einnehmen. Auch hier sind wir häufig der Umwelt ausgeliefert: Wir können nicht aus einem Großraumbüro ausziehen, wenn Großraumbüros eingerichtet sind. Wir können uns nicht gegen den Releasewechsel wehren. Wir können möglicherweise den Weg zum Arbeitsplatz gar nicht verändern, wenn die Kinder am Wohnort zur Schule gehen. Trotzdem gilt hier das Gleiche, was wir in den vorhergehenden Abschnitten zur sozialen Umwelt festgestellt haben:

> Anstatt das Schicksal zu beklagen und sich zu bedauern, überlegen Sie, wie Sie besser damit umgehen können. Richten Sie sich die materielle Umwelt soweit wie möglich passend ein. In vielen Fällen sind es kleine Veränderungen, die große Wirkung haben.

Anregungen zur Weiterarbeit

- Werden Sie sensibel für die Faktoren der materiellen Umwelt: Wie ist Ihr Arbeitsplatz? Wie sind Ihre Arbeitsgeräte, Ihr Zuhause? Achten Sie dabei auf Ihr Gefühl. Nehmen Sie sich Zeit dafür.
- Überlegen Sie, wie können Sie damit umgehen? Was können Sie ändern, was nicht? Können Sie Ihren Arbeitsplatz verändern (zum Beispiel ihn persönlicher gestalten), Ihren Sitzplatz in den wöchentlichen Besprechungen? Wo stellen oder setzen Sie sich hin, wenn Sie etwas präsentieren? Nehmen Sie sich Zeit, sich »Ihre Bühne« einzurichten.

Entwicklung sozialer Systeme

Beispiel: Es ist nicht mehr so, wie es früher war

Frau Weber ist Leiterin der Personalentwicklung in der Firma Grünberg, einem Unternehmen mit ungefähr 750 Mitarbeitern. Sie hat hier in den letzten Jahren viel aufgebaut: Es gibt ein Laufbahnkonzept, Coaching für Führungskräfte, ein Mentorenprogramm wurde für jüngere Führungskräfte eingerichtet und es gibt verschiedene Formen der Mitarbeitergespräche. Sie ist damit bei der Geschäftsführung akzeptiert. Doch das Unternehmen wird von einem größeren Konzern aufgekauft.

Frau Weber erhält den Auftrag, die Integration in den neuen Konzern zu unterstützen. Sie stürzt sich mit Feuereifer in diese neue Aufgabe. Doch die Fusion verzögert sich, sie erhält keine Informationen. Endlich, acht Monate später, wird das Unternehmen offiziell Teil des neuen Konzerns. Voller Engagement versucht Frau Weber, Kontakt zu ihren neuen Kollegen aufzubauen und ihre Konzepte einzubringen. Doch wieder läuft sie ins Leere. Im Konzern sind alle Personalprozesse klar definiert. Es existieren zum Beispiel feste Formen der Mitarbeiterbefragung. Es gibt Konzepte, die alles starr regeln. Sie müht sich ab, geht auf die neuen Ansprechpartner zu – doch vergebens.

Nach fast einem Jahr vergeblicher Versuche ist sie mit ihren Nerven am Ende. Sie traut sich nichts mehr zu, wird unsicher, in ihren Workshops verkrampft, gerät in die Schusslinie und zieht sich zurück – sie ist damit alles andere als glücklich. Sie weiß, dass sich etwas verändern muss – aber was?

Die Entwicklung in sozialen Systemen verläuft nicht geradlinig, sondern es treten Brüche auf. Frau Weber hatte lange Zeit eine stabile Position, das Team der Personalentwicklung war ebenfalls stabil und erfolgreich. Das hat sich plötzlich geändert. Die bisherigen Strukturen sind zerbrochen, auf eine Wartephase ist eine Phase »Ins-Leere-Laufen« gefolgt. Die jetzige Situation ist geprägt durch diese Geschichte. Doch welche Chancen hat sie, das zu ändern?

Theoretischer Hintergrund

Wenn man Veränderungen unter dem Aspekt »Entwicklung« betrachtet, ist die theoretische Grundlage letztlich immer noch die Evolutionstheorie im Anschluss an Charles Darwin. Darwin hatte Mitte des 19. Jahrhunderts ein Modell entwickelt, das die Entwicklung verschiedener Arten durch drei Faktoren erklärt:

- **Genetische Tradierung:** Voraussetzung für evolutionäre Prozesse ist die Fähigkeit der Reproduktion von Individuen. Dabei werden bestimmte Merkmale des Individuums wie Farbe und Musterung der Flügel bei Schmetterlingen genetisch weiter tradiert.
- **Variation:** Die genetisch bestimmten Merkmale werden nicht stets auf die gleiche Art weitergegeben, sondern es treten Variationen (zum Beispiel unterschiedliche Formen und Farben der Flügel) auf.
- **Selektion:** Unterschiedliche Varianten bieten den Individuen unterschiedliche Chancen, sich in der Umwelt zu behaupten. Eine durch Mutation entstandene Musterung der Flügel eines Schmetterlings bietet eine bessere Tarnung und erhöht damit die Chance für das Überleben. Die für das Überleben am besten angepassten Individuen (»the fittest«) haben die größte Chance, ihre genetischen Merkmale weiter zu tradieren.

Dieses Modell wurde dann in den 50er-Jahren des 20. Jahrhunderts in die Systemtheorie übertragen. Fritjof Capra, ursprünglich Physiker, ist einer der ersten, der nachdrücklich auf die Unterschiede biologischer, ökologischer und gesellschaftlicher Systeme gegenüber technischen Prozessen hinweist und das »Systembild des Lebens« (Capra 1988, S. 293 ff.) als eigene Modellvorstellung entwickelt: »Das Entstehen organischer Strukturen ist grundlegend verschieden vom zeitlich aufeinander folgenden Aufeinanderstapeln von Bauelementen oder der Herstellung eines Maschinenprodukts in genau programmierten Phasen. [...] Der zuerst ins Auge fallende Unterschied ist der, dass Maschinen gebaut werden, während Organismen wachsen« (Capra 1988, S. 296).

Frederik Vester, ursprünglich Molekularbiologe, sieht in diesem, wie er formuliert, »biokybernetischen Denkansatz« (Vester 1999, S. 110 f.) die Grundlage zur Erklärung ökologischer oder volkswirtschaftlicher Zusammenhänge: »In der Tat finden sich bei dem, was sich zwischen verschiedenen Lebewesen in einem Biotop, einem Ökosystem oder einer Volkswirtschaft abspielt, ganz ähnliche Kommunikationsvorgänge, Steuerungsmechanismen, Austausch- und Regulationsprozesse wie schon zwischen den einzelnen Zellen oder den Organen eines Organismus« (Vester 1999, S. 111).

Dieses Konzept wird dann von Stafford Beer (1967) oder auch Fredmund Malik (2000) auf Organisationen übertragen. Organisationen sind für Malik »weitgehend selbständernde, selbstevolvierende und selbstorganisierende Systeme [...], die in wesentlich geringerem Ausmaß, als gemeinhin angenommen, beherrschbar [...] sind« (Malik 2000, S. 176).

Wenn man Personen oder Organisationen unter dem Aspekt »Entwicklung« betrachtet, ergeben sich daraus unterschiedliche Ansatzpunkte.

Entwicklung sozialer Systeme

Die Strukturierung der Entwicklung in Phasen: Bereits die Evolutionsbiologie gliedert die Entwicklung der Lebewesen in verschiedene Phasen. Aus der Entwicklungspsychologie ist die Gliederung der menschlichen Entwicklung in verschiedene Phasen wie früheste Kindheit, Kindheit, Jugend, Erwachsenenalter und hohes Alter geläufig (zum Beispiel Schneider u. a. 2012), wobei jede Phase durch bestimmte Herausforderungen und häufig auftretende typische Verhaltensweisen gekennzeichnet ist. Die Schweizer Psychiaterin Elisabeth Kübler-Ross (2001) hat auf dem Hintergrund ihrer Erfahrungen mit Sterbenden fünf Phasen des Sterbens unterschieden, ein Phasenmodell, das dann in unterschiedlicher Fassung auch für das Reagieren auf Veränderungsprozesse angewandt wird (Kostka/Mönch 2006, S. 11):

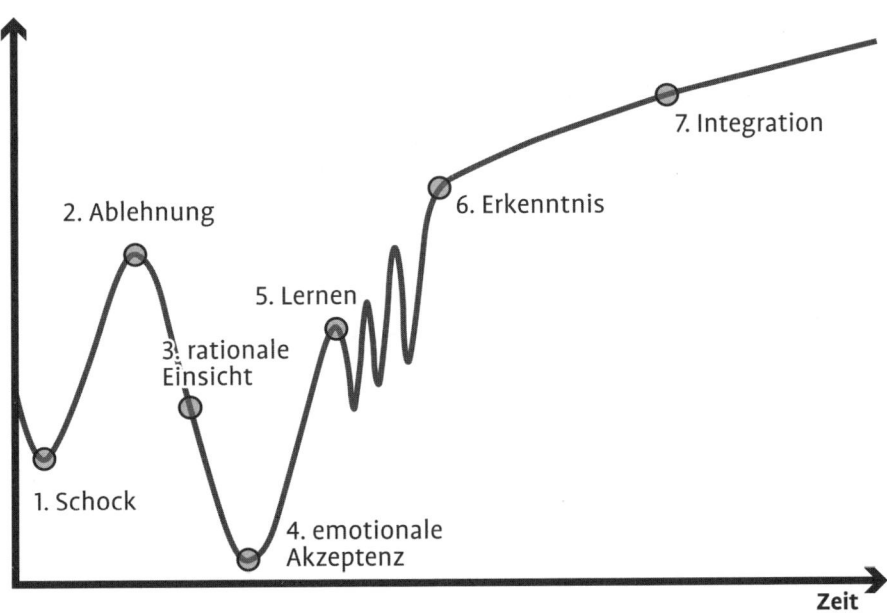

Schließlich lässt sich die Entwicklung von Organisationen ebenfalls in Phasen gliedern. Ein Start-up-Unternehmen zum Beispiel ist am Anfang durch eine Phase der Kreativität gekennzeichnet. Es schließt sich eine Phase strafferer zentraler Führung an, was bei wachsender Mitarbeiterzahl nicht mehr durchführbar ist und dann zu stärkerer Delegation führt. Daraus ergibt sich zum Beispiel folgendes Phasenmodell der Unternehmensentwicklung (Breu 2002, S. 53):

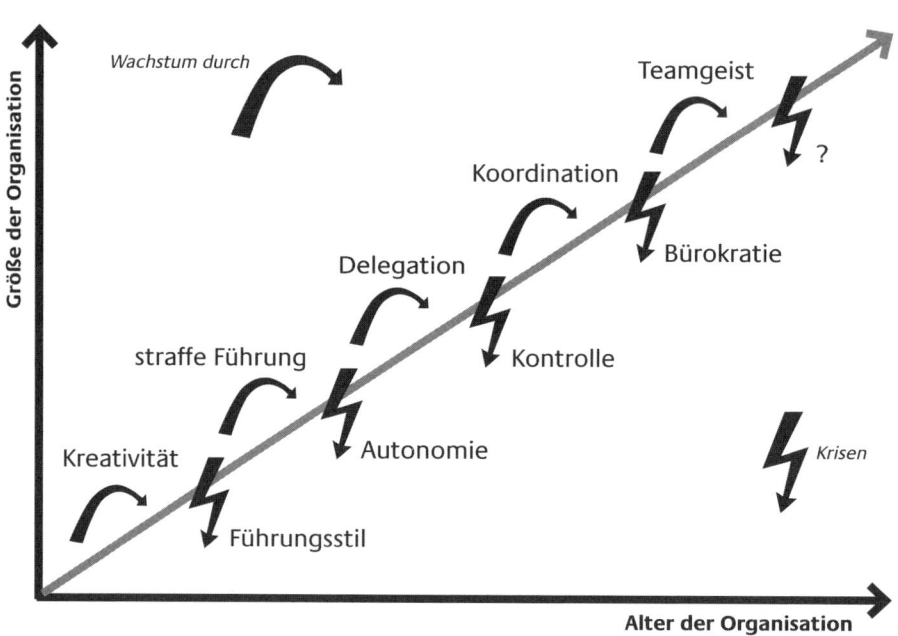

Die Bedeutung der Geschichte: Die Entwicklung einer Person oder des sozialen Systems zu betrachten bedeutet auch, den Blick auf die Vergangenheit zu richten. Hier sind es zunächst psychotherapeutische Konzepte, die bei psychischen Problemen die Bedeutung der Vergangenheit herausstellen:

○ Bereits die **Psychoanalyse** geht von der These aus, dass Einstellungen, aber auch daraus resultierende Verhaltensmuster und Probleme in hohem Maße aus der Kindheit stammen und dass damit das Verarbeiten der frühkindlichen Erfahrungen ein entscheidendes Moment der Therapie ist.

○ Die **Individualpsychologie** in der Tradition von Alfred Adler betont ebenfalls die Bedeutung der Kindheit. Hier ist es insbesondere die Position in der Geschwisterreihe, die den späteren »Lebensstil« prägt (zum Beispiel Leman 2014): Ein älteres Kind lernt früh, Verantwortung für jüngere Geschwister zu übernehmen – ein Lebensstil, der sich später zum Beispiel als Führungskraft wiederfindet.

○ In der **Familientherapie** hat insbesondere Virginia Satir auf die Bedeutung der Herkunftsfamilie für das gegenwärtige Verhalten hingewiesen (zum Beispiel Satir u. a. 2007, S. 227 ff.). Im Laufe der Geschichte hat eine Familie zum Beispiel immer wieder (nach Kriegen, plötzlichen Todesfällen) neu anfangen müssen – ein Muster, das sich dann bei einem Nachkommen wiederholt, der

immer wieder mit neuen Unternehmungen startet, die einige Zeit Erfolg haben, dann aber (wieder aus unterschiedlichen Gründen) scheitern.
- Die **Transaktionsanalyse** (zum Beispiel Stewart/Joines 2010, S. 151 ff.) betont, dass Menschen in der Kindheit bestimmte »Kindheitsstrategien«, nämlich bestimmte Glaubenssätze und Verhaltensmuster erwerben (man spricht hier vom »Lebensskript«), die sich dann in späteren Lebensabschnitten durchhalten.
- In eine ähnliche Richtung zielt die vom amerikanischen Psychotherapeuten Jeffrey Young in den 1990er-Jahren entwickelte **Schematherapie.** Schemata, so Young, sind schädigende emotional und kognitive Muster, die früh in unserer Entwicklungszeit entstehen und unser ganzes Leben lang erhalten bleiben« (Young/Klosko/Weishaar 2008, S. 36). Ein Beispiel wäre das Schema, »Unzulänglichkeit« als »das Gefühl, in wichtiger Hinsicht unzulänglich, schlecht, unerwünscht, minderwertig oder unfähig zu sein« (ebd., S. 44). Schemata, so Young, sind häufig in der Kindheit entstanden: »Diese Patienten wurden als kleine Kinder im Stich gelassen, vernachlässigt oder zurückgewiesen. In ihrem Leben als Erwachsene werden ihre Schemata durch Ereignisse aktiviert, die sie (unbewusst) als jenen traumatischen Kindheitserlebnissen ähnlich empfinden« (ebd., S. 37).

Die Bedeutung der Geschichte spielt aber ebenso für Organisationen eine Rolle. Hier ist insbesondere das von James P. Walsh und Gerardo R. Ungson 1991 veröffentlichte Konzept des »Organisationsgedächtnisses« (Organizational Memory) zu nennen. Das Organisationsgedächtnis sind die in früheren Situationen gemachten Erfahrungen zum Beispiel über bestimmte Problemlösungsstrategien, die bewusst oder unbewusst weiter tradiert werden und dann – positiv oder hinderlich – aktuelles Entscheidungsverhalten beeinflussen.

Veränderung als Wechsel in eine neue Phase: Im Evolutionsmodell von Darwin ist Stabilität durch Tradierung geprägt, Veränderung wird durch Variation und Selektion angestoßen. Dabei ist der Wechsel von einer Phase in die andere durch einen Zustand der Instabilität gekennzeichnet, bis sich dann in neue Stabilität entwickelt. Die gleiche Vorstellung findet sich ebenso in anderen Konzepten.

Kurt Lewin, einer der einflussreichsten Sozialpsychologen des 20. Jahrhunderts gliedert Veränderungsprozesse in drei Phasen (Lewin 1963, S. 223 ff.):

- **Unfreezing:** Jede Veränderung beginnt mit dem Auftauen oder Aufbrechen bisheriger Einstellungen und Verhaltensweisen.
- **Moving:** Daran schließt sich eine Phase der Veränderung an. Es werden neue Regeln, neue Denkweisen eingeführt.

- **Refreezing:** Die letzte Phase schließlich dient der Verfestigung der neuen veränderten Einstellungen.

Ein grundsätzlich ähnliches Modell bietet die Chaostheorie. Als Begründer gilt der Mathematiker Henri Poincaré, der in seinem Buch »Wissenschaft und Methode« aus dem Jahr 1912 den Grundsatz formuliert (Poincaré 2003, S. 57): »*Es kann der Fall eintreten, dass kleine Unterschiede in den Anfangsbedingungen große Unterschiede in den späteren Erscheinungen bedingen.*«

Zu Beginn der 60er-Jahre des 20. Jahrhunderts kommt der amerikanische Meteorologe Edward N. Lorenz bei Untersuchungen zur Zuverlässigkeit von Wettervorhersagen zu sehr ähnlichen Ergebnissen, wenn er die Frage stellt: »Kann der Flügelschlag eines Schmetterlings in Brasilien einen Tornado in Texas auslösen?« (Lorenz 1993, S. 181 ff.) – was später als »Schmetterlingseffekt« bekannt wurde.

Als Modell zur Erklärung von Veränderungen in komplexen Systemen ist die Chaostheorie durch folgende Grundsätze gekennzeichnet (zum Beispiel Wehr 2002, S. 85 ff.).

- Systeme können sich in einem **stabilen oder dissipativen Zustand** befinden: Dabei ist Stabilität nicht dadurch gekennzeichnet, dass der Zustand des Systems immer genau gleichbleibt, sondern dass er sich mit gewissen Abweichungen zwischen zwei Punkten einpendelt. Ein dissipatives System dagegen ist ein zerfallendes System, das nicht mehr in den ursprünglichen Zustand zurückkehrt, sondern sich in einen neuen (stabilen) Zustand verändert.
- Die Richtung der Veränderung wird durch sogenannte **Attraktoren** bestimmt, das heißt, Kräfte, die ein System in die eine oder andere Richtung ziehen. Die Chaostheorie ist ein Modell, das den Wechsel von einer Phase in eine andere Phase beschreibt: Veränderung, so die Hauptthese, ist stets Wechsel von einer Phase der Stabilität über einen dissipativen Zustand in eine neue stabile Phase.

Der Blick zurück: die Geschichte

Dass unsere Vergangenheit unsere Einstellungen und unser Verhalten prägt, ist unbestritten. Dabei ist das nie ein einseitiges Ursache-Wirkungs-Denken zum Beispiel in dem Sinne, dass unsere Erfahrungen als schlechter Schüler oder schlechte Schülerin uns automatisch in unserer beruflichen Laufbahn behindern. Sondern es ist stets unser Bild der Vergangenheit, das uns prägt: Wir heben bestimmte Ereignisse als bedeutsam aus dem Strom der Ereignisse heraus, gliedern die Vergangenheit in bestimmte Abschnitte – und dieses Bild beeinflusst unser Handeln.

Das aber bedeutet, dass es wichtig ist, sich das eigene Bild der Vergangenheit bewusst zu machen und möglicherweise zu verändern: Was sind die Ereignisse, die mir als bedeutsam in Erinnerung geblieben sind? Liegen möglicherweise Ursachen für aktuelle Probleme (oder auch Erfolge) in vergangenen Ereignissen und der Bedeutung, die ich diesen Ereignissen gebe? Wie strukturiere ich meine Geschichte? Gliedere ich sie in bestimmte Phasen?

Schließlich: Ich kann die Geschichte meiner Vergangenheit »umschreiben«. Ich kann andere Ereignisse als bedeutsam in mein Gedächtnis heben, kann Ereignissen eine andere Bedeutung geben. Das Gleiche gilt für die Geschichte eines Teams oder einer Organisation: Bestimmte Ereignisse (nicht selten Ereignisse aus dem Leben des Gründers einer Organisation) werden als bedeutsam erkannt, es werden verschiedene Phasen unterschieden. Und auch hier kann die Geschichte umgeschrieben werden. Dazu im Folgenden einige Anregungen.

Die Strukturierung der Geschichte in Phasen: Frau Weber hat intuitiv eine Strukturierung ihrer bisherigen beruflichen Erfahrungen in drei Phasen vorgenommen: eine Phase des Erfolgs in der ursprünglichen Firma Grünberg, eine Phase des Wartens sowie eine Phase des Gegen-die-Wand-Laufens. Diese Konstruktion bestimmt ihr Denken und Handeln. Aber diese Konstruktion blendet gleichzeitig Erfahrungen aus: dass es bei der Firma Grünberg ebenso Situationen gab, wo sie gegen die Wand gelaufen ist; oder dass es zum Beispiel erst letzten Monat einen gemeinsamen Workshop mit ihren neuen Kolleginnen und Kollegen in der Personalentwicklung gegeben hat, in dem man gemeinsam Coaching als Konzept der Personalentwicklung diskutiert hat und bei dem Frau Weber ihre Ideen einbringen konnte. Frau Weber könnte damit ihr bisheriges Phasenmodell modifizieren und den Workshop als den Beginn einer neuen Phase des Miteinanderarbeitens deuten.

Checkliste Strukturierung der Vergangenheit in Phasen

Machen Sie sich bewusst, wie Sie Ihre Geschichte (oder die Geschichte Ihres Teams, Ihres Unternehmens) strukturieren:
- In welche Phasen gliedern Sie Ihr Leben, ihre berufliche Entwicklung, aber auch die Entwicklung Ihres Teams, Ihres Unternehmens?
- Was wäre eine Überschrift für diese Phase?
- Was waren die wichtigsten Merkmale dieser Phase? Was hat sich beim Übergang von der einen zur anderen Phase verändert?
- Was waren die Herausforderungen, die es in dieser Phase zu bewältigen galt? Wie haben Sie es geschafft, diese Herausforderungen zu bewältigen?
- Was waren Probleme oder Erfolge in dieser Phase? Wie haben Sie es geschafft, Probleme zu bewältigen oder Erfolge zu erzielen?

- Was haben Sie in dieser Phase gelernt, das für Sie wichtig sein könnte?
- Gibt es Ereignisse in dieser Phase, die Sie ausgeblendet haben, und die sich jetzt bewusst zu machen, hilfreich sein könnte?
- Könnten Sie auf dem Hintergrund dieser Reflexionen Ihre Geschichte auch anders gliedern?

Ebenso können Sie sich Ihr Bild der Geschichte Ihres Teams oder Ihrer Organisation – möglicherweise im Zusammenhang eines Teamworkshops – bewusst machen: Was sind die Geschichten, die über den Gründer erzählt werden? Was sind die darin enthaltenen Botschaften? Wie sind die verschiedenen Geschäftsführer oder Vorstände mit diesen Botschaften umgegangen? Haben Sie versucht, die Botschaft weiterzuführen oder neue Botschaften zu setzen? Waren sie erfolgreich? Was können Sie daraus lernen?

Bearbeitung von Problemen in der Vergangenheit: Dass unsere Geschichte Ursache für Probleme sein kann, war bereits seit Beginn des 20. Jahrhunderts eine der Kernthesen der Psychoanalyse. In den letzten Jahren ist in der Tradition der Transaktionsanalyse und Schematherapie diese These zunehmend wieder aktuell geworden. Es mag sein, dass bei Frau Weber die Erfahrung, sich anzustrengen, dann aber abgelehnt zu werden, schon in viel früheren Zeiten ihren Ursprung hatte. Vielleicht war sie früher in der Schule erfolgreich, hatte aber nach einem Umzug der Familie in eine andere Stadt Schwierigkeiten, in der neuen Schule Anschluss zu finden – möglicherweise wirkt diese Erfahrung nach und wird 30 Jahre später wieder aktualisiert.

Probleme – so ergibt sich daraus – lassen sich manchmal besser lösen, wenn man sie in ihrem Entstehungszusammenhang in der Geschichte betrachtet, indem man sich aus der heutigen Perspektive als kompetenter Erwachsener überlegt, was man damals hätte anders machen können. Jetzt wüsste Frau Weber, wie sie eine solche Situation angehen könnte: nicht zu versuchen, zu zeigen, was sie alles kann (das hatte sie damals versucht, als sie mit neun Jahren in eine neue Schule kam), sondern zunächst einmal abzuwarten, sich allmählich hineinzufinden. Möglicherweise entsteht daraus eine neue Lösungsmöglichkeit für ihre jetzige Situation. Sie können genau dieses Vorgehen auch für sich nutzen.

Checkliste: Bearbeitung von Problemen mit Blick auf die Vergangenheit

Überlegen Sie:
- Können heutige Probleme und Schwierigkeiten mit Erfahrungen aus der Vergangenheit in Zusammenhang stehen?
- Welche Situation aus der Vergangenheit fällt Ihnen spontan zu diesem Thema ein? Das muss nicht die Auslösesituation sein, sondern eine »typische« Situation, an die Sie sich erinnern.

Entwicklung sozialer Systeme

- Gab es Situationen in Ihrer Herkunftsfamilie, die dazu beigetragen haben? Was waren die Botschaften, die Sie von einzelnen Personen in Ihrer Familie, von Ihrem ersten Lehrer oder Ausbilder erhalten haben?
- Was war Ihre Position in Ihrer Familie? Waren Sie Einzelkind? Wo war Ihre Position in der Geschwisterreihe? Was haben Sie in dieser Position gelernt?

In einem zweiten Schritt überlegen Sie dann, wie Sie dieses Wissen für die heutige Situation nutzen können.

- Wenn Sie sich in die damalige Situation zurückversetzen: Wie würden Sie auf der Basis Ihres heutigen Wissens und Könnens damit umgehen? Was würden Sie heute dem damaligen Kind, Schüler raten?
- Wie können Sie das Wissen für Ihre heutige Situation nutzen?

Die Ressourcen der Vergangenheit nutzen: Das ist gleichsam die Umkehrung des vorigen Punktes: Sie können die eigene Geschichte gleichermaßen als ein Reservoir an Handlungsmöglichkeiten nutzen. Sie haben in der Vergangenheit schon schwierige Situationen bewältigt und waren erfolgreich. Was waren die Faktoren, die dazu geführt haben? Was davon können Sie für die Gegenwart nutzen?

So kann sich Frau Weber die Frage stellen, was ihr seinerzeit geholfen hat, die schwierige Situation des Wartens zu überstehen, oder was ihr in vergangenen Situationen geholfen hat, mit Ablehnung umzugehen.

Checkliste: Die Ressourcen der Vergangenheit nutzen

- Erinnern Sie sich an Ihre Erfolge in der Vergangenheit oder an besonders positive Situationen: Was hat Ihnen damals geholfen, den Erfolg zu erreichen oder diese positive Situation zu erleben? Was haben Sie dazu beigetragen?
- Erinnern Sie sich an schwierige Situationen, die Sie in der Vergangenheit bewältigt haben. Was half Ihnen seinerzeit, diese Situation zu überstehen und zu bewältigen? Wie sind Sie dabei vorgegangen? Wie können Sie das für die heutige Situation nutzen?

Dieses Vorgehen ist nicht nur hilfreich, um die Erfahrungen Ihrer persönlichen Geschichte zu nutzen, sondern lässt sich ebenso auf Teams und komplexe Organisationen übertragen: Was waren seinerzeit die Erfolgsfaktoren, die dazu beigetragen haben, dass dieses Geschäft, dieses Unternehmen in der schwierigen Situation überlebt hat? Was können Sie davon heute nutzen? Auch hier gilt wieder: Gerade dann, wenn in einem Team oder einer Organisation die gegenwärtige Situation als belastend und bedrohlich erlebt wird, ist es hilfreich, die Aufmerksamkeit auf die Erfolge und Höhepunkte der Vergangenheit zu lenken. Damit wird ein Perspektivenwechsel vollzogen: weg von der Problemfokussierung auf das Positive.

Der Blick nach vorn: die Vision

»Ich wollte nichts anderes, als dem entwurzelten Kind jene Welt der Geborgenheit schenken, die es braucht, um gedeihen zu können.« Vielleicht kennen Sie diese Vision von Hermann Gmeiner, aus der dann die SOS-Kinderdörfer entstanden sind.

Der Blick nach vorn fällt uns häufig schwer. Wir bleiben in der Gegenwart, im Operativen gefangen. Wir ändern an dieser Stelle und an jener Stelle und gehen dann leicht im Tagesgeschäft unter. Was hier fehlt, ist der Blick in die Zukunft. Und eben das ist die Aufgabe einer Vision (s. auch Werther 2015).

Eine Vision ist eine Idealvorstellung der Zukunft, zusammengefasst in einem Bild, einer Metapher, einem Satz, möglicherweise erläutert in wenigen Sätzen, einem Leitbild. Eine Vision kann das Handeln leiten. Es gibt die persönliche Vision, die Vision eines Teams, einer Abteilung, einer Schule, eines Krankenhauses, einer komplexen Organisation. Es gibt visionäre Führung: als Führungskraft eine Vision zu haben und das Handeln daran auszurichten.

Eine Vision wirkt nicht auf einer rationalen, sondern auf einer emotionalen Ebene. Vergleichen Sie die Vision »jedem Kind eine Heimat geben« mit einer rationalen Zielformulierung »Ziel ist, in Deutschland insgesamt 55 Kinderdörfer zu haben bei einem Spendenaufkommen von jährlich wenigstens 210.000 Euro«. Dieser letzte Satz spricht den Verstand an, man beginnt zu rechnen, zu überlegen, ob das realistisch ist. Die Vision spricht das Gefühl an. Eben das ist die Aufgabe einer Vision: das Handeln emotional zu leiten. Deshalb wirken manche von Werbeagenturen entwickelten Visionen hohl und leer. Sie stammen nicht aus dem Herzen.

Eine Vision, so schreibt zur Matthias zur Bonsen, »*wird nicht gemacht, sondern entdeckt. Sie wird ›entwickelt‹. Sie entsteht dadurch, dass die Beteiligten in sich hineinhorchen und herausfinden, was sie wirklich wollen*« (1994, S. 63).

Eine Vision kann spontan entstehen oder in einem Visionsworkshop mit dem Team, im Rahmen eines Coachingprozesses. Frau Weber hat im Rahmen ihres Coachings ihre Vision entwickelt. Bei der Aufforderung, sich ein Bild für ihre Vision vorzustellen, fällt ihr das Bild von zwei Puzzleteilen ein. Sie wird aufgefordert, zunächst nur diese beiden Puzzleteile zu beschreiben: sie greifen ineinander, teilweise halten sich die Farben durch, teilweise hat eines der Puzzleteile andere Farben, ihr Puzzleteil ist verbunden mit anderen Teilen. Diese Beschreibungen sind Metaphern für die Vision ihrer Abteilung. Ihr wird klar: Die zentrale Personalentwicklung und ihre Abteilung müssen ineinandergreifen, die zentrale Personalentwicklung gibt dafür einen Rahmen vor. Einerseits übernimmt sie eine Reihe der Konzepte, aber andererseits setzt sie eigene Akzente. Und sie stellt die Verbindung zu ihren anderen Bereichen her.

Checkliste Entdeckung meiner/unserer Vision

- Nehmen Sie sich Zeit, sich aus dem Tagesgeschäft zu lösen.
- Richten Sie den Blick in die Zukunft: Was möchten Sie in fünf, in zehn Jahren erreicht haben? Wo möchten Sie stehen?
- Lassen Sie dafür ein Bild entstehen. Vielleicht finden Sie einen Gegenstand, der ihre Vision symbolisiert. Oder lassen Sie Ihrer Fantasie freien Lauf: Schreiben Sie den Brief eines begeisterten Kunden, einen Pressebericht, einen Blog, der das ausdrückt.
- Halten Sie Ihre Vision gegenwärtig, als Bild, als Gegenstand auf dem Schreibtisch.

Die Zukunft gestalten

Die Vision definiert gleichsam eine neue Phase in Ihrer persönlichen Entwicklung, der Entwicklung Ihres Teams. Doch was können Sie tun, um diese neue Phase zu erreichen?

Das Erste, was hier wichtig ist, ist die im Grunde triviale, aber nichtsdestoweniger wichtige These, dass die Zukunft sich nicht herstellen lässt wie ein technisches Gerät. Das mag vielleicht noch für die eigene Person relativ einsichtig sein (wir wissen, dass wir unsere Zukunft nicht einfach herstellen können), aber bereits in Bezug auf den Partner oder die Partnerin ist das offenbar nicht mehr so selbstverständlich. Wie viele Menschen gibt es, die versuchen, den Partner oder die Partnerin nach ihren Vorstellungen zu verändern? – Um dann doch die Erfahrung zu machen, dass die andere Person eine »Eigendynamik« besitzt. Das gilt gleichermaßen für komplexe Organisationen. Auch sie besitzen eine Eigendynamik, in der geplante Maßnahmen bisweilen ganz andere, nicht vorhergesehene Auswirkungen haben. Das bedeutet aber nicht, dass nicht Entwicklungen angestoßen und umgesetzt werden können. Das bedeutet im Einzelnen:

Bewahren und verändern: Das Strukturieren der Entwicklung in Phasen führt zu einer realistischen ebenso wie zu einer letztlich hoffnungsvollen Perspektive: zu einer realistischen Perspektive mit der These, dass gegenwärtige Erfolge nicht immer selbstverständlich sind, sondern dass man zumindest etwas tun muss, um neue Erfolge zu bekommen. Zu einer letztlich hoffnungsvollen Perspektive in der Gewissheit, dass auch schwierige Phasen kein Dauerzustand sein müssen, sondern dass sich eine positivere Phase anschließen kann. Das war das entscheidende Ergebnis im Beispiel von Frau Weber: die Gewissheit, dass sie der jetzigen Situation nicht ausgeliefert ist, sondern dass sich eine neue Phase andeutet. Doch was sollte in dieser neuen Phase verändert, was von früheren Phasen bewahrt werden?

Gerade die letzte Frage wird allzu leicht vergessen und ist doch bei Veränderungsprozessen von entscheidender Bedeutung: Veränderung wird häufig nur als Abkehr von allem Bisherigen gesehen. Dabei wird übersehen, dass Identität (sei es die Identität einer Person oder die Identität einer Organisation) immer auch Kontinuität bedeutet. Frau Weber hatte sich überlegt zu kündigen, um »etwas ganz anderes zu machen« – aber dabei wäre sie in Gefahr geraten, die Kontinuität mit ihrer eigenen Geschichte zu verlieren. Wie kann sie die Erfolge, die sie bisher als Personalentwicklerin im Umgang mit anderen Menschen hatte, in einer neuen Phase bewahren?

Der Schritt in die neue Phase: Wie aber kann eine neue Phase erreicht werden? Hier empfiehlt sich der Blick auf das Chaosmodell, das ausdrücklich das Ziel verfolgt, Veränderungen von einer in eine andere Phase zu erklären.

Das Chaosmodell, wir hatten es schon erwähnt, ist durch drei Thesen gekennzeichnet:

- Der Übergang von einer bisherigen stabilen in eine neue stabile Phase erfolgt über eine dissipative (instabile) Phase, in der relativ unklar ist, in welche Richtung sich das System verändert.
- Die Richtung der Veränderung wird durch »Attraktoren« bestimmt, durch Kräfte, die das System in die eine oder andere Richtung ziehen.
- In einer stabilen Phase bleiben selbst große Interventionen häufig wirkungslos (das System pendelt sich wieder in den ursprünglichen Zustand ein), während in einer dissipativen Phase kleine Veränderungen große Wirkungen verursachen können.

Zurück zu unserem Beispiel von Frau Weber: Im Blick auf ihre Vision wird ihr deutlich, dass sich eine neue Phase anschließen sollte.

- Sie wird nicht mehr die Selbstständigkeit haben, die sie früher hatte, sondern sie ist eingebunden in einen größeren Konzern. Bewahren kann sie trotzdem Freiraum, nutzen kann sie zudem ihre Kreativität, indem sie ihre Konzepte einbringt.
- Attraktoren in Richtung des bisherigen negativen Zustands sind sicherlich ihre bisherigen Erfahrungen, auch die räumliche Trennung (ihr Standort ist von der übrigen Personalentwicklung getrennt), und die Tatsache, dass die Personalentwicklung im neuen Konzern eine Reihe fester Konzepte hat, die teilweise anders sind als ihre bisherige Arbeit. Aber es gibt Attraktoren in Richtung der neuen Phase: in erster Linie ihr Entschluss, an ihrer Situation etwas zu ändern, aber auch ihre neue Abteilungsleiterin und ihre Stellvertreterin;

oder der gemeinsame Workshop, bei dem ihr deutlich wurde, dass die neue Abteilung an einem Coachingkonzept arbeitet, ein Thema, das Frau Weber von ihrer früheren Arbeit kennt und bei dem sie sich einbringen kann.
- ○ Daraus ergibt sich ein Handlungsplan: Sie bringt sich mit dem Coachingkonzept ein, hält sich bei weiteren Themen eher zurück (und fühlt sich damit nicht so unter Druck), hält Kontakt mit ihren neuen Vorgesetzten.

Checkliste Wechsel in die neue Phase

- Überlegen Sie: Wie stabil ist aus Ihrer Sicht die gegenwärtige Situation? Befindet sich das System eher in einem stabilen oder einem dissipativen Zustand?
- Wenn sich eine neue Phase andeutet oder erforderlich ist: Was aus der Vergangenheit wollen Sie bewahren? Was ist zu ändern?
- Wo liegen die Attraktoren, die Kräfte, die das Beharren in der gegenwärtigen Situation verstärken? Welche Attraktoren gibt es in Richtung Veränderung?
- Wählen Sie den »richtigen« Zeitpunkt für Ihre Interventionen: Wenn sich das System in einem stabilen Zustand befindet, können Sie sich vermutlich zusätzliche Aktivitäten sparen. Wenn es dagegen in einem dissipativen Zustand ist, können kleine Veränderungen große Wirkung erzeugen. Versuchen Sie, die Triggerpunkte für die Veränderung zu finden und Ihre Energie darauf zu konzentrieren.

Was wir an dem Beispiel von Frau Weber verdeutlicht haben, gelten die Grundlagen gleichermaßen für Einzelne, für Veränderungen in Teams oder komplexen Organisationen. Es gibt keine von außen beobachtbaren harten Kriterien, nach denen sich die Stabilität eines Systems messen lässt. Nutzen Sie hier die Kompetenz des sozialen Systems: Beteiligte können sehr wohl intuitiv abschätzen, wie stabil der gegenwärtige Zustand (vielleicht skaliert zwischen 0 und 100) ist und wie groß die Chance auf die Veränderung. Sie können fragen, wie stabil andere die Situation einschätzen und welche Kräfte aus deren Sicht den Wechsel in eine neue Phase behindern oder begünstigen.

Anregungen zur Weiterarbeit

Auch wenn wir alle eher gegenwarts- und zukunftsorientiert sind, lohnt es sich, sich Zeit für die Betrachtung der Geschichte und der Entwicklung zu nehmen – sei es für die persönliche Entwicklung oder die Entwicklung des Teams, der Organisation.
Die Schritte dafür haben wir eben dargestellt. Hilfreich ist es, das im Gespräch mit anderen zu machen, die einen dabei unterstützen und Hinweise geben können.

Literaturhinweise

Als allgemeine Einführung ist hilfreich:
- Mersch, P. (2012): Systemische Evolutionstheorie. Norderstedt: Books on Demand

Zum Thema persönliche Entwicklung gibt es zahllose Anregungen. Exemplarisch seien genannt
- Covey, S. R. (2015): Die 7 Wege zur Effektivität. 34. Auflage Offenbach: Gabal
- Grzeskowitz, I. (2016): Mach es einfach! Warum wir keine Erlaubnis brauchen, um unser Leben zu verändern. Offenbach: Gabal
- Jacob, G./van Genderen, H./Seebauer, L. (2011): Andere Wege gehen. Weinheim und Basel: Beltz
- Umek, J. (2011): Was sagt mir meine Kindheit? Wien: Kneipp

Exemplarisch zum Thema Unternehmensentwicklung:
- Marek, D. (2010): Unternehmensentwicklung verstehen und gestalten. Wiesbaden: Gabler

Struktur und Intuition: zwei Seiten einer Medaille

02

Struktur ist nicht alles, aber sie hilft: GROW

Beispiel: Wir müssen unbedingt miteinander reden ...

Herr Struck stürmt in das Büro von Frau Martens, seiner Kollegin: »Wir müssen unbedingt miteinander reden. Es gibt ein Problem mit der Firma Schönhuber. Ich habe versucht zu telefonieren, aber da meldet sich niemand. Mit Schönhuber haben wir in letzter Zeit immer wieder Probleme. Aber seitdem der alte Knoll, unser Ansprechpartner, in Rente ist, läuft da nichts mehr. Die sind völlig unzuverlässig. Und, was ich noch sagen wollte, wir haben den jungen Streck, Sie wissen schon, den jungen Mitarbeiter aus der IT, darauf angesetzt. Der ist recht engagiert, aber ihm fehlt leider das Fingerspitzengefühl. Da müssen wir unbedingt etwas machen. Aber zurück zu Schönhuber: Wir hatten doch ...«
Und so geht es noch eine ganze Zeit weiter. Frau Martens weiß nicht mehr, woran sie ist. Herr Struck hat offenbar ein Problem. Doch welches? Was will er überhaupt? Soll Frau Martens mit der Firma Schönhuber verhandeln? Will Herr Struck einfach seinen Frust loswerden und braucht dafür einen Zuhörer?

Vermutlich kennen Sie solche Situationen. Sie werden angesprochen, Ihr Gesprächspartner beginnt zu erzählen ohne Punkt und Komma, ohne dass Sie wissen, worum es eigentlich geht. Bei Besprechungen wird ewig lang über ein Problem gesprochen, aber es gibt kein Ergebnis; in Diskussionen werden immer wieder die gleichen Argumente gebetsmühlenartig wiederholt. Was hier fehlt, ist eine klare Struktur.

Sicher, man braucht keine Gesprächsstruktur, wenn man sich mit einer Kollegin beim Bier unterhält. Aber immer dann, wenn es darum geht, Probleme zu lösen, ist eine klare Struktur hilfreich.

Theoretischer Hintergrund

Im Alltagsverständnis ist der Begriff »Problem« als etwas Belastendes definiert. In der Denkpsychologie ist der Begriff viel weiter gefasst: Ein Problem liegt immer dann vor, wenn eine Situation verändert werden soll, aber das Vorgehen selbst nicht unmittelbar klar ist. So hatte schon 1935 der Psychologie Karl Duncker in seinem Buch »Zur Psychologie des produktiven Denkens« definiert: »Ein ›Problem‹ entsteht zum Beispiel dann, wenn ein Lebewesen ein Ziel hat und nicht ›weiß‹, wie es dieses Ziel erreichen soll« (Duncker 1974, S. 1).

Struktur ist nicht alles, aber sie hilft: GROW

In diesem Sinne gilt, wie es der Philosoph Karl R. Popper in einem Buchtitel ausdrückt: »Alles Leben ist Problemlösen« (Popper 1994): Im Blick auf die Zukunft gibt es häufig Situationen, die verändert werden müssen – und es besteht in vielen Fällen Unklarheit darüber, wie man hier vorgehen kann.

> Ein Problem hat stets drei Aspekte: Es gibt einen Anfangszustand. Es gibt einen Zielzustand. Und es gilt, die Schritte vom Anfangs- zum Zielzustand festzulegen.

Herbert Simon und Allen Newell haben in den 1970er-Jahren daraus ein allgemeines Modell des Problemlöseprozesses entwickelt:

- Das Problem muss wahrgenommen und definiert werden.
- Es muss geklärt werden, woran man erkennen kann, dass das Ziel erreicht ist.
- Und es gilt festzulegen, welche »Operatoren«, das heißt, welche Maßnahmen dazu geeignet sind, die Ausgangssituation in den Zielzustand zu verändern.

Schwierigkeiten können in jedem der drei Schritte liegen:

- **Die Ausgangssituation kann unklar sein.** Gerade bei komplexen Problemen ist unklar, welche Faktoren hier die Ausgangssituation bestimmen – sei es, dass Informationen fehlen; sei es, dass hier so viele Faktoren ineinander spielen, dass sie überhaupt nicht mehr steuerbar sind.
- **Das Ziel kann unklar sein:** Nicht immer lässt sich der erwünschte Endzustand eindeutig beschreiben, sondern es ist nur klar, dass es irgendwie »anders« sein soll. Wie soll zum Beispiel »Work-Life-Balance« als Problem definiert werden?
- **Schließlich kann der Weg vom Ist zum Ziel unklar sein:** Welche Möglichkeiten gibt es überhaupt? Was sind jeweils Vor- und Nachteile?

Es gibt mittlerweile eine Reihe von Modellen zur Strukturierung des Problemlösungsprozesses. Zwei Beispiele seien hier genannt.

Der DMAIC-Zirkel aus Six Sigma (zum Beispiel Birkmayer u. a. 2010):

- Define
- Measure
- Analyse
- Improve
- Control

Das bedeutet: Definiere das Problem, erfasse Daten, analysiere des Problem, entwickle Lösungen, bewerte sie und setze sie um, und kontrolliere schließlich die Umsetzung.

Die in der Harvard Business School entwickelte **PrOACT-Methode** (Hammond/Keeney/Raiffa 2001, S. 18 ff.) unterscheidet folgende Schritte:

- Pr (Problem): Klären Sie das eigentliche Entscheidungsproblem.
- O (Objectives): Definieren Sie Ihre Ziele.
- A (alternatives): Stellen Sie sich Alternativen vor.
- C (Consequences): Werden Sie sich über die Konsequenzen der einzelnen Alternativen klar.
- T (Trade off): Wägen Sie Kompromisse ab. Werden Sie sich über die Ungewissheiten klar. Überlegen Sie sich, wie risikobereit Sie sind. Bedenken Sie verknüpfte Entscheidungen.

Darüber hinaus wurden zusätzliche Lösungsstrategien für die Transformation vom Ist zum Soll entwickelt wie zum Beispiel Versuch und Irrtum, Festlegung von Teilzielen, Ziel-Mittel-Analyse oder Rückwärtsverkettung, bei der man versucht, sich vom Endziel zum Ausgangspunkt zu bewegen.

GROW: Die Struktur des Problemlösungsprozesses

Erinnern Sie sich an das Eingangsbeispiel: Das Gespräch zwischen Herrn Struck und Frau Martens wäre sicherlich erfolgreicher gewesen, wenn Herr Struck zunächst gesagt hätte, was überhaupt sein Anliegen ist. Im Blick darauf hätte man die Situation klären, mögliche Vorgehensweisen entwickeln und schließlich die nächsten Schritte festlegen können.

Daraus ergibt sich eine Gesprächsstruktur, die Sie immer nutzen können, wenn es darum geht, Probleme zu lösen. John Whitmore (2015, ursprünglich 1992), zunächst Rennfahrer, später Sachbuchautor und Coach, hat dafür eine einfache Formel entwickelt: »GROW«, Goal, Reality, Options, Will beziehungsweise (wie wir formulieren) What next?:

Goal (Orientierungsphase): »Wenn du nicht weißt, wo du hinwillst, musst du dich auch nicht wundern, wenn du nicht ankommst.« Dieser Spruch von Mark Twain gilt gleichermaßen für Gespräche. Der Gesprächspartner benötigt zunächst einmal Orientierung:

Struktur ist nicht alles, aber sie hilft: GROW

- Orientierung über das Thema: Worum geht es eigentlich?
- Orientierung über das Ziel des Gesprächs: Was will der Betreffende? Will er einen Ratschlag? Will er seinen Ärger loswerden? Oder will er Sie als Verbündeten gewinnen?
- Orientierung über Ihre Rolle, die Sie in dieser Situation haben: Sind Sie Vorgesetzter und Ihr Gesprächspartner will Ihre Zustimmung? Sollen Sie Coach sein und Unterstützung geben oder sind Sie lediglich Zuhörer, Mülleimer?
- Orientierung über die Zeit, die Sie (oder Ihr Gesprächspartner) dafür verwenden wollen: Ist es ein Thema, das sich in fünf Minuten erledigen lässt? Oder sollte man dafür einen eigenen Termin vereinbaren?

Reality (Klärungsphase): Sie schildern ein Problem, und sofort kommt jemand (Ihr Vorgesetzter, Ihr Berater, Ihr Ehepartner) mit einem Patentrezept: »Sie müssen jetzt das und das machen!« Nur: In den meisten Fällen passt die vorgeschlagene Lösung nicht zum Problem. Was hier fehlt, ist eine Klärung der Situation. Erst wenn die Situation genauer geklärt ist, wenn zum Beispiel klar ist, welche Faktoren zu dieser Situation geführt haben, lassen sich zielgenau Lösungen entwickeln.

Die Klärung der Situation kann in unterschiedliche Richtungen zielen:

- **Klärung der gegenwärtigen Situation:** Was genau ist das Problem? Aber auch: Was ist erreicht, was ist nicht erreicht? Was sind gegenwärtig Stärken und Schwachstellen?
- **Klärung der Vorgeschichte:** Wie kam es zu dieser Situation? Welche Faktoren haben zu dieser Situation geführt? Was wurde bislang versucht?
- **Fragen im Blick auf die Zukunft:** Welche Veränderungen sind zu erwarten oder können möglicherweise eintreten? Was sind zukünftige Chancen und Risiken? Was wäre Best Case? Was wäre Worst Case?

Zusätzliche Fragen ergeben sich, wenn Sie das soziale System in den Blick nehmen:

- Welche Personen sind »Stakeholder« für diese Situation?
- Was denken die betreffenden Personen? Wie deuten sie die Situation? Welche Ziele versuchen Sie zu erreichen? Welche Hoffnungen oder Befürchtungen haben sie?
- Welche (offiziellen oder verdeckten) Regeln sind hier zu beachten?
- Gibt es typische Regelkreise?
- Welche Bedeutung hat die Systemumwelt? Welchen Einfluss hat die räumliche Situation, hat die Technik? Welche anderen Systeme spielen dabei eine Rolle? Wie ist die Systemgrenze zu diesen Systemen?

- Wie ist die bisherige Entwicklung verlaufen? Verlief sie eher linear, gab es Brüche, Phasen der Stagnation, gab es plötzliche Veränderungen?

Options (Lösungsphase): Häufig verfangen sich hier Besprechungen in Regelkreisen: Jemand hat eine gute Idee, und sofort stürzen sich andere darauf und bringen Einwände: »Das haben wir schon versucht!«, »Das wird nie genehmigt!«, »Das klappt sowieso nicht!« Damit wird jede Veränderung im Kern erstickt. Daraus ergibt sich eine Gliederung der Lösungsphase in zwei Schritte:

- Ideen sammeln
- Ideen bewerten

Das Sammeln der Ideen: In einem ersten Schritt werden also möglichst viele Ideen gesammelt. Gut ist es, sie zu visualisieren (auf ein großes Blatt Papier, am Flipchart, auf Post-its oder Moderationskarten – wie auch immer). Die erste Phase ist eine reine Brainstormingphase! Das bedeutet: möglichst viele Ideen zusammentragen, aber nicht sofort diskutieren, ob sie überhaupt umsetzbar sind.

Um Ideen zu gewinnen, helfen zunächst Fragen – Fragen, die sich selbst, einem Gesprächspartner oder in einer Gruppe stellen können. Hier einige Beispiele:

- Welche Ideen ergeben sich aus der Klärungsphase?
- Wie könnte man die Ursachen für Probleme beheben?
- Was wären weitere Möglichkeiten?
- Wie würde jemand anderes (mein ehemaliger Mentor, ein Experte, ein kreativer Erfinder) in dieser Situation vorgehen?
- Habe ich/haben wir eine solche Situation schon früher einmal bewältigt? Wie haben wir sie bewältigt? Was hat dabei geholfen?
- Was wäre, wenn wir in dieser Situation etwas ganz anderes, etwas ganz Neues machen?

Sie können in solchen Situationen auch Kreativitätstechniken anwenden (Übersicht bei Rustler 2016): Sie können ein Mindmap mit neuen Ideen malen, Analogien bilden oder sich überlegen, ob es Situationen in der Natur gibt, die sich vielleicht übertragen lassen (so wie man Getreidehalme als Vorbild für den Bau hoher Türme genommen hat). Sie können beim Gehen allein oder zu zweit nachdenken (Brainwalking), einen morphologischen Kasten entwickeln, die Methode 6-3-5 anwenden (sechs Teilnehmer, der erste entwickelt drei Ideen, die anderen fünf Teilnehmer entwickeln die bereits vorhandenen Ideen jeweils einzeln weiter), Sie können ein Bild malen oder sich ein Symbol für eine kreative Lösung suchen.

Struktur ist nicht alles, aber sie hilft: GROW

Bisweilen ist man so im Problem verfangen, dass man den Kopf für neue Lösungen nicht freibekommt. Manchmal hilft es, einen anderen Ort (einen »kreativen Platz«) zu wählen: ein ruhiges Eckchen im Garten, stehend vor dem Flipchart im Büro. Oder »paradoxe Fragen«, also Fragen, die in einem – scheinbaren – Widerspruch zur Lösung stehen, helfen weiter. Dazu gehört zum Beispiel die »Wunderfrage« von Steve des Shazer (Shazer u. a. 2008): »Stellen Sie sich vor, über Nacht ist ein Wunder geschehen. Sie wachen auf und das Problem ist gelöst. Was ist da anders?« Oder Sie können sich die »Kopfstandfrage« stellen: »Was können Sie tun, damit die Situation noch schlimmer wird?« In der Regel geschehen weder über Nacht Wunder, noch kann es das Ziel sein, die Situation noch weiter zu verschlechtern. Aber solche »paradoxe Fragen« unterbrechen gedankliche Regelkreise und machen den Kopf frei für neue kreative Ideen.

Bewertung der Ideen: Erst wenn diese Phase abgeschlossen ist, folgt im zweiten Schritt die Bewertung der verschiedenen Lösungsideen: Welche der Ideen ist Erfolg versprechend? Schritte bei der Bewertung können sein:

- Zunächst ist es wichtig, sich die Kriterien (Nutzen, Kosten, Aufwand...) bewusst zu machen, auf deren Basis die verschiedenen Möglichkeiten bewertet werden.
- Dann kann über mögliche Wirkungen und Nebenwirkungen bestimmter Alternativen nachgedacht werden. Für einige Jahre ins Ausland zu gehen, um der negativen Situation am Arbeitsplatz zu entkommen, mag für sich allein genommen reizvoll sein – aber was sind die Konsequenzen für den arbeitenden Ehepartner oder die schulpflichtigen Kinder?
- Dann kann man sich die Wahrscheinlichkeiten überlegen, mit denen diese Konsequenzen auftreten, und sich zugleich über die eigene Risikobereitschaft klar werden: Bin ich wirklich bereit, das Risiko einzugehen – oder bin ich eher jemand, der am Bewährten festhält?
- Sie können auch eine Nutzwertanalyse erstellen, in der Sie verschiedene Alternativen nach den für Sie wichtigen Kriterien beurteilen und diese Kriterien gewichten. So können Sie zum Beispiel ein neues Jobangebot nach den Kriterien Gehalt, interessante Aufgabe und Rahmenbedingungen (Arbeitszeit, Fahrzeit) bewerten und zugleich die Gewichtung festsetzen. Zum Beispiel: Das Gehalt ist zwar wichtig, aber weniger wichtig als eine interessante Aufgabe.

Allerdings lässt sich festhalten, dass alle diese Verfahren rational sind. Das bedeutet: Sie sind hilfreich, aber sie sind nur ein Denkprozess neben ihrer intuitiven Intelligenz. Das heißt, Sie können und sollten sich über Ihr Bauchgefühl auf jeden

Fall ebenfalls klar werden: Habe ich bei dieser Lösung ein gutes Gefühl? – Dazu mehr im nächsten Kapitel.

What next? (Abschlussphase): Sie kennen die folgende Situation vielleicht von Besprechungen. Es wird endlos ein Problem beredet – und am Schluss ist man eigentlich nicht klüger als am Anfang. Das Gleiche kann Ihnen genauso passieren, wenn Sie ein Problem allein bearbeiten: Sie haben viele Ideen, aber treffen keine Entscheidung. Von daher folgt »What next?« als vierter Schritt im Problemlösungsprozess. Zwei Aufgaben stehen hier an:

- **Das Ergebnis festmachen:** Was ist klar geworden? Was ist möglicherweise noch unklar oder strittig? Sie bringen damit zum Abschluss nochmals Struktur in Ihre Überlegungen.
- **Daraus ergibt sich die Zukunftsplanung:** Was ist der nächste Schritt? Es kann zum Beispiel das Ergebnis sein, bis zum nächsten Treffen nochmals über die einzelnen Punkte nachzudenken. Es kann auch eine detaillierte To-do-Liste sein, die sich an der folgenden Übersicht orientiert.

Was ist zu tun?	Wer mit wem?	Bis wann?	Bemerkungen

Wichtig ist, dass Sie sich am Schluss nicht zu viel vornehmen. Wenn Sie als Ergebnis einer Abteilungsbesprechung eine To-do-Liste mit 52 Punkten haben, können Sie damit rechnen, dass nichts umgesetzt wird. Häufig reicht es, nur die nächsten Schritte zu planen, sie zu gehen und danach das weitere Vorgehen zu überlegen.

Struktur ist nicht alles, aber sie hilft: GROW

Checkliste GROW als Grundstruktur

Goal (Orientierungsphase)

- Was ist das Thema?
- Was genau soll Ergebnis des Gesprächs sein?
- Wie viel Zeit steht dafür zur Verfügung?
- Wie gehen wir bei der Bearbeitung vor?

Reality (Klärungsphase)

- Wie ist die Situation?
- Was ist erreicht? Was nicht?
- Wo genau liegen die Probleme?
- Was hat zu dieser Situation geführt?

Options (Lösungsphase)

- erst Ideen sammeln, ohne zu bewerten
- danach im zweiten Schritt diese Ideen bewerten

What next? (Abschlussphase)

- Was ist das Ergebnis?
- Was sind die nächsten Schritte?

Immer dann, wenn es darum geht, Probleme (wieder hier nicht im umgangssprachlichen, sondern in einem weiteren Sinn) zu lösen, ist GROW ein hilfreiches Instrument:

- Sie können GROW als Grundstruktur nehmen, um selbst Probleme zu lösen. Nehmen Sie ein Blatt Papier oder einen Flipchartbogen oder Ihr Notebook und schreiben Sich die Hauptpunkte auf, notieren Sie dazu Fragen und Ideen. Und Sie bringen damit Ihr eigenes Denken in eine Struktur.
- GROW lässt sich ebenso als Grundstruktur für fast alle Zweiergespräche nutzen, in denen es um die Lösung von Problemen geht. Gleichgültig, ob jemand anderes mit einem Problem kommt oder Sie selbst eines haben, immer geht es darum, zunächst Thema und Ziel festzulegen, anschließend die Situation zu klären, Ideen zu sammeln und zu bewerten und abschließend das Ergebnis festzumachen und die nächsten Schritte zu vereinbaren.

- GROW gibt gleichermaßen für Team- und Abteilungsbesprechungen eine hilfreiche Grundstruktur: Zu jedem einzelnen Agendapunkt gilt es, das Thema und das Ziel festzulegen und dann die weiteren Schritte abzuarbeiten.

GROW hilft beim strukturierten Denken. Hilfreich ist, wenn jemand den Prozess steuert. Diese Steuerung ist Ihre Aufgabe, wenn Sie Führungskraft oder Moderator sind. Es kann hilfreich sein, die Schritte transparent zu machen und explizit zu vereinbaren. In einer selbstorganisierten Arbeitsgruppe (die keinen offiziellen Moderator hat) kann einer die Steuerung übernehmen.

Die Kunst der »starken« Fragen

Immer wieder Fragen zu stellen, wird Sokrates zugeschrieben. Was ist Tapferkeit? lautet die zentrale Frage des Sokrates in Platons Dialog »Laches«. Natürlich meint sein Gesprächspartner Laches zu wissen, was Tapferkeit ist: »Wenn jemand pflegt in Reih und Glied standhaltend die Feinde abzuwehren und nicht zu fliehen.« Aber Nachfragen bringt dieses vermeintliche Wissen ins Wanken, stellt bisherige Annahmen infrage – und führt schließlich zu neuen Einsichten.

Fragen stellen, das erlebten schon die Gesprächspartner des Sokrates, ist für den jeweiligen Gesprächspartner nicht unbedingt bequem, denn es zwingt zum Nachdenken. Das Fragenstellen kann auf der einen Seite durchaus anstrengend und nervend sein, wie jeder weiß, der mit zahllosen Fragen von Kindern konfrontiert ist. Aber Fragen, so die Neurobiologie, sind auf der anderen Seite der Motor, der das Bestehende infrage stellt, der Veränderungen in Gang setzt, der Innovationen überhaupt erst möglich macht: »Wenn wir [...] etwas in Gang setzen und Veränderungen erreichen wollen, müssen wir uns von unseren gewohnten Denkmustern und bequemen Annahmen befreien. Wir müssen von unseren ausgetretenen neuralen Pfaden abweichen. Und das wird größtenteils durch Fragen bewerkstelligt« (Berger 2014, S. 16).

Fragen stellen selbstverständliches oder vermeintliches Wissen infrage, Fragen zwingen zum Nachdenken und verhindern das automatische Nachplappern vorgefasster Meinungen. Fragen eröffnen neue Horizonte und führen damit letztlich zu neuen Lösungen.

Dabei ist nicht jede Frage gleichermaßen eine »starke« Frage, die zum Denken anregt. Hier ist es hilfreich, zwischen verschiedenen Fragearten zu unterscheiden:

- **Geschlossene Fragen** wie »Kommen Sie morgen zur Besprechung?«, »Können Sie sich um das Projekt kümmern?« fordern zur Antwort Ja oder Nein heraus. Sie geben in der Regel wenig Anstoß zum Nachdenken, aber Sie können hilf-

Struktur ist nicht alles, aber sie hilft: GROW

reich sein, um bestimmte Sachverhalte abzuklären oder ein Ergebnis abzusichern: »Habe ich Sie richtig verstanden, dass ...«
- **Skalierungsfragen** wie »Wie beurteilen Sie die Effizienz unserer Besprechung zwischen 0 und 10?« können einen guten Anstoß für die weitere Klärung geben. Entscheidend ist dabei weniger die unmittelbare Antwort, sondern die daran anschließende offene Frage: »Bei der Einschätzung von 6: Was ist gut gelaufen? Was sind Schwachstellen?«
- **Offene Fragen** (wie die beiden zuletzt genannten) sind der eigentliche Anstoß zum Nachdenken. Fragen wie »Welche Faktoren haben aus Ihrer Sicht zu der Situation beigetragen?« oder »Was wären weitere Möglichkeiten?« sind Anstoß zum divergenten Denken und weiten den Blick.
- **Fragen, die »verdecktes Wissen« aufdecken.** Wenn ein Gesprächspartner erwähnt, dass die Ursache für die Probleme im fehlenden Kontakt zum (internen) Kunden liegt, dann ist es hilfreich, genauer nachzufragen: »An was denken Sie da?«, »Was genau fehlt?«, »Können Sie dafür eine konkrete Situation schildern?« Diese Nachfragen unterstützen den Gesprächspartner, sich selbst die Situation bewusst zu machen. Sie fördern intuitives Wissen zutage und helfen, die jeweiligen Punkte zu konkretisieren und damit bearbeitbar zu machen.

Die richtigen Fragen zu stellen ist zentrale Aufgabe zum Beispiel in Coachingprozessen, in Teams, wenn es um das Erarbeiten neuer Lösungen geht, aber auch ein entscheidender Erfolgsfaktor von Führungskräften. Viele Führungskräfte reden zu viel und stellen zu wenige Fragen. Oder sie stellen die falschen Fragen, hören gar nicht auf die Antwort und reden nur selbst weiter. Sie hindern damit letztlich ihre Mitarbeiter daran, selbst zu denken. Starke Fragen zu stellen muss geübt werden. Hierfür abschließend zu diesem Abschnitt noch einige Anregungen.

Anregungen zur Weiterarbeit

- Überlegen Sie sich zu den jeweiligen Problemen »starke« Fragen: Was müssen wir klären, um das Problem zu lösen? Welche Fragen kann ich (mir oder anderen) stellen?
- Stellen Sie keine Doppelfragen: »Was haben Sie bisher unternommen und wo liegen aus Ihrer Sicht die Probleme?« Mit einer solchen Doppelfrage lenken Sie die Gedanken Ihres Gesprächspartners gleichzeitig in verschiedene Richtungen – und verwirren ihn dadurch nur.
- Schließlich: Geben Sie Ihrem Gesprächspartner (und sich) Zeit zum Denken! Hören Sie zu!

Gerade der letzte Punkt fällt – nicht nur – Führungskräften oft schwer: Pausen auszuhalten. Aber machen Sie es sich bewusst: Wenn Sie eine »starke« Frage stellen, geben Sie damit Ihrem Gesprächspartner einen Anstoß, in eine andere Richtung zu denken. Dafür braucht er Zeit, und das Ungünstigste ist, ihn durch Ihre Kommentare am Denken zu hindern. Richten Sie Ihre Aufmerksamkeit auf den Gesprächspartner. Sie werden wahrnehmen, ob es »in ihm arbeitet« oder ob er sich im Denken festgefahren hat. Im ersten Fall lassen Sie ihm Zeit, im zweiten Fall braucht er einen neuen Anstoß, um sich aus dem festgefahrenen Muster zu lösen.

Wer hat das Problem?

GROW, so haben wir festgestellt, ist ein einfaches Modell, wenn es darum geht, Probleme zu lösen. Das heißt aber nicht, dass es innerhalb der einzelnen Phasen immer gleich verläuft. Vergleichen Sie zwei Beispiele:

- Stellen Sie sich vor, einer Ihrer Mitarbeiter soll ein Konzept erstellen. Er kommt an bestimmten Punkten nicht weiter und bittet Sie um Hilfe. Anstatt selbst sofort Lösungen zu bringen (und ihm die Arbeit abzunehmen), kann es hier sinnvoll sein, zunächst Fragen zu stellen: Wie ist er bislang vorgegangen? Was ist erreicht? Wo genau liegen die Probleme? Was sind Ideen? Hier sind es die Fragen, die das Gespräch steuern.
- Jetzt stellen wir uns die Situation etwas anders vor: Ihr Mitarbeiter liefert das Konzept – aber es ist, direkt gesagt, verheerend. Weder lässt sich ein roter Faden erkennen, noch sind die organisatorischen Fragen benannt, geschweige denn geklärt. Nichts ist zuvor abgestimmt. Sie sind stinksauer, denn es herrscht Termindruck.

In diesem zweiten Beispiel macht es für Sie als Vorgesetzte wenig Sinn, den Prozess vorwiegend durch Fragen zu steuern. Auf die Frage »Wo sehen Sie Schwachpunkte?« werden Sie vermutlich keine Antwort bekommen, aber Ihr Mitarbeiter spürt, dass Sie mit etwas hinter dem Berg halten. Möglicherweise sind Sie so geladen, dass Sie gar nicht zuhören können. Trotzdem lässt sich auch dieses zweite Beispiel mit GROW gliedern: Es gilt, das Ziel dieses Gesprächs festzulegen, die Situation zu klären (zum Beispiel, wo die Schwachstellen dieses Konzepts liegen), neue Ideen zu entwickeln und es ist das weitere Vorgehen zu vereinbaren.

Thomas Gordon (2005, S. 130 ff.) hat für solche Situationen den »Problembesitz« als Entscheidungskriterium eingeführt:

- Wenn Ihr Gesprächspartner ein Problem hat, können Sie ihn unterstützen, selbst zu einer Lösung zu kommen. Sie können starke Fragen stellen, Sie kön-

Struktur ist nicht alles, aber sie hilft: GROW

nen zuhören, Sie können aktiv zuhören, also die dahinterstehenden Empfindungen widerspiegeln.
- Wenn dagegen Sie ein Problem haben, müssen Sie Position beziehen. Gordon spricht hier von »Ich-Botschaften«, die das Verhalten, die eigene Empfindung und die Konsequenzen aus dem Verhalten des anderen transparent machen: »Ich bin wirklich ärgerlich. Ich hatte Ihnen den Auftrag gegeben, ein Konzept für die Präsentation zu erstellen. Und jetzt bekomme ich nur eine Zusammenstellung möglicher Ideen. Wir geraten jetzt unter Zeitdruck.«

Die Grundstruktur GROW bleibt in beiden Situationen gleich. Aber je nach dem Problembesitz ergibt sich eine unterschiedliche Rollenverteilung: Wenn Sie ein Problem haben, müssen Sie die Initiative ergreifen – und dann Ihrem Gesprächspartner Zeit lassen, das Gesagte zu verarbeiten. Wenn Ihr Gesprächspartner ein Problem hat, liegt die Initiative bei ihm, Sie steuern den Prozess und unterstützen. Schematisch ergeben sich daraus zwei unterschiedliche Abläufe.

GROW nach Problembesitz		
	Der Gesprächspartner hat ein Problem	**Ich habe ein Problem**
Goal (Orientierungsphase)	• Der Gesprächspartner bringt ein Thema ein – oder Sie schlagen Thema vor.	• Sie bringen das Thema ein.
Reality (Klärungsphase)	• Der Gesprächspartner schildert seine Sicht. • Sie steuern durch Fragen oder bringen ergänzende Aspekte ein.	• Stellen Sie Ihre Sicht dar (Ich-Botschaft). • Geben Sie anschließend dem Gesprächspartner Zeit, das Gesagte zu verarbeiten (zuhören, nicht gleich argumentieren). • Überlegen Sie die Berechtigung der Argumente, zeigen vielleicht Verständnis – und beziehen wieder klar Position.
Options (Lösungsphase)	• Sammlung von Ideen (Gesprächspartner fragen, aber auch selbst Ideen einbringen)	• Auch hier stellt sich die Frage: Wie geht es weiter? • Dafür gilt ebenfalls, gemeinsam nach Möglichkeiten zu suchen und diese zu sammeln.

	• Die Bewertung der Möglichkeiten ist in erster Linie Aufgabe Ihres Gesprächspartners: Er kennt die Situation, er kennt sich und kann abchecken, womit er erfolgreich sein wird. • Natürlich können Sie Chancen und Risiken aus Ihrer Sicht nennen oder haben gegebenenfalls aus Ihrer Funktion (zum Beispiel als Führungskraft) ein Vetorecht.	• Hier geht es darum, Lösungen zu finden, denen Sie und auch Ihr Gesprächspartner zustimmen.
What next? **(Abschlussphase)**	• Was nimmt Ihr Gesprächspartner als Ergebnis mit? • Was sind seine nächsten Schritte? Wo braucht er Unterstützung?	• Was nehmen Sie und Ihr Gesprächspartner als Ergebnis mit? • Welche nächsten Schritte werden vereinbart?

GROW bringt somit in das Denken Struktur. Aber die Vorgehensweise erfordert auch Übung. Von daher folgende Hinweise:

Anregungen zur Weiterarbeit

Versuchen Sie, die GROW-Struktur anzuwenden:
- Achten Sie in Besprechungen auf die Struktur des Problemlöseprozesses. Wo wäre es hilfreich gewesen, eine klarere Struktur zu haben? Inwieweit werden die einzelnen Schritte umgesetzt? – Wo ist aber die Struktur möglicherweise zu formal und damit zu starr?
- Versuchen Sie, Ihre (professionellen) Gespräche nach GROW zu strukturieren. Nehmen Sie sich fünf Minuten Zeit zur Vorbereitung, und versuchen Sie, diese Struktur im Gespräch umzusetzen.
- Und schließlich: Nehmen Sie sich danach Zeit, das Vorgehen zu reflektieren: Was hat gegriffen? Was sollte noch abgeändert werden?

Literaturhinweise

Es gibt eine ganze Menge hilfreicher Anregungen zur Strukturierung des Problemlösungsprozesses. Exemplarisch sei genannt:
- Berndt, C./Bingel, C./Bittner, B. (2009): Tools im Problemlösungsprozess. 2. Auflage, Bonn: managerSeminare

Schließlich sind die Bücher von Thomas Gordon lesenswert, zum Beispiel:
- Gordon, T. (2014): Familienkonferenz. 4. Auflage München: Heyne
- Gordon, T. (2005): Managerkonferenz. München: Heyne

Zum Thema »Fragen« ist eine hilfreiche Einführung:
- Berger, W. (2014): Die Kunst des klugen Fragens. Berlin: Berlin-Verlag

Außerdem gibt es zahlreiche Zusammenstellungen von hilfreichen Fragen. Zum Beispiel:
- Brunner, A. (2013): Die Kunst des Fragens. 4. Auflage. München: Hanser
- Kindl-Beilfuß, C. (2015): Fragen können wie Küsse schmecken. 6. Auflage Heidelberg: Carl Auer

Die andere Seite der Medaille: Bauchgefühl und Empathie

Beispiel: Das Gefühl für den richtigen Ton

Herr Gerlach arbeitet seit einigen Jahren als Controller in einem größeren Konzern. Er ist ein exzellenter Fachmann und darüber hinaus ein hervorragender Analytiker. Seit einem halben Jahr ist er Abteilungsleiter – doch das klappt nicht. Herr Gerlach macht Mitarbeitern, aber auch Vorgesetzten, Kollegen und Kunden massive Vorhaltungen, kann nicht verstehen, wenn diese Fehler machen, vergreift sich im Ton. Dabei meint er es wirklich nicht böse. Er will seine Mitarbeiter unterstützen. Er weiß durchaus, dass er auf sie eingehen sollte – nur, er schafft es nicht. Im Jahresgespräch mit seinem Vorgesetzten und der Personalreferentin bekommt er die Rückmeldung, er müsse unterscheiden lernen, wann er was sagen dürfe und was nicht.

Was Herrn Gerlach hier fehlt, ist das »Gefühl« für den richtigen Ton. Das ist nichts Rationales, und ihm fehlt auch keine Methode für aktives Zuhören oder positives Feedback – das kann er alles. Aber ihm fehlt das »Gespür« oder das »Gefühl«, was in der jeweiligen Situation angemessen ist.

Herr Gerlach ist kein Einzelfall: In der Schule und im Studium haben wir gelernt, uns auf Fakten zu verlassen, rational zu sein. Doch im »wirklichen Leben« reicht das offenbar nicht aus. Herr Gerlach ist ein Beispiel dafür: Er hat seine »emotionale Intelligenz« nicht in dem Maße gefördert wie das rationale Denken. Das erschwert es ihm, intuitiv den »richtigen« Ton zu finden.

Theoretischer Hintergrund

Dass rationales Vorgehen seine Grenzen hat, zeigte bereits in den 1980er-Jahren Dietrich Dörner (1989, S. 32 ff.) in seinen »Lohhausen-Experimenten« auf. Versuchspersonen wurde die Aufgabe gegeben, in der simulierten Kleinstadt Lohhausen für zehn Jahre die Rolle des Bürgermeisters zu übernehmen. Ergebnis war, dass die Versuchspersonen hier mit einer rationalen Problemlösungsstrategie überfordert waren. Das betraf im Einzelnen:

- **Umgang mit Informationen:** Wie viele Informationen werden berücksichtigt? – Ein Mehr an Information führte keineswegs zu besserer Problemlösung.

Die andere Seite der Medaille:
Bauchgefühl und Empathie

- **Umgang mit Zielen:** Lohhausen hatte ein unscharfes Ziel angesetzt »Sorge für das Wohlergehen der Einwohner«. Wie soll ein solches Ziel heruntergebrochen werden?
- **Extrapolation von Veränderungen:** Veränderungen laufen nicht linear (zum Beispiel als allmähliche Annäherung an ein Ziel) ab, sondern es gibt Phasen der Stagnation, aber auch plötzliche Brüche, die sich offenbar nicht rational planen lassen.

In der Tat, so die Forschungen der letzten 30 Jahre, ist unser rationales Denken keineswegs so zuverlässig ist, wie wir meinen. Zahlreiche Beispiele dafür haben zum Beispiel Dan Ariely (2010) oder Daniel Kahnemann in seinem Buch »Schnelles Denken – langsames Denken« (2012) zusammengetragen: Versuchspersonen schätzen die Zahl afrikanischer Staaten in der UN höher ein, wenn sie zuvor am Glücksrad eine höhere Zahl gedreht haben; wir tendieren dazu, das höher zu bewerten, was wir besitzen; wir stürzen uns auf etwas, das uns gratis angeboten wird, selbst wenn wir es nicht brauchen. Kahnemann unterscheidet vor dem Hintergrund dieser Ergebnisse zwei Arten des Denkens: das »langsame«, das heißt rationale und schrittweise Denken, sowie das »schnelle« intuitive Denken, in dem spontan Eindrücke und Gefühle entstehen. Für die Lösung komplexer Probleme, so das Ergebnis, ist das rein rationale Denken meist weniger geeignet als ein intuitives Vorgehen. Das führte zur Entdeckung der »emotionalen Intelligenz«.

Den Ausgangspunkt dafür bildeten die Untersuchungen mit »Split-Brain-Patienten« des amerikanischen Neurobiologen Roger Sperry und seines Assistenten Michael Gazzaniga Anfang der 1960er-Jahre (Gazzaniga 1989). Sperry hatte zur Vermeidung besonders schwerer Epilepsieanfälle bei Patienten die beiden Gehirnhälften trennen lassen. Diese Patienten konnten damit ohne weitere epileptische Anfälle leben, zeigten jedoch zuweilen merkwürdiges Verhalten. Um das systematisch zu untersuchen, setzten Sperry und Gazzaniga die Operierten vor zwei Bildschirme. Wenn man ihnen auf dem rechten Bildschirm ganz kurz das Bild einer Tasse präsentierte, konnten sie den Gegenstand korrekt benennen. Als jedoch auf dem linken Bildschirm das Bild einer Gabel erschien, konnten sie diese nicht benennen. Sperry schloss daraus, dass die beiden Gehirnhälften unterschiedliche Aufgaben erfüllen: Die linke Hirnhälfte verarbeitet die Wahrnehmungen sprachlich und analytisch, die rechte bildhaft.

Diese räumliche Zweiteilung wird heute nicht mehr aufrechterhalten. Bestätigt hat sich aber die Hauptthese, dass das Gehirn Erfahrungen auf zwei unterschiedlichen Wegen verarbeitet: zum einen rational und analytisch, zum anderen bildhaft und intuitiv. Peter Salovey und John Mayer, Psychologen an den Universitäten Yale und New Hampshire, haben 1990 für das bildhafte intuitive Denken den

Begriff »emotionale Intelligenz« eingeführt. Emotionale Intelligenz, so Salovey/Mayer (1990) bedeutet,

- Emotionen erkennen und ausdrücken können,
- Emotionen regulieren können,
- Emotionen für das Handeln nutzen können.

Bekannt geworden ist der Begriff »emotionale Intelligenz« 1995 durch Daniel Goleman (2015), ursprünglich Psychologe in Yale, dann Journalist der New York Times.

Einen anderen Zugang zum Thema emotionale Intelligenz haben die portugiesischen Forscher Antonio und Hannah Damasio entwickelt (Damasio 2004; ursprünglich 1995). Thema ihrer Untersuchungen waren Patienten, denen (durch Unfall oder Operation) ein Teil des Gehirns entfernt wurde, die aber trotzdem ihre kognitiven und sprachlichen Fähigkeiten bewahrt hatten – als historisches Beispiel führen sie den Sprengmeister Phineas Gage aus der Mitte des 19. Jahrhunderts auf. Bei einem Sprengunfall wurde eine Eisenstange durch seinen Schädel gebohrt, was Teile der Großhirnrinde verletzte. Gage überlebte diesen Unfall, seine Motorik und die Sprachfähigkeit blieben uneingeschränkt bestehen. Trotzdem zeigten sich im Laufe der Zeit häufig deutliche Veränderungen der Persönlichkeit: Phineas Gage wurde zunehmend launisch, halsstarrig und respektlos, emotionslos. Offenbar, so die These, ist das Handeln eben nicht nur von Rationalität (die bei Gage weiterhin bestand) bestimmt, sondern ebenso von Motivation, Aufmerksamkeit, Kreativität, Spontaneität, also Bereichen, die wesentlich vom limbischen System des Gehirns beeinflusst werden.

Antonio Damasio führt in diesem Zusammenhang den Begriff der »somatischen Marker« ein. Alle Erfahrungen des Menschen, so die These, werden in einem emotionalen Erfahrungsgedächtnis gespeichert, das dann emotionale Signale für die Bewertung von Situationen sendet: »Bevor Sie […] logische Überlegungen zur Lösung des Problems anstellen, geschieht etwas sehr Wichtiges: Wenn das unerwünschte Ergebnis, das mit einer gegebenen Reaktionsmöglichkeit verknüpft ist, in Ihrer Vorstellung auftaucht, haben Sie, und wenn auch nur ganz kurz, eine unangenehme Empfindung im Bauch […] der somatische Marker […] wirkt […] als automatisches Warnsignal, das sagt: Vorsicht, Gefahr, wenn du dich für die Möglichkeit entscheidest, die zu diesem Ergebnis führt« (Damasio 2004, S. 137 ff.).

In den letzten 20 Jahren sind diese Ansätze in unterschiedliche Richtungen weiterentwickelt worden:

- Zum einen sind zunehmend die Grenzen rein rationalen Vorgehens deutlich geworden. »Denken hilft zwar, nützt aber nichts«, so der provokante Titel eines Buches von Dan Ariely (2010), einem amerikanisch-israelischen Psychologen,

Die andere Seite der Medaille:
Bauchgefühl und Empathie

- der sich mit der Frage beschäftigt, warum Menschen irrationale Entscheidungen treffen.
- In der Therapie wurde im Anschluss an Leslie Greenberg die »emotionsfokussierte Therapie« entwickelt. Emotionen, so Greenberg (2006), sind Botschaften des Körpers an uns, die unser Handeln leiten können. Aufgabe ist, diese Botschaften wahrzunehmen, zwischen berechtigten und verzerrten (zum Beispiel übergezogenen) Emotionen zu unterscheiden, die Botschaften zu entschlüsseln und für das Handeln zu nutzen.
- Es gibt mittlerweile zahlreiche Konzepte zur Förderung emotionaler Kompetenz zum Beispiel in der Schule (Petermann/Petermann/Nitkowski 2016) oder für Führungskräfte – bereits Daniel Goleman hatte zusammen mit Richard Boyatzis versucht, das Konzept der emotionalen Intelligenz auf Führung anzuwenden (Goleman u. a. 2015). Emotionale Intelligenz, so der Stand der Forschung, ist neben Arbeitsplatzgestaltung und Organisationskultur der dritte Faktor, der beruflichen Erfolg bestimmt.

Die eigenen Emotionen nutzen

Neben dem rationalen Denken sind Emotionen gleichsam ein zweites Signalsystem, das uns hilft, in einer komplexen Umwelt zurechtzukommen und zu überleben. Emotionale Intelligenz bedeutet dabei,

- eigene Emotionen und die anderer wahrzunehmen,
- Emotionen zu interpretieren, das heißt, ihre Botschaft, ihre Bedeutung zu entschlüsseln,
- sie zu regulieren, das bedeutet, übergezogene Emotionen zu verändern,
- schließlich Emotionen für das Handeln zu nutzen.

Die eigenen Emotionen wahrnehmen

Emotionen sind Botschaften an uns, die uns helfen, uns in der Welt zurechtzufinden. Vertrauen gegenüber einer anderen Person ist die Botschaft, mit ihr Kontakt aufzubauen. Zuversicht ist eine Botschaft, die signalisiert: »Du kannst die Anspannung loslassen.« Angst bedeutet Vorsicht, mögliche Gefahr. Diese Botschaften zu entschlüsseln, setzt voraus, die entsprechenden Emotionen überhaupt erst einmal wahrzunehmen. Möglichkeiten sind:

- Erinnern Sie sich an Situationen, in denen Sie starke Emotionen hatten. Überlegen Sie selbst: Wann haben Sie das Gefühl der Zuneigung, der Gelassenheit gehabt? Haben Sie es wahrgenommen – oder ist es hinter rationalen Überlegungen, dass doch alles in Ordnung sei, verloren gegangen?
- Versuchen Sie, Ihre gegenwärtigen Emotionen wahrzunehmen. Achten Sie auf Ihre körperlichen Zustände.
- Überlegen Sie, welche Emotionen hinter Ihren Gedanken stehen.
- Versuchen Sie, sich in die Emotionen anderer Personen hineinzuspüren.

In der gegenwärtigen Diskussion wird in diesem Zusammenhang häufig auf den Begriff »Achtsamkeit« zurückgegriffen. Achtsamkeit, so die Definition von Jon Kabat-Zinn, Mediziner an der University of Massachusetts, ist »das Bewusstsein, das entsteht, indem man der sich entfaltenden Erfahrung von einem Moment zum anderen bewusst seine Aufmerksamkeit widmet, und zwar im gegenwärtigen Augenblick und ohne dabei ein Urteil zu fällen« (2009, S. 107).

Achtsamkeit ist etwas anderes als rationale Konzentration, sondern richtet die Aufmerksamkeit auf die Emotionen, die Emotionen in mir, aber auch die Emotionen, die durch andere Personen in mir ausgelöst werden.

Die Botschaft der Emotionen entschlüsseln

Gefühle wahrnehmen ist das Eine, die Botschaft, die dieses Gefühl ausdrückt, zu entschlüsseln, das Andere. Doch das ist bisweilen schwierig. Das ist deshalb so, weil wir den eigenen Gefühlen nicht immer trauen können. Es gibt überzogene Gefühle: überzogene Angst, aber auch überzogenes Selbstvertrauen.

In der Emotionsforschung unterscheidet man hier zwischen adaptiven und maladaptiven Gefühlen (zum Beispiel Greenberg 2004, S. 219 ff.). Vielleicht ist die Bezeichnung echte und verzerrte Emotionen verständlicher. Echte Emotionen sind solche, die in einer konkreten Situation ein Signal senden: »Halt, Vorsicht!«, »In Ordnung, du kannst weitermachen!« Oder: »Wehr dich!«, »Jetzt kannst du die Spannung loslassen!« – Sie treten in einer bestimmten Situation auf und verschwinden dann wieder, wenn die Situation vorbei ist. Verzerrte Emotionen dagegen haben sich gleichsam verselbstständigt: die übertriebene Selbstsicherheit bleibt, auch wenn eigentlich kein Grund dazu da ist; die Angst bleibt, auch wenn kein Risiko mehr besteht.

Daher gilt als nächster Punkt: Werden Sie sich klar darüber, ob es sich um ein echtes oder ein verzerrtes Gefühl handelt. Sie können den Unterschied selbst spüren: Erinnern Sie sich an Situationen, wo Sie sich auf das Gefühl verlassen haben und der Erfolg recht gab – und vergleichen Sie das mit Situationen, in denen Ihr

Die andere Seite der Medaille:
Bauchgefühl und Empathie

Gefühl »verzerrt« war. Das kann eine Situation sein, wo Sie eine »richtige« Entscheidung intuitiv getroffen haben (zum Beispiel Ihr Gefühl, als Sie den »richtigen« Partner getroffen haben oder eine »gute« Berufsentscheidung) – aber ebenso eine Situation, wo Sie sich gegen Ihr Gefühl entschieden haben und sich möglicherweise im Nachhinein herausstellte, dass Ihre Entscheidung falsch war. Lernen Sie, Gefühle als Botschaften zu interpretieren.

Die Botschaft der Emotionen analysieren und nutzen

Ihr Gefühl sagt Ihnen vor einer wichtigen Entscheidung »Halt, stopp!«. Was nun? Sollen Sie nunmehr alle bisherigen Überlegungen über Bord werfen und Ihrem Gefühl folgen? Oder bleiben Sie bei Ihren rationalen Überlegungen? Die eine Alternative ist so verkehrt wie die andere: Rationale Überlegungen können in die Irre führen – aber ebenso gibt es Gefühle, die sich letztlich doch als falsch erweisen. Emotionen sind ein Signalsystem, das aufgrund früherer Erfahrungen gebildet wurde, aber nicht unfehlbar ist.

Damit ergibt sich als nächster Schritt, die beiden Seiten, rationale und emotionale Intelligenz, zusammenzubringen. Das heißt: Gehen Sie Ihre bisherigen rationalen Überlegungen zu diesem Thema nochmals durch. Haben Sie etwas übersehen? Gibt es irgendwelche Risiken, die noch auftreten könnten? Gibt es weitere Alternativen oder flankierende Maßnahmen, die das Vorgehen absichern könnten? Hier sind wir wieder voll im rationalen Vorgehen, das wir im Abschnitt über GROW (s. S. 104 ff.) dargestellt haben: Überprüfen Sie Ihr Ziel nochmals, ergänzen Sie die Ist-Analyse oder sammeln Sie in einer Optionsphase weitere Handlungsmöglichkeiten, die Sie anschließend bewerten. Ergebnis kann sein, dass Sie Ihre Entscheidung zunächst zurückstellen, weitere Informationen sammeln, neue Lösungen entwickeln und umsetzen.

An dieser Stelle erfolgt dann ein weiteres Mal der Wechsel auf die Ebene der emotionalen Intelligenz. Überprüfen Sie Ihre Überlegungen nochmals mithilfe Ihres Bauchgefühls: Haben Sie dabei ein gutes Gefühl? Oder gibt es immer noch Bedenken?

Im Grunde entsteht daraus ein Kreislauf zwischen rationalem Überlegen und emotionalem Abchecken mithilfe somatischer Marker. Bildlich dargestellt sieht dies folgendermaßen aus:

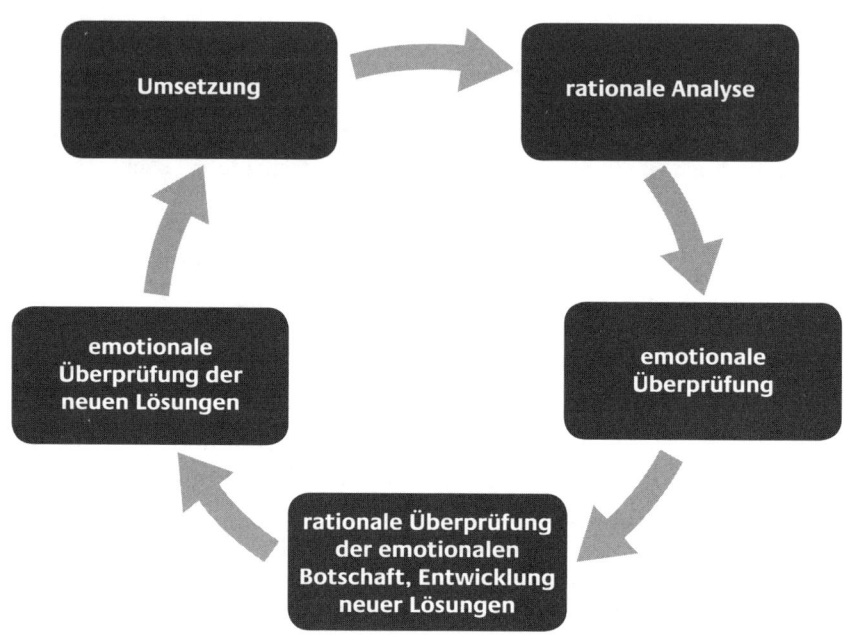

 Checkliste: Eigene Emotionen entschlüsseln und für sich nutzen

Lernen Sie, Ihre Emotionen wahrzunehmen und echte von verzerrten Emotionen zu unterscheiden:
- Erinnern Sie sich an Situationen, wo Sie Gefühle sehr konkret wahrgenommen haben. Wann haben Sie Freude, Angst, Beklemmung, Wut gespürt?
- Versuchen Sie, diese Gefühle genauer zu spüren. Haben Sie diese Gefühle körperlich gespürt? Wie haben Sie diese Gefühle gespürt?
- War es ein echtes Gefühl, das eine Botschaft an Sie enthielt? Oder war es ein überzogenes Gefühl, das sich gleichsam verselbständigt hatte? Versuchen Sie, den Unterschied zu erspüren.

Nutzen Sie Ihr »Bauchgefühl« bei der Lösung von Problemen:
- Versuchen Sie, Ihre Emotionen wahrzunehmen. Lösen Sie sich kurz aus dem Tagesgeschäft, achten Sie auf Ihr Bauchgefühl: Was empfinden Sie? Unsicherheit, Freude, Angst? Haben Sie ein gutes oder schlechtes Gefühl dabei?
- Versuchen Sie, die emotionale Botschaft zu entschlüsseln. Was sagt Ihr Bauchgefühl? Ist es ein Zeichen »Halt, stopp!«, oder signalisiert es »Ja, du kannst weitermachen«? Ist es ein Signal, vorsichtig zu sein, sich zurückzuziehen, oder ein Signal, loszulassen, zu entspannen?

Die andere Seite der Medaille:
Bauchgefühl und Empathie

- Reflektieren Sie diese emotionale Botschaft: Ist Ihre bisherige Argumentation schlüssig? Haben Sie möglicherweise wichtige Fakten übersehen? Gibt es andere Alternativen oder flankierende Maßnahmen?
- Entwickeln Sie auf dieser Basis Ihren Handlungsplan. Checken Sie dann aber diesen neuen Plan erneut über Ihr Bauchgefühl ab: Ist das Vorgehen so plausibel?

Literaturhinweise:

- Storch, M. (2015): Das Geheimnis kluger Entscheidungen. 9. Auflage, München, Berlin, Zürch: Piper
- Hornung, M. (2015): Der Abschied von der Sachlichkeit. Göttingen: BusinessVillage
- Stein, S. J./Book, H. E. (2011): Das EQ-Potenzial. 2. Auflage, Weinheim: VCH Wiley

Empathie: Die Gefühle des anderen erfassen

Erinnern Sie sich an das Beispiel zu Beginn dieses Kapitels: Herr Gerlach trifft gegenüber anderen Personen des Öfteren nicht den richtigen Ton. Das bedeutet, dass er kein Gespür hat für die Empfindungen des anderen, keine Empathie: Fühlt sich ein Kollege überrollt? Hat die Kritik eine Mitarbeiterin persönlich verletzt?

Theoretischer Hintergrund

Die Fähigkeit, die Gefühle anderer zu verstehen und im eigenen Handeln zu berücksichtigen, ist Bestandteil der emotionalen Intelligenz, wie sie seinerzeit von Salovey und Mayer definiert wurde. Empathie ist aber davon abgesehen ein wesentlich älteres Konzept. Der Philosoph Theodor Lipps bestimmt 1907 in einem Artikel »Das Wissen von fremden Ichen« (Lipps 1907) Empathie als ein Resonanzphänomen, das erlaubt, Handlungen anderer Personen nachzuvollziehen. Im Anschluss daran wurde »empathy« durch den Psychologen Edward Titchener als Übersetzung des deutschen Begriffs »Einfühlung« in die englische Psychologie übernommen (Stueber 2013). Für Carl Rogers beispielsweise zählt Empathie (neben Wertschätzung und Kongruenz) zu den drei entscheidenden Grundvariablen, die überhaupt erst menschliche Entwicklung ermöglichen. Empathie, so Rogers, bedeutet, »dass man die private Wahrnehmungswelt des anderen betritt und völlig in ihr heimisch wird [...], dass man empfindsam ist, von Augenblick zu Augenblick, gegenüber den sich verändernden gefühlten Bedeutungen, die in einer anderen Person fließen« (Rogers/Schmid 2004, S. 194).

In der neueren psychologischen Diskussion gibt es unterschiedliche Ansätze, sich dem Phänomen der Empathie zu nähern.

Nonverbale Kommunikation bei Gefühlen: Im Anschluss an Paul Ekman, Psychologe an der Universität of California, San Francisco, wird versucht, die nonverbale Kommunikation bei Gefühlen zu analysieren. Ekman hatte zusammen mit Kollegen das Facial Action Coding System (FACS) entwickelt, ein Kodierungssystem für sogenannte Mikroexpressionen, also sehr kurze (in der Regel 40 bis 500 Millisekunden dauernde) unwillkürliche Gesichtsausdrücke, die Emotionen anzeigen. Solche Mikroexpressionen können unter anderem das Heben der Augenbrauen sein, das Einziehen oder Herabziehen der Mundwinkel oder das Spannen oder Zusammenpressen der Lippen. Dabei gilt zum Beispiel das einseitige Anpressen der Mundwinkel als ein Zeichen für Verachtung, kann aber auch bedeuten, dass jemand unentschlossen ist und Zweifel hat; das Hoch- und Zusammenziehen der Augenbrauen gilt als Zeichen für Angst (Eilert 2013).

Konzept der Spiegelneuronen: Ein zweiter Ansatz ist das Konzept der Spiegelneuronen, das der italienische Neurophysiologe Giacomo Rizzolatti (Rizzolatti/Sinigaglia 2008) eingeführt hat. Ausgangspunkt waren Beobachtungen an Affen. Dabei stellte sich heraus, dass im Gehirn eines Affen die gleichen neuralen Prozesse ablaufen, egal, ob er ein Verhalten zeigt oder dieses nur beobachtet. Die Nervenzellen, die beim Beobachten eines Vorgangs die gleichen Aktivitätsmuster zeigen wie bei der eigenen Aktivität, bezeichnet er als Spiegelneuronen. Spiegelneuronen, so die daran anschließende Vermutung, spielen beim Verstehen und auch beim Mitfühlen der Emotionen anderer Menschen eine entscheidende Rolle, bei Menschen mit hoher Empathie spiegeln die Spiegelneuronen im Gehirn die Handlungen anderer Personen stärker wider als bei solchen mit geringer Empathie (Keysers 2013, S. 45 ff.).

Übertragungsfokussierte Therapie: Ein dritter Ansatz schließlich stammt aus der Psychotherapie: Die sogenannte übertragungsfokussierte Therapie im Anschluss an Otto F. Kernberg (Caligor u. a. 2010) legt besonderes Gewicht auf die emotionalen Botschaften, die ein Patient an den Therapeuten sendet. Aufgabe des Therapeuten ist es dann, sich Empfindungen, die der Patient im Therapeuten auslöst, bewusst zu werden, sie zu verbalisieren und zurückzuspiegeln.

Im Anschluss an diese Ansätze gibt es mittlerweile zahlreiche Konzepte zur Förderung der Empathie in der Schule, in der Pflege und in anderen Bereichen. Es existieren Trainingsprogramme für Führungskräfte und zahllose Übungen (Übersicht bei Roth/Schönefeld/Altmann 2016). Auch hier gilt: Diese sind keine Allheilmittel, aber sie können helfen, bewusst zu werden für die Empfindungen bei anderen Personen.

Die andere Seite der Medaille:
Bauchgefühl und Empathie

Empathie entwickeln und nutzen

Emotionen anderer zu lesen hilft, uns im Leben zurechtzufinden. Wir müssen ein Stück weit »verstehen«, dass der andere entspannt, verunsichert, wütend ist – nur dann können wir uns »intuitiv« darauf einstellen.

Vermutlich kennen Sie Personen, die eine hohe Empathie besitzen. Wir finden das häufig bei Lehrerinnen und Lehrern, die intuitiv ein Gespür für die Klasse besitzen; aber ebenso bei Krankenschwestern, die intuitiv spüren, wann ein Patient eine humorvolle Aufmunterung benötigt, wann verständnisvolles Zuhören reicht und wann überhaupt keine Ansprache gewünscht wird; aber auch bei Vertriebsmitarbeitern, die ein gutes Gespür dafür haben, was ein Kunde braucht. Was machen diese, um empathisch zu sein? Sie blenden die Umwelt aus, fokussieren sich auf das Gegenüber, achten auf ihr eigenes Gefühl in dieser Situation und finden den richtigen Ton.

Checkliste Empathie

- Nehmen Sie sich Zeit, sich aus dem Tagesgeschäft zu lösen. Blenden Sie die Umwelt aus. Manchmal kann es hilfreich sein, sich auf den eigenen Körper, den eigenen Atem zu besinnen (typische Mediationsübungen), sich in sich selbst zurück zu ziehen.
- Nehmen Sie dann Kontakt zu Ihrem Gegenüber auf. Versuchen Sie, ihm intuitiv nah zu sein. Achten Sie auf seinen Gesichtsausdruck: Was fällt Ihnen auf? Was verändert sich? Was ist außergewöhnlich?
- Hilfreich kann sein, sich in der Körperhaltung (etwas) anzugleichen. Setzen Sie sich ähnlich hin, lassen Sie seinen Gesichtsausdruck auf sich wirken – sie werden ihn intuitiv angleichen.
- Spüren Sie dann Ihrem eigenen Gefühl nach. Manchmal erhalten Sie einen somatischen Marker, ein Kribbeln in den Fingersitzen, also ein Signal, das Ihnen anzeigt, wenn Sie den anderen emotional verstanden haben.
- Nutzen Sie diese Botschaft und handeln Sie spontan – in der Regel ist es genau das Richtige und oft besser, als wenn Sie anfangen, lange nachzudenken.
- Aber auch hier gilt: Machen Sie sich Ihre eigenen Gefühle in solchen Situationen bewusst und reflektieren Sie. Habe ich mich hier auf mein Gefühl verlassen können? Woran konnte ich merken, dass es das richtige Gefühl war?

Zum Abschluss dieses Abschnitts wieder einige Hinweise auf geeignete Literatur, wenn Sie sich intensiver mit der Thematik befassen möchten.

Literaturhinweise

Zum Thema, Gefühle aus Mikroreaktionen zu erschließen, ist immer noch das Konzept von Paul Ekman (und daran anschließende Konzepte) grundlegend:
- Ekman, P. (2010): Gefühle lesen. 2. Auflage, Heidelberg: Spektrum
- Eilert, D. (2013): Mimikresonanz. Gefühle sehen, Menschen verstehen. Paderborn: Junfermann

Zum Thema Spiegelneuronen und der daran anschließenden Diskussion sind hilfreiche Einführungen:
- Keysers, C. (2013): Unser empathisches Gehirn. München: Bertelsmann
- Rizzolatti, G./Sinigaglia, C. (2008): Empathie und Spiegelneurone. Frankfurt am Main: Suhrkamp

Zum Thema Empathie zum Beispiel:
- Bartens, W. (2015): Empathie. München: Droemer

Geschichten erzählen

Können Sie sich daran erinnern, wie Sie Ihr erstes Geld verdienten? Oder erinnern Sie sich an besondere Situationen in Ihrem jetzigen Beruf oder an ein besonderes Projekt, eine besondere Herausforderung? Wenn Sie das tun, dann ist die Erinnerung vermutlich nicht abstrakt, sondern eingebettet in Bilder. Sie erleben gleichsam kleine Szenen einer konkreten Situation. Allgemein: Wir erinnern Situationen nicht in abstrakten Begriffen, sondern in »Geschichten«. Auch in Organisation werden Geschichten weitergegeben: Geschichten vom Gründer der Organisation, einem großen Erfolg oder der Bewältigung einer schwierigen Situation.

Im Rahmen der Neurobiologie hat diese Alltagserfahrung eine theoretische Erklärung gefunden: Die emotionale Intelligenz speichert offenbar Erfahrungen nicht als abstrakte Begriffe, sondern in Form kleiner Geschichten. Das erklärt, warum wir uns an Geschichten erinnern – und genau diese Geschichten nutzen können, um Erfahrungen weiterzugeben.

Theoretischer Hintergrund

Dass das Erzählen von Geschichten nicht neu ist, sondern eine lange Tradition hat, wissen wir aus Geschichten verschiedener Völker: Jahrhundertelang wurden wichtige Botschaften in Form von Geschichten weitergegeben, der Geschichten- oder

Die andere Seite der Medaille:
Bauchgefühl und Empathie

Märchenerzähler hatte die wichtige Funktion desjenigen, der das Wissen des Systems weitergibt. Erzählungen sind »kulturelles Erbe« (Schneider/Flor 2014).

In der Psychotherapie gibt es eine lange Tradition des »Geschichtenerzählens«. Bereits Sigmund Freud machte Anfang des 20. Jahrhunderts Geschichten (hier insbesondere die im Traum erlebten Geschichten) zum Gegenstand der therapeutischen Analyse. Milton H. Erickson, der Begründer der Hypnotherapie, kleidete Botschaften in die Form von Geschichten: In einer Therapie zum Thema Sexualprobleme spricht Erickson als Therapeut nicht direkt über die Probleme, sondern erzählt eine ziemlich langatmige Geschichte über verschiedene Arten, das Essen zu sich zu nehmen. Er schildert ausführlich den Ablauf eines formellen Dinners und beschreibt die Bedeutung der richtigen Atmosphäre, die Wichtigkeit der Vorbereitung, die Abstimmung zwischen den einzelnen Gängen und so weiter. Er stellt dem dann das schnelle Sandwich gegenüber, das manchmal durchaus sinnvoll ist, wenn für das aufwendige Dinner die Zeit fehlt. Erickson berichtet, dass sich die Sexualprobleme des Ehepaars von da an gleichsam von allein lösten (Haley 2006, S. 169 ff.).

In den 1980er-Jahren begründeten die Australier Michael White und David Epston (2013) die »narrative Therapie« als eine eigene therapeutische Richtung. Aufgabe des Therapeuten ist es, den Klienten »seine« Geschichte erzählen zu lassen, eigene Geschichten als Anregungen einfließen zu lassen und schließlich den Klienten dabei zu unterstützen, seine Geschichte zu einer positiveren Geschichte zu verändern.

Ende des 20. Jahrhunderts wurde dieser Ansatz – insbesondere durch Michael Loebbert unter der Überschrift »narratives Management« und »Storytelling« – auf Organisationen übertragen (zum Beispiel Loebbert 2003; Thier 2010). Storytelling geht davon aus, »dass das Erleben und Handeln von Menschen die Form von Geschichten hat […] Geschichten und Erzählungen sind die Sinngeneratoren menschlichen Handelns und der Organisation von Handeln in Organisationen und Unternehmen […] Das gilt für unsere persönliche Lebensgeschichte im Verhältnis zu dem, was wir gerade tun, genauso wie für die Geschichte eines Unternehmens, eines Staates oder einer Geschichte unserer Welt« (Loebbert 2003, S. 12, 17).

Eine besondere Form des Storytelling ist der Mitte der 1990er-Jahre am MIT entwickelte »Learning-Histories-Ansatz« (Kleiner/Roth 1996). Dabei werden mithilfe von Interviews wichtige Erfahrungen der Teammitglieder (zum Beispiel bei Entwicklungsprojekten) erfasst und in Form von Geschichten aufbereitet und weitergegeben. Der Vorteil liegt darin, dass hier nicht nur rationale Fakten, sondern die subjektive und emotionale Bedeutung der Situation kommuniziert werden.

Mittlerweile wird Storytelling als Methode im Journalismus, für Unternehmenskommunikation, Führung, Coaching, aber auch für Unterricht und Erwachsenenbildung genutzt (zum Beispiel Herbst 2014; Budde 2015; Duss 2015). Der Kerngedanke ist grundsätzlich der gleiche: Inhalte nicht nur rational zu vermitteln, sondern in Geschichten kleiden, die eben auch die emotionale Intelligenz ansprechen.

Geschichten erfragen und erzählen

Geschichten ermöglichen es, die Situation nicht nur rational zu verstehen, sondern sie emotional ein Stück weit mitzuerleben. Konkret: Wenn Sie das, was Ihr Gegenüber Ihnen mitteilen will, sowohl rational erfassen als auch emotional begreifen wollen, lassen Sie sich eine Geschichte erzählen: An welche Situation denkt Ihr Gesprächspartner hier? Wie war der Ablauf dieser Situation? Was hat er dabei erlebt?

Die andere Möglichkeit ist, das, was Sie Ihrem Gesprächspartner verdeutlichen möchten, selbst in Geschichten zu kleiden. Das kann eine Geschichte sein, die Sie persönlich erlebt haben. Es kann eine Geschichte des Teams oder Ihrer Organisation sein. Oder einfach eine Geschichte oder eine Anekdote, die Sie irgendwann gehört oder gerade erfunden haben.

Solche Geschichten haben in der Regel eine ähnliche Struktur, es gibt bestimmte Rollen und ein häufig ähnliches Drehbuch (zum Beispiel Budde 2015, Frenzel/Müller/Sottong 2006)

- Rollen sind zum Beispiel der Held, der durch Schwierigkeiten zum Ziel gelangt, der Gegenspieler oder Bösewicht, der ihn daran zu hindern sucht. Es gibt Helfer und Unterstützer, Retter, aber auch den Entdecker oder Eroberer.
- Sehr häufig haben Geschichten ein ähnliches Drehbuch nach dem Vorbild einer »Heldenreise«: Nach einem Vorspiel werden Personen und Themen eingeführt, es kommt zu Spannungen und Problemen, die Situation eskaliert, häufig kommt ein Unterstützer oder Mentor, es kommt zu einem Höhepunkt, bis schließlich die Lösung erreicht wird.
- Jede »gute« Geschichte hat eine implizite Botschaft. Bei der Heldenreise ist es die Botschaft »Du kannst es auch schaffen«. Aber diese Botschaft wird nicht als direkte Aufforderung gegeben, sondern ist verschlüsselt. Sie wird damit nicht als Druck empfunden, sondern kann eine emotionale Verbindung schaffen und damit neue Anregungen geben.

Sie können Ihre eigene Geschichte erzählen – und Sie können damit Ihrem Gesprächspartner besser und emotionaler verständlich machen, was Sie bewegt. Denken Sie zum Beispiel an die üblichen Reden zum Geburtstag oder zur Verabschiedung. Kleiden Sie das, was Sie sagen möchten, in ein persönliches Erlebnis

Die andere Seite der Medaille:
Bauchgefühl und Empathie

mit dem Jubilar. Erzählen Sie die Geschichte dazu und das, was Sie damals beeindruckt hat.

Sie können Geschichten von einer anderen Person erzählen oder versetzen Ihre Geschichte in eine andere Situation, als etwas, was Sie einmal gehört haben. Oder Sie können die Geschichte erzählen, wie Ihr Team damals die schwierige Situation bewältigt hat oder wie Ihre Organisation mit den Herausforderungen umgegangen ist.

Anregungen zur Weiterarbeit

- Sammeln Sie Geschichten: Welche Geschichten fallen Ihnen zu wichtigen Ereignissen aus Ihrem Leben ein? Welche zu anderen Personen? Was sind Geschichten, die Ihnen zu anderen Personen einfallen, zu Ihrem Team, Ihrer Organisation?
- Nutzen Sie Geschichten, um zentrale Botschaften zu formulieren. Was könnte eine Geschichte sein, die Sie als Lehrerin oder Lehrer Eltern mit auf den Weg geben können, die zu viel Druck auf ihre Kinder ausüben? Was könnte eine Geschichte sein, die verdeutlicht, dass sich das Team verändern muss? Was könnte eine Geschichte zum anstehenden Veränderungsprozess sein?

Literaturhinweise

- Budde, C. (2015): Mitten ins Herz. Storytelling im Coaching. Bonn: managerSeminare
- Herbst, D. (2014): Storytelling. 3. Auflage, Konstanz: UVK
- Masemann, S./Messer, B. (2009): Improvisation und Storytelling in Training und Unterricht. Weinheim und Basel: Beltz

Handlungsfelder 03

Systeme verstehen

Beispiel: Eine neue Position – ein neues System

Herr Kunze hat eine neue Abteilung im Konzern übernommen. »Diesen Laden müssen Sie erst einmal in Schwung bringen!«, war die Botschaft seines Vorgesetzten, »die beschäftigen sich eher mit sich selbst als mit ihren Aufgaben«. Daraufhin startet er mit der Maxime »Ich werde denen zeigen, wo es langgeht!« und beginnt das erste Meeting mit der Ankündigung »Jetzt ist Schluss mit Kuschelkurs!«.

Nur: Er gerät zunehmend in die Schusslinie. Mitarbeiter beklagen sich über fehlende Wertschätzung und mangelhafte Unterstützung. Es werden Klagen laut, der Betriebsrat wird eingeschaltet. Einige Mitarbeiter der Abteilung sind zudem gut vernetzt, sodass auch von Kunden zunehmend die Frage gestellt wird, was hier eigentlich los sei. Schließlich landet das Problem beim Vorstand. Herr Kunze wird mit sofortiger Wirkung freigestellt. Es wird ihm nahegelegt, sich woanders zu bewerben.

Was ist hier passiert: Herr Kunze ist in ein neues System gekommen und hat sofort agiert. Er hat sich nicht Zeit genommen, zunächst einmal das System zu »verstehen«. Doch was heißt das? Ein soziales System zu verstehen, bedeutet, die verschiedenen Faktoren des sozialen Systems zu erfassen:

- Herr Kunze hatte als Stakeholder nur seinen eigenen Vorgesetzten im Blick. Er hat aber übersehen, dass andere Stakeholder für seinen Erfolg ebenfalls eine Rolle spielen: die ehemalige Abteilungsleiterin Frau Feiler, die jetzt eine einflussreiche Position in einem anderen Bereich des Unternehmens hat, andere Stakeholder im Hintergrund – und nicht zuletzt schließlich Frau Voss, eine Mitarbeiterin der Abteilung, die sich selbst auf diese Stelle beworben hatte und gegen Herrn Kunze agiert.
- Er hat die Sichtweise seines Vorgesetzten, »die beschäftigen sich nur mit sich selbst« ungefragt übernommen. Er hat sich kein eigenes Bild über das Verhalten der Mitarbeiter gemacht. Dann wäre ihm deutlich geworden, dass hier die subjektiven Deutungen weit auseinanderklaffen: Die Mitarbeiter sehen sich selbst als erfolgreich, – und sie waren auch durchaus anerkannt.
- In der Abteilung galt bisher die Regel: »Jeder steht für den anderen ein.« Als in einer Projektbesprechung Mitarbeiter der Abteilung von anderen Abteilungsleitern kritisiert werden, stimmt Herr Kunze in diese Kritik ein. Doch damit verletzt er diese Regel: Er steht nicht hinter »seiner« Abteilung. – Und genau das wird ihm immer wieder vorgehalten.

- Aus den verschiedenen subjektiven Deutungen entstehen Regelkreise: Herr Kunze kritisiert fordert mehr Leistung – die Mitarbeiter rebellieren, versuchen, seine Entscheidungen zu unterlaufen.
- Was das Umfeld betrifft, so spielt hier der Konzern eine Rolle, der ein Einsparprogramm fährt, das die Abteilung unterstützen soll. Allerdings hatte das weniger Auswirkungen auf das Verhältnis von Herrn Kunze zu seiner Abteilung, aber bei der Frage über das »Wie?« gingen die Vorstellungen auseinander.
- Relevant war schließlich vor allem die bisherige Entwicklung der Abteilung: Sie hatte sich in den vergangenen Jahren stärker strategischen Themen zugewandt – und diese Entwicklung wurde durch den neuen Abteilungsleiter unterbrochen.

Insgesamt: Herr Kunze hat es versäumt, das neue soziale System zu verstehen. Letztlich ist er daran gescheitert. Daraus ergibt sich eine erste Grundregel:

> **Erste Grundregel**
>
> Wenn sie neu in ein soziales System kommen, versuchen Sie zunächst, dieses soziale System zu verstehen. Fragen Sie sich:
> - Wer sind die relevanten Stakeholder?
> - Was sind die unterschiedlichen sozialen Deutungen der jeweiligen Personen?
> - Welche offiziellen und welche verdeckten Regeln gelten?
> - Was sind typische Regelkreise?
> - Welchen Einfluss hat die Systemumwelt?
> - Wie war die Vorgeschichte?

Diese Grundregel gilt immer dann, wenn Sie neu in ein soziales System kommen: als neuer Vorgesetzter, als Referendarin in eine neue Schule. Sie gilt genauso bei neuen Kunden. Auch hier müssen Sie zunächst »das System verstehen«, um ein Angebot erstellen zu können, das die Bedürfnisse des Kunden erfasst. Oder wenn Sie einen Workshop oder eine Fortbildung planen oder ein neues Projekt starten, lohnt es sich, zunächst das Augenmerk auf das soziale System zu richten und sich dann auf den Inhalt zu konzentrieren. Dazu können wir Folgendes festhalten:

- **Ein soziales System ist dem von außen kommenden Beobachter zunächst grundsätzlich fremd.** Gehen Sie nicht davon aus, dass Sie schon alles kennen. In seiner ursprünglichen Abteilung wusste Herr Kunze, was abläuft – und die Kollegen wussten zum Beispiel, dass seine »spöttischen Bemerkungen« nichts anderes als humorvolle Frotzelei sind. Doch die neue Abteilung ist eine andere Welt, in der die Frotzelei von Herrn Kunze als Abwertung verstanden wurde.

○ **Das Bild eines sozialen Systems setzt sich zusammen aus unterschiedlichen Perspektiven.** Man kann sich das gut an dem folgenden Bild verdeutlichen:

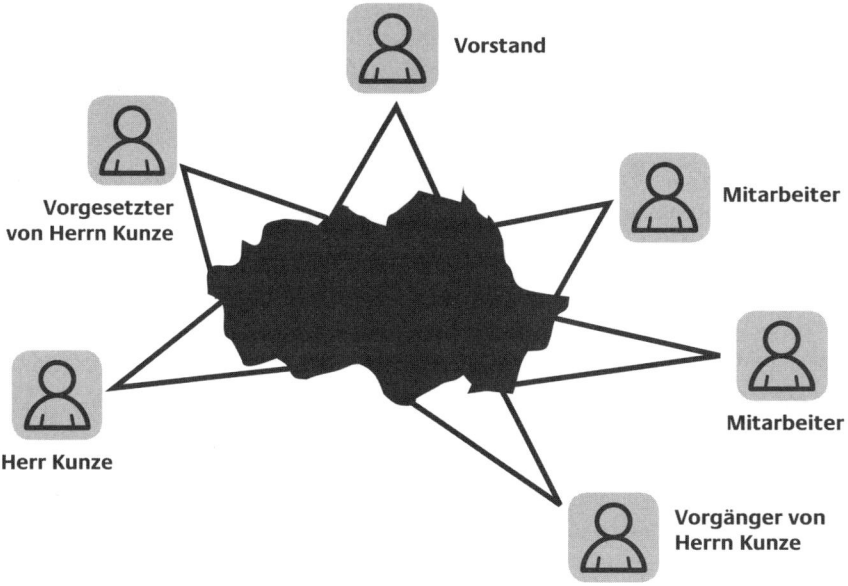

Herr Kunze hat nur die Perspektive seines Vorgesetzten berücksichtigt und alle anderen Perspektiven außer Acht gelassen.

○ **Das Wissen einer Organisation ist teilweise verdeckt.** Niemand hat Herrn Kunze gesagt, wer die wichtigen Stakeholder im Team sind und welche Regeln hier gelten.

Daraus ergibt sich die zweite Grundregel:

> **Zweite Grundregel**
>
> Wenn Sie neu in ein soziales System kommen, versetzen Sie sich gleichsam in die Rolle eines Forschers, der einen neuen Volksstamm untersucht und die Bedeutung, die einzelne Situationen und Verhaltensweisen haben, nicht kennt.
> Grundsätzlich bieten sich hier drei Möglichkeiten an:
> - Sie führen Interviews.
> - Sie beobachten.
> - Sie arbeiten vorhandene Dokumente (Berichte, Protokolle) durch.

Theoretischer Rahmen

Um ein zunächst fremdes soziales System kennenzulernen, bieten sich Beobachtung und Befragung, die Standardformen empirischer Sozialforschung, an.

Beobachtung ist die gezielte Wahrnehmung von Gegenständen, Situationen oder Verhaltensweisen. Dabei kann die Beobachtung mehr oder weniger standardisiert sein: Ich kann zum Beispiel alles notieren, was mir auffällt (unstrukturierte Beobachtung). Ich kann aber auch messen, wie viele Personen sich aktiv an einer Besprechung beteiligen (strukturierte quantitative Beobachtung).

Bei der Befragung reicht die Spannweite von einem Interview mit offenen Fragen (zum Beispiel: »Wo sehen Sie Stärken und Schwachpunkte im Team?«) bis zum Fragebogen mit geschlossenen Fragen.

In der Literatur wird in diesem Zusammenhang zwischen quantitativen und qualitativen Erhebungsmethoden unterschieden:

- **Quantitative Erhebungen** setzen Hypothesen über mögliche wichtige Themen beziehungsweise mögliche Zusammenhänge voraus. Die Frage, inwieweit Mitarbeiter Unterstützung von Ihrem Vorgesetzten erhalten, setzt voraus, dass Unterstützung des Vorgesetzten ein relevantes Thema ist (Döring/Bortz 2016, S. 36 ff.).
- **Qualitative Erhebungen** dagegen sind ein, wie man formuliert, hypothesengenerierendes Verfahren. Wenn ein Teammitglied nach Stärken und Schwächen im Team gefragt wird, kann die betreffende Person das aufführen, was ihr wichtig ist – mögen das Zusammenarbeit, Kontakt nach außen, das Thema Führung oder die räumlichen Rahmenbedingungen sein (Döring/Bortz 2016, S. 63 ff.).

Um ein neues System zu »verstehen«, empfehlen sich in einem ersten Schritt qualitative Vorgehensweisen (zum Beispiel offen zu fragen, wo die Stärken und Schwächen im Team liegen). Das ist viel besser, als sofort mit eigenen Hypothesen zu starten – eben das wurde Herrn Kunze zum Verhängnis. Häufig lassen sich auch beide Vorgehensweisen miteinander verbinden: Um neue Erkenntnisse zu gewinnen, benötige ich qualitative Verfahren. Um zu wissen, wie hoch der Anteil der Personen ist, die sich von ihrer Führungskraft unterstützt beziehungsweise nicht unterstützt fühlen, empfiehlt sich ein Fragebogen.

Die Auswertung quantitativer Erhebungen erfolgt üblicherweise mithilfe statistischer Verfahren: Bei einer genügend großen Zahl von Fragebogen kann man zum Beispiel Prozentwerte ermitteln. Man kann danach fragen, wie hoch der Anteil derjenigen ist, die fehlende Unterstützung durch die Führungskraft beklagen), oder kann Zusammenhänge zwischen verschiedenen Faktoren statistisch erfassen (zum Beispiel zwischen Führungsproblemen und bestimmten Bereichen oder Berufsgruppen).

Bei qualitativen Erhebungen ist die Auswertung schwieriger, weil die einzelnen Äußerungen sehr unterschiedlich sind und sich nicht einfach miteinander verrechnen lassen. Im Wesentlichen stehen hier zwei Verfahren zur Verfügung: die qualitative Inhaltsanalyse im Anschluss an Philipp Mayring (2015), in der die Schritte der Kategorienbildung und Zuordnung im Einzelnen festgelegt sind, und die Grounded Theory im Anschluss an Glaser und Strauss (Glaser/Strauss 2008) die gleichsam ein grundlegendes Kategoriensystem definiert, das zwischen ursächlichen Bedingungen, Phänomenen, Kontext, intervenierenden Bedingungen, Handlungen und Konsequenzen unterscheidet.

Das Interview

Stellen wir uns vor, Herr Kunze kann neu starten. Wenn er angekündigt hätte, er wolle Interviews machen, hätte das vermutlich verwundertes Stirnrunzeln hervorgerufen. Aber er kann »Vorgespräche« führen – das heißt letztlich aber Interviews, nur unter einer anderen Überschrift. Dabei ergeben sich die folgenden Schritte.

Schritt 1: Festlegung des Ziels des Interviews. »Wer nicht genau weiß, wohin er will, der darf sich nicht wundern, wenn er ganz woanders ankommt« – das stellte schon Mark Twain fest. Dies gilt für Interviews gleichermaßen: Wenn man nicht weiß, was man wissen will und warum man es wissen will, stellt man falsche Fragen und erhält am Schluss irrelevante oder verfälschte Ergebnisse. Von daher ist die erste Aufgabe, das Ziel des Interviews festzulegen.

> **Festlegung des Ziels der Interviews**
>
> Fragen Sie sich:
> - Was will ich wissen?
> - Was soll mit den Ergebnissen getan werden?

In unserem Beispiel bedeutet das: Herr Kunze benötigt Informationen darüber, wie seine Abteilung gesehen und was von ihm als Führungskraft erwartet wird. Er benötigt diese Informationen, um seine »Strategie« als neuer Abteilungsleiter zu planen.

Schritt 2: Festlegung der Stichprobe. Mit wem hätte Herr Kunze Gespräche führen sollen? Kriterium ist, die unterschiedlichen Perspektiven des sozialen Systems zu erfassen. Für Herrn Kunze könnten das sein: sein direkter Vorgesetzter, möglicherweise ein übergeordneter Vorgesetzter, die ihm direkt zugeordneten Teamleiter, seine Kollegen, mögliche Kunden und Lieferanten – aber zum Beispiel ebenso seine Sekretärin, die schon beim Vorgänger tätig war, zudem vielleicht die für diesen Bereich zuständige Personalentwicklerin. Die Gefahr dabei ist, dass das Ganze zu aufwendig wird. Herr Kunze kann schlechterdings nicht 60 Personen befragen. Sondern er muss Schwerpunkte setzen: Vielleicht alle vier ihm zugeordnete Teamleiter, seine vier Kollegen, seinen direkten und übergeordneten Vorgesetzten, die Mitarbeiter vielleicht im Zusammenhang mit Abteilungsbesprechungen, seinen Vorgänger, vielleicht (bei passender Gelegenheit) einige (interne) Kunden, die für seinen Bereich zuständige Personalentwicklerin. Damit ergibt sich ein Umfang von ungefähr 15 Gesprächen – ein Aufwand, der innerhalb der ersten zwei bis drei Wochen (länger sollten der Zeitraum nicht sein) zu bewältigen ist.

Generell: Mit wie vielen Personen solche Gespräche geführt werden, ist Ergebnis einer Kosten-Nutzen-Analyse. Manchmal reichen schon zwei bis drei Gespräche, um genügend Hinweise zu bekommen, mehr als 20 Personen sollten es in der Regel nicht sein. Man kann neben Einzelgesprächen zudem Gruppengespräche durchführen. Der Vorteil dabei ist, dass man Zeit spart, der Nachteil liegt aber darin, dass weniger Zeit für Nachfragen zur Verfügung steht und sich Einzelne vielleicht genau überlegen, was sie in einer Gruppe sagen.

Solche Gespräche sind zugleich eine ideale Möglichkeit, sich kennenzulernen und Akzeptanz aufzubauen. Wichtig ist, dass bei der Auswahl der Gesprächspartner mitberücksichtigt wird, ob sich die Kollegin ausgegrenzt fühlt, wenn mit den drei anderen, aber nicht mit ihr ein solches Vorgespräch geführt wird?

Checkliste für die Auswahl der Interview- beziehungsweise Gesprächspartner

- Wer kann Auskunft über das Thema geben? Welche unterschiedlichen Perspektiven sind zu berücksichtigen?
- Kann es hilfreich sein, neben den Angehörigen der Organisation zudem externe Perspektiven (Kunden, Lieferanten, Berater, die die Organisation kennen) zu berücksichtigen? Wenn ja, welche relevanten Personen gibt es?
- Wer sollte im Blick auf die Akzeptanz ebenfalls einbezogen werden?
- Wie viele Gespräche sind zeitlich zu bewältigen?

Schritt 3: Festlegung der Leitfragen. Je mehr Fragen Sie stellen, desto weniger Möglichkeiten hat Ihr Gesprächspartner, das einzubringen, was ihm selbst wichtig ist.

In der Regel reichen drei bis sechs offene Fragen aus. Herr Kunze hätte zum Beispiel folgende Fragen stellen können:

- Aus Ihrer Sicht: Was sind Stärken und Schwächen der Abteilung?
- Was sind Ihre Erwartungen an die Abteilung?
- Was sind Ihre Erwartungen an mich als den neuen Abteilungsleiter?
- Darüber hinaus: Haben Sie weitere Empfehlungen an mich? Wo sollte ich vorsichtig sein? Worauf sollte ich besonders achten?

Je nach der Situation und der Fragestellung werden Sie sicherlich andere Fragen stellen. Im Folgenden einige Beispiele für Fragen, die häufig hilfreich sind.

Häufig hilfreiche Leitfragen

- **Fragen nach dem Aufgabenbereich:** Diese Fragen tragen dazu bei, das Eis zu brechen: »Vielleicht können Sie zunächst erzählen, was Ihre bisherigen Aufgaben (oder die Aufgaben des Teams) sind? Welche Schwerpunkte gibt es?«
- **Skalierungsfragen:** Diese können ein Einstieg zur Frage nach Stärken und Schwächen sein: »Wie erfolgreich (zwischen 0 und 100) ist aus Ihrer Sicht die Abteilung, das Projekt …?« Dabei kommt es weniger auf die absoluten Zahlen an, sondern darauf, dass der Gesprächspartner intuitiv einschätzt, und Sie dann weiterfragen können: »Also 30 bedeutet aus Ihrer Sicht, es gibt einige Stärken, aber relativ viele Schwachpunkte. Welche sind das jeweils?«
- **Frage nach möglichen Ursachen:** »Was meinen Sie, welche Faktoren haben zu dieser Situation geführt?«
- **Die »Wunderfrage«:** »Stellen Sie sich vor, es ist ein Jahr vergangen, und die Abteilung ist äußerst erfolgreich. Was ist gleich geblieben? Was hat sich verändert?«
- **Frage nach Ideen:** »Was sind aus Ihrer Sicht Möglichkeiten?«
- **Frage nach Prioritäten:** »Worauf sollten wir uns insbesondere konzentrieren?«
- **Frage nach weiteren Punkten.** Das ist eine hilfreiche Abschlussfrage: »Außer den bereits besprochenen Themen: Gibt es in diesem Zusammenhang noch etwas, was wichtig sein könnte?«

Lassen Sie sich hier bei der Vorbereitung etwas Zeit und überlegen Sie verschiedene mögliche Fragen. Versetzen Sie sich in die Rolle Ihres Gesprächspartners: Können diese mit den Fragen etwas anfangen? Ist bei den Fragen ein roter Faden erkennbar?

Doch nun zurück zu Herrn Kunze: Gut vorbereitet mit seinen Leitfragen startet er in sein erstes Gespräch mit Frau Türk, einer ihm direkt zugeordneten Gruppen-

Systeme verstehen

leiterin – wohlweislich hat er nicht einen der besonders kritischen Kollegen für das erste Gespräch genommen. Es ist immer sicherer, die Fragen und das Vorgehen erst einmal in »ungefährlicherem Umfeld« zu überprüfen.

Doch: Halt! In ein Gespräch zu starten heißt nicht, sofort mit der Tür ins Haus fallen und mit der ersten Frage beginnen. Wie in anderen Gesprächen ist zunächst eine Orientierungsphase notwendig. Erst daran wird sich die eigentliche Erhebungsphase (im Grunde nichts anderes als die Klärungsphase) anschließen. Daraus ergibt sich die folgende Gesprächsstruktur.

Orientierungsphase im Interview: Orientierung beginnt – auch hier – immer bei der eigenen Person: sich über seine Rolle in diesem Gespräch klar werden. Herr Kunze muss sich bewusst machen, dass es hier nicht darum geht, Frau Türk seine Ideen zu »verkaufen«. Sondern es geht darum, die Sichtweise der Gesprächspartnerin kennenzulernen.

Nach der eigenen Rollenklärung gilt es, sich auf den Gesprächspartner einzustellen. Versetzen Sie sich in die Situation von Frau Türk. Sie hat ihren neuen Vorgesetzten zwar schon einige Male gesehen, trotzdem wird sie sich eher unsicher fühlen: Was will er eigentlich in diesem Gespräch? Wird das, was ich sage, möglicherweise gegen mich verwendet? Konsequenz ist, Frau Türk braucht Orientierung. Das kann darin bestehen, dass man sich zunächst ein wenig »beschnuppert«. Das gibt beiden Gesprächspartnern die Möglichkeit, ihr Gegenüber intuitiv einzuschätzen: Ist er authentisch? Ist er wertschätzend? Oder wirkt das alles nur irgendwie aufgesetzt? Wir wissen aus Forschungen zur körpersprachlichen Kommunikation, wie entscheidend gerade die ersten Minuten im Gespräch sind, um intuitiv zu entscheiden: Kann ich ihm vertrauen oder nicht? Entscheidend ist Ihre Einstellung, nämlich dass Sie wirklich Interesse an Ihrem Gesprächspartner und seiner Sichtweise haben, dass Sie authentisch sind.

Erst danach beginnt die inhaltliche Orientierung: Was ist die Motivation, diese Gespräche zu führen (Herr Kunze will erst die Organisation verstehen und nicht sofort agieren)? Welches Anliegen hat er dabei (die Sichtweise von Frau Türk zu erfahren)? Und vielleicht ein kurzer Überblick über die Hauptfragen, die er stellen will. Die Orientierungsphase schließt mit der Frage, ob das für Frau Türk so in Ordnung ist oder ob noch Fragen offen sind. Sie schließt also, wie sich theoretisch formulieren lässt, mit einem Kontrakt über die gemeinsame Definition der Situation. Das bedeutet im Beispiel: Herr Kunze darf Fragen stellen und Frau Türk ist bereit, diese Fragen zu beantworten.

Checkliste Orientierungsphase im Interview

- Machen Sie sich Ihre Rolle in diesem Gespräch bewusst: Sie haben die Chance, die Sichtweise Ihres Gesprächspartners zu erfassen. Er ist der (einzige) Experte, der Ihnen darüber Auskunft geben kann. Und indem er sich auf das Gespräch einlässt, tut er etwas für Sie.
- Bauen Sie (körpersprachlich und sprachlich) Kontakt auf: Nehmen Sie sich Zeit, Nähe und Distanz auf Ihren Gesprächspartner auszutarieren (achten Sie dabei auf Ihr Gefühl). Erzählen Sie etwas von sich, und lassen Sie Ihren Gesprächspartner etwas von sich berichten.
- Danach folgt die inhaltliche Orientierung: Was ist das Anliegen für diese Gespräche? Warum führen Sie diese Gespräche? Was sind die Hauptthemen?
- Schließen Sie diese Phase mit einer klaren Vereinbarung ab: Ist es so für Ihren Gesprächspartner in Ordnung? Achten Sie bei der Antwort auf Tonfall und Gesichtsausdruck.

Klärungsphase im Interview: Danach kann Herr Kunze mit der ersten Leitfrage starten: »Aus Ihrer Sicht: Was sind Stärken der Abteilung?« Lassen Sie danach Zeit, hören Sie zu – oft reicht ein »Hm«, um den weiteren Redefluss anzustoßen. Geben Sie Ihrem Gesprächspartner die Zeit, das zu sagen, was für ihn oder sie wichtig ist.

Nehmen wir an, zur zweiten Leitfrage nach den Schwachstellen im Team antwortet Frau Türk: »Schwachstellen sind zum einen, dass wir als Teamleiter zu wenig Freiraum haben, und dass die Reibereien mit den anderen Abteilungen uns ständig beschäftigen.« Sie können hier zum einen nach weiteren Punkten fragen: Gibt es noch weitere Schwachpunkte? Zum anderen können Sie genauer nachfragen: Was heißt eigentlich »Reibereien«? Welche konkreten Erfahrungen stehen dahinter? – Daraus ergeben sich zwei mögliche Fragerichtungen.

- **In die Breite fragen:** Gibt es dazu noch weitere Punkte? Gibt es noch weitere Schwachstellen, weitere Ideen, Vorschläge?
- **In die Tiefe fragen:** An was denkt der Gesprächspartner, wenn er von Reibereien spricht? Welche konkreten Erfahrungen stehen dahinter?

Möglichkeiten, in die Tiefe zu fragen, haben wir bereits im Abschnitt über die Klärung subjektiver Deutungen aufgeführt (s. S. 35 ff.). Hier nochmals ein kurzer Überblick.

- Verdeutlichen anhand einer konkreten Situation: Wenn Sie Ihren Gesprächspartner bitten, das an einem konkreten Beispiel zu verdeutlichen, gewinnt die

Systeme verstehen

Schilderung an Konturen. Es wird verständlich, wer sich mit wem hier reibt, was im Einzelnen vorgegangen ist. Sie haben so eine bessere Möglichkeit, das Gesagte zu verstehen.
- Fragen Sie nach: »Reibereien heißt was? ... Wer reibt sich? ... Was führt zu diesen Reibereien?« Sie können dann von der letzten Frage direkt in Richtung Lösungen weiterfragen: »Was würde dazu beitragen, dass die Betreffenden sich weniger aneinander reiben?«

Wir bezeichnen dieses Fragen in die Breite und die Tiefe als Matrixtechnik. Sie können sich das bildlich so vorstellen:

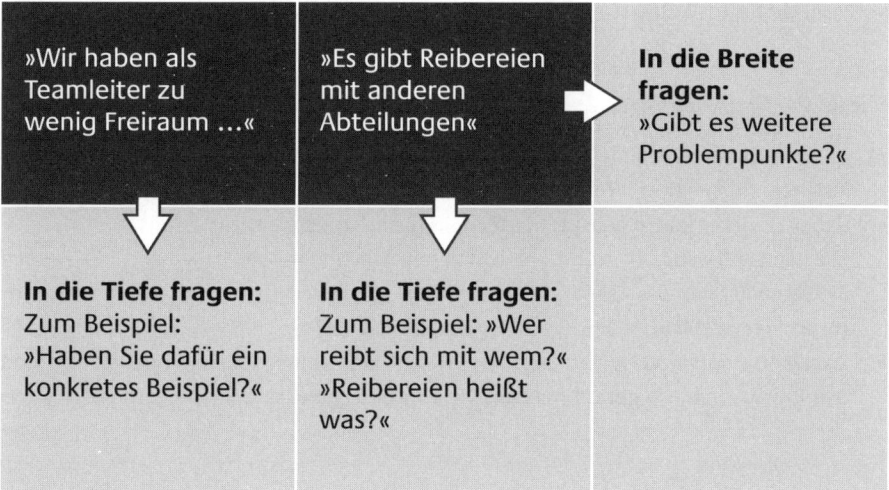

Es ist hilfreich, sich diese Matrix während des Gesprächs gleichsam bildlich vor Augen zu halten, oder vielleicht die Mitschrift gleich entsprechend zu strukturieren.

Checkliste Gesprächsstruktur Interview

- Strukturieren Sie das Gespräch nach den Leitfragen. Gehen Sie mit, wenn Ihr Gesprächspartner von sich aus zu einer anderen Leitfrage wechselt. Aber behalten Sie die Gesamtstruktur im Auge.
- Lassen Sie dem Gesprächspartner Zeit. Hören Sie zu, kommentieren Sie nicht.
- Fragen Sie nach. Behalten Sie dabei die Matrix im Blick: Gibt es dazu weitere Punkte? Was heißt das konkret? Aber behalten Sie dabei stets das Ziel im Blick: Wo ist es wichtig, noch einmal nachzufragen?

- Schreiben Sie soweit möglich wörtlich mit. Übersetzen Sie also das Gesagte nicht in Ihre Sprache – ansonsten wird es unter der Hand »Ihr« Bild von der Organisation.

Abschlussphase im Interview: Herr Kunze ist mit seinen Leitfragen durch. Die letzte Leitfrage ist die offene Abschlussfrage: »Außer den Themen, die Sie genannt haben, gibt es noch Punkte, die wichtig sein könnten?« Frau Türk denkt kurze Zeit nach und antwortet: »Nein, das war es.« Manchmal kommen hier noch neue Gesichtspunkte.

Zum Schluss gilt, deutlich zu machen, was mit den Ergebnissen geschieht: Herr Kunze wird die Ergebnisse auswerten, sie in der Abteilungsbesprechung präsentieren, um dann auf dieser Basis in die Diskussion seiner Schwerpunkte einzusteigen. Und zum Schluss steht der Dank an den Gesprächspartner.

Checkliste Abschlussphase

- Als Abschluss empfiehlt sich die »Lumpensammlerfrage«: »Außer den genannten Punkten: Gibt es noch Weiteres, das in diesem Zusammenhang wichtig sein könnte?«
- Geben Sie Ihrem Gesprächspartner Zeit, kurz nachzudenken.
- Machen Sie (nochmals) transparent, was mit den Ergebnissen geschieht: Wie werden die Ergebnisse an das Team zurückgespiegelt (die Gesprächspartner haben einen Anspruch darauf)? Wie wollen Sie die Ergebnisse nutzen?
- Danken Sie Ihrem Gesprächspartner: Er hat Ihnen seine Gedanken dargestellt und damit etwas für Sie getan! Machen Sie sich das bewusst und spiegeln Sie ihm das zurück!

Beobachtung

Die zweite Möglichkeit, ein soziales System kennenzulernen, ist die Beobachtung: Herr Kunze als neuer Abteilungsleiter geht durch die Abteilung, ist bei Kundenbesuchen mit dabei und ebenso bei einigen Teambesprechungen seiner Teamleiter. Er kann manche vielleicht langweilige Sitzungen (zum Beispiel in irgendwelchen Ausschüssen) nutzen, um das System zu beobachten.

Auch eine Beobachtung bedarf der Vorbereitung. Hierzu beschreiben wir im Folgenden die wichtigsten Schritte.

Schritt 1: Festlegung des Ziels der Beobachtung. Hier gilt das Gleiche wie bei den Interviews. Überlegen Sie, was Sie wissen wollen und wozu Sie die Ergebnisse nutzen möchten: sich einen Eindruck vom Bereich machen, die Zusammenarbeit im

Team erleben, mögliche Schwachunkte und Chancen im Umgang mit Kunden erfahren ...

Schritt 2: Festlegung der Beobachtungssituation. In welchen Situationen soll beobachtet werden: im laufenden Produktionsprozess, bei Reparaturen von Anlagen, in einem Kundengespräch, bei einer Teambesprechung von Frau Türk? Hier gilt es, Fingerspitzengefühl zu haben und abzuwägen, welche Situationen am besten geeignet sind. Fragen Sie sich: In welchen Situationen bekomme ich die Informationen, die ich brauche? Sich als Beobachter in ein Kritikgespräch zwischen Frau Türk und einer Mitarbeiterin zu setzen dürfte nicht unbedingt förderlich sein.

Wichtig ist in diesem Zusammenhang auf jeden Fall, die eigene Rolle zu klären. Bei Herrn Kunze ist das unproblematisch. Er bleibt in seiner Rolle als Führungskraft und kann aus dieser Rolle heraus Fragen stellen. Schwieriger ist es, wenn Sie zum Beispiel als Coach des Bereichsleiters in ein neues Team kommen. Machen Sie deutlich, warum Sie hier an der Teambesprechung teilnehmen (zum Beispiel, weil Sie den Auftrag haben, einen Workshop mit dem Team zu moderieren) und dass Sie hier nicht agieren, sondern die Organisation verstehen möchten.

Festlegung von Beobachtungskategorien: Beobachtung ist immer selektiv. Wenn Sie sich auf den Inhalt in einer Besprechung konzentrieren, nehmen Sie nicht wahr, dass möglicherweise eine Teilnehmerin genervt die Augen verdreht oder zwei mit ihren Gedanken ganz woanders sind. Damit stellt sich die Frage: Worauf wollen Sie bei der Beobachtung Ihre Aufmerksamkeit richten? Grundsätzlich kann dabei der Fokus mehr oder weniger breit sein:

- Die offenste Form besteht darin, dass man alles aufschreibt, was einem auffällt. Der Vorteil ist, dass man am wenigsten voreingenommen ist, der Nachteil, dass man eher an der Oberfläche bleibt.
- Eine zweite Möglichkeit besteht darin, sich so etwas wie Leitkategorien festzulegen, auf die man die Aufmerksamkeit richtet. So könnte man zum Beispiel bei einer Besprechung den Fokus auf die verschiedenen Faktoren des sozialen Systems legen.

Leitkategorien für die Beobachtung sozialer Systeme

Ein soziales System verstehen bedeutet zu klären, wer die relevanten Personen sind, was ihre subjektiven Deutungen sind, welche sozialen Regeln gelten und welche Regelkreise möglicherweise bestehen, welche Bedeutung vielleicht die Umwelt hat und wie die Entwicklung verläuft. Im Blick darauf können Sie Beobachtungskategorien entwickeln:

Personen: Wer sind in der Besprechung die entscheidenden Personen? Wer übt den stärksten, wer den geringsten Einfluss auf die Anwesenden aus? Wer steht eher am Rande? Werden Konflikte zwischen einzelnen Personen deutlich?
Subjektive Deutungen: Lässt sich aus dem Verhalten die Einstellung zum Thema und zu den anderen Personen erschließen? Wer ist eher abweisend, wer zustimmend, wer desinteressiert?
Soziale Regeln: Welche Regeln (zum Beispiel im Hinblick auf den pünktlichen Beginn der Besprechung) werden hier deutlich? Welches Verhalten wird positiv oder negativ sanktioniert?
Regelkreise: Gibt es Verhaltensweisen, die immer wiederkehren? Werden zum Beispiel vielfach Themen angerissen, aber nicht abgeschlossen?
Umwelt: Wie ist der zeitliche Rahmen? Wie schaut die räumliche Situation aus? Wie ist die Systemgrenze zu anderen sozialen Systemen?
Entwicklung: Lässt sich eine Entwicklung in der Besprechung aufzeigen (zum Beispiel dergestalt, dass ein Konflikt eskaliert)?

Natürlich können Sie weitere oder andere Beobachtungskategorien entwickeln. Anregungen finden Sie in verschiedenen Kommunikations- und sonstigen Konzepten. Sie können die Aufmerksamkeit auf die Inhalts- oder Beziehungsebene richten, auf den Führungsstil, den Verlauf einzelner Prozesse und so weiter. Überlegen Sie, was im Blick auf Ihre Fragestellung hilfreich ist.

- Die dritte Form schließlich ist die strukturierte Beobachtung mit der Zielsetzung, messbare Daten zu erhalten. So kann man zum Beispiel die Zahl der Redebeiträge messen oder darauf achten, wie viele Themen ohne Ergebnis abgebrochen werden.

Was hier jeweils passend ist, dafür gibt es kein Patentrezept. Entscheidend ist die Zielsetzung. Wenn Herr Kunze seinen neuen Bereich kennenlernen möchte, dann kann es zweckmäßig sein, zunächst ganz offen zu beobachten. Möglicherweise kristallisieren sich dabei bestimmte Themen heraus, bei denen es sich lohnt, sie in einem zweiten Schritt genauer zu betrachten. Wenn Frau Herbst als Personalreferentin den Auftrag hat, Feedback zur Effizienz der Besprechung zu geben, wird sie eher auf die Abläufe in der Besprechung achten. Häufig kann es zudem sinnvoll sein, Interview und Beobachtung zu verbinden: Im Interview wird zum Beispiel darauf hingewiesen, dass die Diskussion im Jour fixe an der Oberfläche bleibt – dann empfiehlt sich eine zusätzliche Beobachtung, um ein Verständnis dafür zu entwickeln, was das genau heißt.

Checkliste Beobachtung

- Was ist das Ziel Ihrer Beobachtung? Was genau wollen Sie herausfinden und wozu wollen Sie die Daten nutzen?
- In welchen Situationen können Sie beobachten? Wie definieren Sie dabei Ihre Rolle?
- Beobachten Sie völlig offen oder legen Sie (im Blick auf das Ziel) vorher Beobachtungskategorien oder möglicherweise ein konkretes Beobachtungsschema fest?

Dokumentenanalyse

Herr Kunze setzt sich mit seinem Vorgänger zu einem ersten Übergabegespräch zusammen. Auf dem Tisch stehen fünf gefüllte Aktenordner. »Hier habe ich die wichtigsten Unterlagen schon einmal zusammengestellt, damit Sie sich ein Bild vom Bereich machen können«, lautet die Aussage seines Vorgängers.

Natürlich ist die Durchsicht von Unterlagen wichtig. Aber das Beispiel zeigt zugleich die Problematik einer solchen »Dokumentenanalyse«, der Erfassung von Daten aus vorliegenden Dokumenten, seien es Übersichten über Kennzahlen (Störungen von Maschinen, Überstunden, Krankheitstage, Zahl der Mitarbeiter), Sitzungsprotokolle, Entscheidungen des Vorstands, E-Mails von Kunden oder Mitarbeitern. Wenn sich Herr Kunze daranmacht, alle fünf Ordner durchzuarbeiten, ist er in den nächsten zwei Wochen damit vollauf beschäftigt und wird vermutlich in der Menge der Informationen untergehen. Von daher gilt: Schwerpunkte setzen!

Checkliste Dokumentenanalyse

- Hilfreich ist in vielen Fällen, zunächst einen Gesprächspartner zu fragen, welche Dokumente beziehungsweise welche Zahlen wirklich wichtig sind.
- Versuchen Sie, sich auf möglichst wenige Zahlen und möglichst wenige Dokumente zu beschränken.
- Anstelle alle Dokumente selbst zu lesen, ist es in vielen Fällen hilfreich, einen Mitarbeiter zu bitten, diese Dokumente durchzuarbeiten und das herauszustellen, was wirklich wichtig ist.

Eben dieses Vorgehen hatte Herr Kunze gewählt: Mit seinem Stellvertreter und seiner Sekretärin hat er zunächst kurz besprochen, welche Daten wirklich für ihn wichtig sind. Dann machte er sich mit den beiden an einem halben Tag daran, sich ein Bild zu verschaffen: Die verschiedenen Ordner wurden kurz durchgeblättert, wichtige Daten identifiziert und von den beiden kommentiert: Was hatte zu den technischen Problemen im vorigen Halbjahr geführt? Was wurde schon versucht? Was wären weitere Ideen? Gerade die Kombination von einigen zentralen Daten und der Kommentierung insbesondere durch seinen Stellvertreter war für Herrn Kunze entscheidend – nach gut drei Stunden hat er ein erstes, aber durchaus hilfreiches Bild.

Auswertung und Zusammenfassung der Ergebnisse

Herr Kunze hat die ersten drei Wochen genutzt, sich einen Eindruck von seinem neuen Bereich zu verschaffen. Die wichtigsten Ergebnisse hat er in sein großes Notizbuch geschrieben. Er hat jetzt über 40 Seiten Mitschrift – aber ihm fehlt der Überblick. Was davon ist wirklich wichtig? Was sollte er bedenken? Wo sollte er ansetzen, um zu entscheiden, worauf er sich konzentriert?

Was jetzt ansteht, ist, wie man in der Tradition der empirischen Sozialforschung sagt, die Ergebnisse inhaltsanalytisch auszuwerten. Das ist grundsätzlich nichts anderes als das, was Sie vielleicht vom Clustern von Moderationskarten kennen: Informationen zum gleichen Thema unter einem Oberbegriff – einer Kategorie – zu bündeln. Genau das macht Herr Kunze: Er fasst die unterschiedlichen Aussagen unter bestimmten Themen (Kategorien) zusammen. Die Kernfrage dabei ist, welche Kategorien angesetzt werden sollen. Grundsätzlich haben Sie dabei drei verschiedene Möglichkeiten:

- Sie lesen Ihre Aufzeichnungen mehrmals durch. Dabei werden sich relativ schnell Themen herauskristallisieren, die immer wieder angesprochen werden. Um dabei nicht in der Menge der Daten unterzugehen, empfiehlt es sich, mit vielleicht zwei bis drei Gesprächen anzufangen. Bereits hier dürften erste Kategorien deutlich werden, wobei Sie dann die dazugehörigen Daten aus den weiteren Gesprächen sowie den Beobachtungen und der Dokumentenanalyse ergänzen können.
- Nicht selten ergeben sich bereits erste Kategorien aus den Leitfragen: Herr Kunze hatte nach Stärken und Schwachstellen der Abteilung, aber auch nach Erwartungen an ihn als neue Führungskraft gefragt. Daraus hatten sich zwei Hauptkategorien ergeben: »Abteilung allgemein« und »Führung«.
- Schließlich lassen sich Kategorien ebenso aus gängigen Organisations-, Führungs- und sonstigen Konzepten gewinnen. So kann man zum Beispiel die Unterscheidung zwischen Finanz-, Kunden-, Prozess- und Mitarbeiterperspektive der Balanced Scorecard (Kaplan/Norton 1997, S. 23 ff., 46 ff.; Niven 2009, S. 201 ff.) als Kategorien übernehmen, bei Interviews zum Thema Führung Führungs-

Systeme verstehen

modelle zugrunde legen oder bei der Planung einer Weiterbildung die Unterscheidung zwischen Zielen, Themen, Methodik und Trainerverhalten.

Übrigens: Herr Kunze hat für die Sortierung seiner Aufzeichnungen folgende Kategorien genommen:

- allgemeine Einschätzung der Abteilung
- Strategie
- Prozesse
- Kunden
- Mitarbeiter
- Zusammenarbeit und Team
- Führung

Der nächste Schritt besteht in der Zuordnung einzelner Äußerungen zu den Kategorien. Man kann einzelne Äußerungen herausschreiben oder man überträgt sie (möglichst wörtlich) in eine Excel-Datei (es gibt für qualitative Daten auch spezielle Auswertungsprogramme), ordnet jeweils Kategorien zu und kann dann die Tabelle nach den Kategorien sortieren – ein zwar ein aufwendiges, aber auf jeden Fall ein erfolgreiches Verfahren. Sie erhalten damit eine wertvolle Materialsammlung, die sowohl eine Übersicht darüber gibt, wie bestimmte Themen gesehen werden, als auch eine umfangreiche Ideensammlung.

Eine solche Diagnose auf der Basis von Interviews, Beobachtungen und Dokumenten gibt ein umfassendes Bild der Organisation und hilft Ihnen, »das System zu verstehen«. Das befreit Sie aber nicht davor, dann selbst zu entscheiden, wo Sie Ihre Schwerpunkte setzen, welche Anregungen Sie aufgreifen, welche nicht. Die Diagnose eines sozialen Systems hilft Ihnen aber, diese Entscheidungen »sehenden Auges« und nicht blind zu treffen. Und das rechtfertigt den Aufwand auf jeden Fall.

Checkliste Auswertung der Interviews

- Dokumentieren Sie die Ergebnisse Ihrer Interviews, Beobachtungen möglichst genau. Versuchen Sie, dabei möglichst wörtlich mitzuschreiben, je mehr Sie die Ergebnisse in Ihrer Sprache interpretieren, desto mehr wird es »Ihre« Perspektive.
- Bilden Sie ein Kategoriensystem. Blicken Sie auf das Ziel und schauen Sie Ihre Daten (gegebenenfalls in mehreren Abschnitten) mehrmals durch, häufig entwickeln sich dann erste Kategorien. Sie können auch die Leitfragen oder die genannten Konzepte als Anregung nehmen.

- Ordnen Sie anschließend die einzelnen Aussagen den Kategorien zu.
- Zu den einzelnen Kategorien ist es hilfreich, typische Aussagen oder typische Beobachtungen möglichst wörtlich herauszugreifen. Ein konkretes Beispiel sagt mehr als eine allgemeine Interpretation.

Literaturhinweise

Allgemein als Einführungen seien hier genannt:
- Atteslander, P./Cromm, J. (2010): Methoden der empirischen Sozialforschung. 13. Auflage. Berlin: Erich Schmidt
- Mayring, P. (2008): Einführung in die qualitative Sozialforschung. 5. Auflage, Weinheim und Basel: Beltz
- Mayring, P. (2015): Qualitative Inhaltsanalyse. Grundlagen und Techniken. 12. Auflage, Weinheim und Basel: Beltz

Zum Thema Organisationsdiagnose gibt es ausführliche Hinweise unter anderem bei:
- König, E./Volmer, G. (2014): Handbuch systemische Organisationsberatung. 2. Auflage, Weinheim und Basel: Beltz, S. 284 ff.
- Titscher, S./Meyer, M./Mayrhofer, W. (2008): Organisationsanalyse. Konzepte und Methoden. Wien: Facultas

Eine neue Position: Schritte in ein neues System

> **Beispiel: der Übergang in eine neue Position**
>
> Denken Sie an das Eingangsbeispiel des vorhergehenden Kapitels: Die Startphase von Herrn Kunze in der neuen Position ist gründlich schiefgegangen. Dabei hatte er sich doch nur bemüht, den Auftrag seines Vorgesetzten zu erfüllen. Außerdem hatte er inhaltlich recht: Einige Mitarbeiter der Abteilung waren im alten Trott gefangen. Hier waren neue Anstöße in der Tat angebracht – nur, der Versuch ging nach hinten los.
>
> Was war hier geschehen: Herr Kunze hatte seine Aufmerksamkeit auf die Aufgaben und somit auf die Inhalte gelegt. Er hatte übersehen, dass er in ein neues soziales System gekommen war (das neue Team), und darüber hinaus mit unbekannten anderen sozialen Systemen (zum Beispiel den Lieferanten) zu tun hatte. Und er hat dabei völlig unterschätzt, dass er erst lernen muss, sich in diesen Systemen erfolgreich zu positionieren. Er hat den Übergang in das neue System nicht bewältigt.

Theoretischer Hintergrund

Ausgangspunkt für die sogenannte Übergangsforschung war die Erfahrung, dass Übergänge wie beispielsweise der Übergang von der Kindheit zum Erwachsenenalter oder der Übergang in die Ehe in bestimmten Phasen verlaufen. Der französische Ethnologe Arnold van Gennep hat Anfang des 20. Jahrhunderts ein Modell mit drei Phasen entwickelt (van Gennep 2005):

- eine **Ablösungsphase,** die der Loslösung aus der bisherigen Welt dient – häufig durch Phasen des Rückzugs gekennzeichnet
- eine **Schwellenphase,** die den Übergang in die neue Phase markiert und durch bestimmte Rituale (zum Beispiel Heiratsrituale) gekennzeichnet ist
- eine **Integrationsphase,** die der Eingliederung in die neue Welt dient

Der Ansatz von van Gennep wurde vom englischen Anthropologen Victor Turner in den 1960er-Jahren aufgegriffen (Turner 2005). Turner versteht den Wechsel in diesen drei Phasen als ein »soziales Drama«, das durch den Bruch mit den bisherigen sozialen Normen, eine Krise beim Übergang, durch Rituale als Unterstützung bei der Bewältigung der Krise und abschließend durch die Wiedereingliederung in neue soziale Normen gekennzeichnet ist.

Demgegenüber betonen Anselm L. Strauss und Barney G. Glaser (beide sind Soziologen und Begründer der Methodik der Grounded Theory), dass die heutige Situation dadurch gekennzeichnet ist, dass Übergänge in unterschiedlichen Lebensbereichen gleichzeitig verlaufen (Glaser/Strauss 1971): Der Wechsel in eine neue berufliche Position kann gleichzeitig erfolgen mit dem Beginn einer neuen oder der Auflösung einer bestehenden Partnerschaft. Außerdem sind Übergänge weniger normiert, sondern stärker individualisiert (der Wechsel in eine neue Position kann individuell ganz unterschiedlich gestaltet werden).

Ein zweiter Ansatz liegt in der Biografieforschung, einer in den 1970er- und den 1980er-Jahren entwickelten Forschungsrichtung. Ergebnis ist hier, dass Biografien nie linear verlaufen und erlebt werden, sondern mit Brüchen, Übergängen und den jeweils damit verbundenen Herausforderungen verbunden sind (Kohli 1988).

Übergänge bedeuten darüber hinaus immer Veränderung eines sozialen Systems (Bührmann 2008): So verändert der Eintritt eines neuen Abteilungsleiters das soziale System. Der Erfolg des Übergangs hängt damit nicht nur von der betreffenden Person, sondern ebenso vom »sozialen System«, den anderen Personen, ihren subjektiven Deutungen, aber auch geltenden Regeln ab.

Die Ablösungsphase

Übergänge beginnen nicht erst mit dem Start in die neue Position, sondern bereits davor. Man weiß, dass man in einigen Wochen eine neue Position übernimmt und richtet nur allzu leicht alle Aufmerksamkeit auf die Zukunft. Doch der Wechsel in ein neues System ist immer auch Abschluss der bisherigen Phase. Das heißt im Einzelnen:

Ablösung als Abschluss auf der inhaltlichen Ebene: Stellen Sie sich vor, Sie wissen, dass Sie in drei Monaten Ihre bisherige Position verlassen. Müssen Sie wirklich in dieser Zeit noch versuchen, alle bestehenden Probleme zu lösen – oder ist es nicht sinnvoller, sich hier einen klaren Plan zu machen und zu überlegen, was noch getan werden muss und was möglicherweise für Ihre Nachfolgerin liegen bleiben kann? Je näher der Zeitpunkt kommt, desto drängender wird häufig das Thema: Welche Kollegen müssen in bestimmte Tätigkeiten eingewiesen werden? Wie muss ich die Nachfolgerin, wenn sie schon feststeht, in die Aufgaben einführen?

Ablösung als Verabschiedung von anderen Personen: Verlassen einer Position bedeutet Abschied nehmen. Von wem muss ich mich verabschieden? Wer sollte möglichst früh informiert werden? Wer persönlich? – Es ist nicht unbedingt hilfreich, wenn enge Kollegen erst durch eine E-Mail erfahren, dass ich in einen anderen Bereich gewechselt bin.

Ablösung als persönliches Loslassen: Wir sind oft so auf die Inhalte und die Aufgaben fixiert und übersehen dabei, dass wir selbst den Kopf freibekommen müssen, um uns auf eine neue Aufgabe zu konzentrieren. Bis zum letzten Moment gleichsam Feuerwehr in der alten Organisation zu spielen und dann sofort in eine neue Position: Da fehlt Freiraum, das Alte loszulassen.

In diesem Zusammenhang haben Rituale eine besondere Funktion. Rituale helfen, Übergänge zu »markieren«. Diese machen einem selbst und auch anderen bewusst, dass sich hier etwas verändert. Überlegen Sie, welche Rituale für Sie passen, um sich auf den Übergang vorzubereiten. Das kann das Ritual des bewussten Aussortierens in Zukunft nicht mehr benötigter Unterlagen sein, das Sortieren von Erinnerungsfotos, das Aufarbeiten der Lernerfahrungen – oder eine Abschlussfeier und vielleicht zudem zwei Tage Urlaub vor Eintritt in die neue Position.

Checkliste Ablösungsphase

- Überlegen Sie, welche Aufgaben bis zu Ihrem Abschluss noch erledigt werden müssen: Welche Themen müssen Sie noch bearbeiten? Was kann für Ihren Nachfolger liegen bleiben? Machen Sie sich eine Übersicht über die Tätigkeiten in den letzten Wochen.
- Überlegen Sie, wie Sie sich von Ihren Kolleginnen und Kollegen, von Vorgesetzten und Mitarbeitern, aber auch von möglichen Geschäftspartnern verabschieden. Wer sollte möglichst früh informiert werden? Bei wem ist ein persönlicher Abschiedsbesuch sinnvoll? Wo genügt vielleicht auch eine E-Mail?
- Und schließlich: Überlegen Sie, was Sie brauchen, um sich innerlich aus der alten Phase lösen zu können. Vielleicht reflektieren Sie Ihre Lernerfahrungen aus der vergangenen Position: Was möchten Sie an Erfahrungen mitnehmen und beibehalten? Was möchten Sie abändern? Nehmen Sie sich Zeit, Ihre Unterlagen durchzusehen und Ordnung zu schaffen – nicht nur als ein Sortieren von Unterlagen, sondern auch als ein geistiges Ordnung schaffen. Überlegen Sie, welche Rituale für Sie hilfreich sind.

Die Schwellenphase

Der erste Eindruck ist häufig entscheidend. Herr Kunze wollte dokumentieren, dass er seine neue Aufgabe ernst nimmt. Deshalb saß er am ersten Tag schon um halb acht an seinem neuen Schreibtisch. Nur: Da war noch niemand von seinen neuen Mitarbeitern da, die es gewohnt waren, erst zwischen halb neun und neun ins Büro zu kommen (dafür eher abends länger blieben). Damit war der Einstieg gründlich misslungen: Der will hier neue Saiten aufziehen. Und als schließlich Herr Kunze noch in der ersten Teambesprechung am Einstiegstag laut verkündete, dass jetzt »Schluss mit lustig« sei, hatte er kaum noch eine Chance im neuen System.

Versetzen Sie sich in die Situation der Mitarbeiter, die ihren neuen Vorgesetzten oder neuen Kollegen erwarten: Sie wollen wissen, »wie er tickt«, ob er jetzt alles umwerfen will, ob man mit ihm zurechtkommt. Sie brauchen Orientierung – aber sie brauchen auch Beachtung, vermutlich zudem die Sicherheit, dass sie nicht alles falsch gemacht haben und dass ihre Arbeit wertgeschätzt wird. Im Blick darauf gestalten Sie den ersten Tag. Hier eine Checkliste für diese Phase:

Checkliste Gestaltung des ersten Tages

- Klären Sie im Vorfeld (zum Beispiel mit der Sekretärin oder Ihrem neuen Vorgesetzten), wie Sie diesen Tag gestalten: Wann ist es sinnvoll, morgens zu kommen? Werden Sie von Ihrem Vorgesetzten eingeführt (was sicherlich hilfreich ist)?
- Wertschätzung der Mitarbeiter ist einer der Erfolgsfaktoren einer Führungskraft. Eine gute Möglichkeit ist, Mitarbeiter persönlich zu begrüßen. Machen Sie einen Rundgang durch die Abteilung, vielleicht kann Sie Ihr Vorgesetzter oder ein Kollege dabei begleiten. Sprechen Sie andere an, stellen Sie sich vor, kommen Sie ins Gespräch. Sie signalisieren damit, Sie sind mir wichtig!
- Wenn Ihre neue Position eine Führungsposition ist, wollen natürlich Ihre neuen Mitarbeiter wissen, »wie Sie ticken«. Das heißt, es wird ein erstes Treffen der Abteilung erwartet. Aber Vorsicht: Sie kennen das neue System noch nicht. Von daher, wagen Sie sich nicht zu weit vor. Einige Möglichkeiten:
  - Machen Sie deutlich, dass Sie sich auf die neue Position freuen.
  - Erzählen Sie etwas von sich, durchaus auch etwas Persönliches.
  - Seien Sie vorsichtig mit inhaltlichen Äußerungen. Eine mögliche Botschaft könnte sein: »Ich freue mich, mit Ihnen zu arbeiten. Aber ich will zunächst die Organisation verstehen. Von daher werde ich in den nächsten Tagen und Wochen zahlreiche Gespräche führen, um Ihre Sichtweise zu erfassen.«

Es gibt in jedem sozialen System (meist ungeschriebene) Regeln, die festlegen, was man an einem solchen Tag tun sollte oder nicht. Nicht immer ist nach der ersten Teambesprechung ein Imbiss oder sogar ein Glas Sekt angebracht. Klären Sie im Vorfeld, was von Ihnen erwartet wird – und entscheiden Sie dann, inwieweit Sie diesen Erwartungen folgen.

Eine neue Position: Schritte in ein neues System

Die Diagnosephase

Es war der gravierende Fehler von Herrn Koch als neuer Führungskraft, zu schnell Veränderungen durchzuführen – ohne zu wissen, wie diese Veränderungen bei den Mitarbeitern, Kollegen und Partnern ankommen und welche Konsequenzen sie nach sich ziehen. Erfolgreiches Handeln setzt »Systemkenntnis« voraus, die eine neue Kollegin oder Vorgesetzte zunächst erwerben muss. Das benötigt Zeit – nicht von ungefähr gibt es den Spruch von den »ersten 100 Tagen«, die man sich in einer neuen Position Zeit nehmen sollte. Nun werden das nicht immer 100 Tage sein. Trotzdem: Nutzen Sie die erste Zeit, das neue System zu verstehen, um zu wissen, wie Sie hier handeln können.

Möglichkeiten dafür haben wir Ihnen im vorausgegangenen Kapitel vorgestellt. Hier nochmals als Checkliste:

Checkliste Kennlerngespräche (Interviews)

- Überlegen Sie: Wer sind die Stakeholder für den Erfolg im meiner neuen Position? Das sind in der Regel Vorgesetzte, Kollegen, Mitarbeiter, Ihre Sekretärin, aber auch wichtige weitere Partner, möglicherweise Betriebs- oder Personalrat.
- Als Kennlerngespräch hat dieses Interview sicherlich eine Phase zu Beginn, in der Sie sich vorstellen und auch Ihr Gesprächspartner von sich erzählt.
- Machen Sie dann das Ziel dieses Gesprächs transparent: Ihnen geht es darum, zunächst einmal die Organisation zu verstehen, deshalb dieses Gespräch.
- Machen Sie sich einen Leitfaden für das Gespräch. Hilfreiche Fragen können sein:
  - Was sind Stärken und Schwachstellen? Wo liegen mögliche Probleme?
  - Welche Herausforderungen stellen sich für die Zukunft? Was sind mögliche Risiken und Chancen?
  - Was könnte getan werden, um (noch) erfolgreicher zu werden?
  - Was sind Maßnahmen mit der größten Hebelwirkung?
  - Welche Erwartungen haben die Gesprächspartner an die neue Führungskraft (den neuen Mitarbeiter, Projektleiter)? Was sollte er tun? Was sollte er auf keinen Fall tun?
  - Hat der Gesprächspartner weitere Empfehlungen und Hinweise für den Start in der neuen Position?
- Was die Durchführung des Gesprächs anbetrifft, so gilt das Gleiche wie bei den Interview: zuhören, nachfragen.
- Den Abschluss bildet dann der Dank an den Gesprächspartner und möglicherweise eine Vereinbarung, in Kontakt zu bleiben, sich in mehr oder weniger großen Abständen zu treffen und auszutauschen.

Die Integrationsphase

Jetzt haben Sie eine Fülle von Informationen und ein Gefühl für das neue soziale System. Doch was dann? Jetzt (also spätestens am Schluss der ersten 100 Tage) wird von Ihnen erwartet, dass Sie Position beziehen: Was sind die Schwerpunkte Ihrer Arbeit, auf die Sie sich konzentrieren wollen? Welche Projekte wollen Sie starten? Welche Maßnahmen wollen Sie umsetzen? Die Erarbeitung und Umsetzung der »Strategie« (also Schwerpunkte, auf die Sie sich konzentrieren) gilt, gleichgültig in welcher Position Sie sich befinden: Als Geschäftsführerin ist es Ihre Aufgabe, die Strategie Ihres Unternehmens zu entwickeln. Aber auch als Abteilungsleiterin oder Teamleiter benötigen Sie eine Strategie für Ihre Abteilung oder Ihr Team. – Das hilft Ihnen, Ihre Energie zu bündeln und sich auf das Wesentliche zu konzentrieren. Für die Erarbeitung Ihrer Strategie hier einige Hinweise:

Checkliste zur Erarbeitung der neuen Strategie

- Ausgangspunkt ist die Diagnosephase. Überlegen Sie: Was sind für Sie die zentralen Ergebnisse? Welche Konsequenzen ziehen Sie daraus? Worauf wollen Sie sich in den kommenden Monaten konzentrieren?
- Nutzen Sie dabei Ihre emotionale Intelligenz: Haben Sie mit diesen Ergebnissen ein gutes Gefühl oder gibt es noch Warnsignale?
- Nutzen Sie den Vorteil unterschiedlicher Perspektiven: Suchen Sie sich einen Sparringspartner, mit dem Sie Ihre Strategie durchsprechen können und der Ihnen Hinweise und Anregungen geben kann. Das kann Ihre Vorgesetzte sein, möglicherweise auch ein Gesprächspartner aus Ihrem Team oder eine kleine Gruppe.
- In vielen Fällen ist die Strategie auf die Zustimmung anderer (zum Beispiel des Vorgesetzten) angewiesen. Präsentieren Sie Ihre Strategie. Nutzen Sie diese Situationen zugleich als Chance, möglicherweise noch zusätzliche Gesichtspunkte zu bekommen. Aber beziehen Sie zugleich Position. Es ist »Ihre« Strategie.
- Eine Strategie muss schnell umgesetzt werden. Also die Abstimmungsphase möglichst zügig durchführen und dann schnell erste Maßnahmen umsetzen. Das gilt insbesondere dann, wenn es um unbequeme Maßnahmen geht, wenn Sie möglicherweise Kündigungen aussprechen müssen oder altgewohnte Privilegien streichen. Handeln Sie hier nach dem Sprichwort: »Wenn du Grausamkeiten begehen musst, dann am Anfang.«
- Aber achten Sie bei allen diesen Maßnahmen darauf, dass Wertschätzung, Verständnis und Respekt gegenüber den anderen Personen erhalten bleiben. Und nicht zuletzt: Bleiben Sie authentisch. Tun Sie das, zu dem Sie stehen können.

Eine neue Position: Schritte in ein neues System

Das Erarbeiten und Umsetzen der eigenen Strategie in einer neuen Position bezieht sich keineswegs nur auf den Inhalt (Worauf konzentriere ich mich?), sondern hat stets gleichzeitig etwas mit der Positionierung im neuen sozialen System zu tun. Im Anschluss an Konrad Lorenz (1969, S. 151 ff.) lässt sich die Anfangsphase in einem neuen sozialen System mit der Situation eines neuen Hahnes auf dem Hühnerhof vergleichen: Wenn der Hahn auf den Hühnerhof kommt, wird ihm zunächst der niedrigste Platz am Rande zugewiesen – und es ist seine Aufgabe, sich einen »besseren« Platz zu »erkämpfen«. Nicht viel anders geht es in einem sozialen System zu: Zunächst werden viele versuchen, dem neuen Kollegen oder der neuen Kollegin den niedrigsten Status zuzuweisen. Es liegt an ihm oder an ihr, sich »auf dem Hühnerhof« zu positionieren. Hilfreich dabei kann sein, eine Stakeholderanalyse durchzuführen (Wer sind die wichtigen Stakeholder? Was sind ihre Ziele? Welche Handlungsmöglichkeiten für mich ergeben sich daraus?) oder die eigene Position mithilfe von Karten bildlich darzustellen (s. S. 25 ff.).

Anregung zur Weiterarbeit

Dass das Thema Übergang für Sie vor allem dann relevant ist, wenn Sie sich selbst in einer solchen Situation befinden, liegt auf der Hand. Aber Übergänge sind nicht nur der Wechsel in eine neue Position. Wenn Sie ein neues Projekt oder ein neues Thema übernehmen, kann es gleichermaßen zweckmäßig sein, das Vorgehen als Übergang zu planen.

Literaturhinweise

Es gibt mittlerweile umfangreiche Literatur zu Übergängen. Einen hilfreichen Überblick über den Diskussionsstand gibt:
- Schröer, W./Stauber, B./Walther, A./Böhnisch, L./Lenz, K. (Hrsg.) (2013): Handbuch Übergänge. Weinheim und Basel: Beltz Juventa

Praktische Anregungen finden Sie zum Beispiel bei:
- Hofbauer, H./Kauer, A. (2014): Einstieg in die Führungsrolle. 5. Auflage, München: Hanser
- Kopp, D. (2014): Führungskraft – und was jetzt? Berlin: Springer
- Fischer, P. (2015): Neu auf dem Chefsessel. 11. Auflage, München: Redline

Moderation:
Struktur und Steuerung des Systems

Beispiel: Die Abteilungsbesprechung

Einladung zur Abteilungsbesprechung, 14. Januar, 9:00 bis 12:00 Uhr, Raum 326. Tagesordnung:
1. Berichte
2. Planung: Tag der offenen Tür
3. Weitere Aktionen Öffentlichkeitsarbeit
4. ... (Es folgen noch neun weitere Themen.)

Als diese Einladung eintrifft, geht ein Stöhnen durch die Abteilung: Schon wieder diese Zeitverschwendung – da kommt ohnehin nichts dabei raus. In der Tat: 23 Kolleginnen und Kollegen sitzen mehr oder weniger gelangweilt im Besprechungsraum, einige rufen E-Mails ab, andere fehlen noch. Endlich: Mit zehn Minuten Verspätung beginnt die Besprechung. Der Leiter, Herr Storch, begrüßt alle und kündigt gleich eine Änderung der Tagesordnung an. Doch zunächst gibt es um das Protokoll der letzten Sitzung eine lange Diskussion. Als erster Tagesordnungspunkt erfolgt ein 30-minütiger Bericht von Herrn Storch über die Ereignisse des letzten Monats. Frau Klaus will wissen, was es denn mit den Schmierereien an Gebäude 13 auf sich hat, und was man dagegen unternehmen solle. Herr Burg betont, dass hier stärker durchgegriffen werden müsse, und was man denn zu tun gedenke. Herr Storch erklärt, dass alles schwierig sei. Anschließend berichtet Frau Kunze, die sich gern reden hört, ausführlich von einer Exkursion in das Werk x.
Beim zweiten Tagesordnungspunkt 2 (Planung: Tag der offenen Tür) sind sich alle einig, dass er wieder stattfinden sollte. Aber soll man das gleiche Vorgehen wie letztes Mal weiterführen? Das Thema gestaltet sich als schwierig. – Es wird vereinbart, es bei der nächsten Besprechung wieder auf die Tagesordnung zu nehmen ...

Kommen Ihnen solche Situationen bekannt vor? Sind Sie leidgeplagt von langatmigen Sitzungen, die ohne Ergebnis enden? Oder müssen Sie solche Sitzungen leiten und sind leidgeplagt von Kollegen, die zu jedem Thema viel zu sagen haben, ohne dass ein Ergebnis herauskommt?

Die Herausforderung bei der Moderation von Besprechungen, Sitzungen und Konferenzen liegt daran, dass hier zwei Ebenen zu berücksichtigen sind: die Prozessebene und die Systemebene. Als Leiterin oder Leiter haben Sie den Prozess effizient zu leiten, damit tatsächlich Ergebnisse erzielt werden; und Sie haben zu-

Moderation:
Struktur und Steuerung des Systems

gleich ein komplexes soziales System zu steuern – das System der Teilnehmerinnen und Teilnehmer.

Theoretischer Hintergrund

Moderation ist weniger ein theoretisches Thema, sondern ist Handwerkszeug. Dafür wurden unterschiedliche Verfahren und Vorgehensweisen entwickelt, zum Beispiel zur Visualisierung, um Prioritäten zu setzen, Ziele zu vereinbaren und vieles andere mehr. Theoretische Bezüge werden häufig eher am Rande oder implizit herangezogen, wobei man unter anderem auf die Entscheidungstheorie, verschiedene Kommunikationstheorien, Lerntheorien, aber auch die Systemtheorie oder die Humanistische Psychologie zurückgreift.

Die Unterscheidung zwischen Prozess- und Systemebene legt zwei theoretische Bezüge nahe: den Bezug auf den Problemlösungsprozess und die personale Systemtheorie. Im Blick darauf ergeben sich die beiden zentralen Aufgaben:

- Steuerung des Prozesses
- Steuerung des sozialen Systems

Moderation als Steuerung des Prozesses: GROW

Es gibt die »Besprechungskostenuhr«: Die für die Besprechung verwendete Zeit multipliziert mit der Anzahl der Teilnehmer und dem durchschnittlichen Stundensatz. Damit wird schnell deutlich, wie schnell in einer Besprechung mehrere tausend Euro »verbraten« werden. Anders gewendet: Die meisten Besprechungen sind zu lang und zu wenig effizient. Was hier fehlt, ist eine klare und effiziente Struktur – und damit sind wir wieder bei unserer Grundstruktur GROW.

Goal: Thema, Ziel und Zeitrahmen der Besprechung. Die meisten Besprechungen haben eine Agenda. Die Themen sind also festgelegt. Was aber fehlt, sind die Ziele der Besprechung insgesamt beziehungsweise zu den einzelnen Themen.

Grundsätzlich hat eine Besprechung zwei mögliche Ziele: Informationsaustausch und Bearbeitung von konkreten Themen. Viele Besprechungen beschränken sich auf das erste Ziel – aber das ist in der Regel den Aufwand nicht wert. Bewährt hat sich eine Zweigliederung: Ein Tagesordnungspunkt »Berichte« und anschließend einige (aber nicht zu viele) Themen, die zu bearbeiten sind – und das heißt, für die sinnvollerweise Ziele im Vorhinein festzulegen sind. Für unser Beispiel ergäbe sich damit etwa folgende Agenda:

- Berichte
- Tag der offenen Tür: Status der Vorbereitung und nächste Schritte
- Öffentlichkeitsarbeit: Sammlung von Ideen für weitere mögliche Aktionen, Festlegung der nächsten Schritte
- …

Tagesordnungspunkt Berichte. So wichtig der Informationsaustausch ist, oft wird zu viel und zu lange informiert, und es werden Fragen gestellt, die vielleicht drei Teilnehmer interessieren, die anderen aber nur langweilen. Bewährt hat sich dabei ein (zeitlich begrenztes) Rundgespräch: der Leiter oder die Leiterin beginnt, die anderen schließen der Reihe nach an. Das hat den Vorteil, dass jeder etwas sagt und damit eingebunden ist. Zugleich werden Dauerredner zumindest etwas in die Schranken gewiesen.

Übrigens: Auch so ein Rundgespräch muss eingeübt werden: Es geht nicht darum, alles zu erzählen, was geschehen ist, sondern die Kernfrage lautet: Was davon ist für die Kollegen wirklich wichtig? Häufig reichen ein paar Überschriften (Man weiß, womit der Einzelne beschäftigt ist.) – und bei weiterem Informationsbedarf kann man im Anschluss an die Besprechung direkt auf ihn zugehen.

Checkliste Tagesordnungspunkt Berichte

- Bericht des Leiters (Vorgesetzten, Projektleiters): maximal zehn Minuten
- Bericht der übrigen Teilnehmer: maximal jeweils drei Minuten
- Kriterium für die Berichte: Was ist für die Teilnehmer wirklich wichtig?

Die Bearbeitung der weiteren Agendathemen: Nochmals GROW. Hier wiederholt sich auf einer unteren Ebene nochmals die GROW-Struktur: Für jedes Thema ist das Ziel festzulegen, es ist die Situation zu klären, es sind Ideen zu entwickeln und Vereinbarungen über die nächsten Schritte zu treffen. Daraus ergibt sich folgende Checkliste:

Checkliste: GROW zum Bearbeiten der Agendathemen

Goal: Orientierungsphase

- kurze Einführung in das Thema durch Leiter oder den/die Verantwortliche
- Festlegung des Ziels für diese Besprechung: Was soll am Schluss Ergebnis sein?
- gegebenenfalls Festlegung des Zeitrahmens für die Bearbeitung dieses Punkts

Moderation:
Struktur und Steuerung des Systems

Reality: Klärungsphase

Darstellung der Ist-Situation durch Verantwortlichen:
- Was waren Ausgangssituation und Zielsetzung/Auftrag?
- Was ist geschehen?
- Was ist erreicht? Was nicht?
- Wo genau liegen die Probleme?
- Was hat zur Situation geführt?
- Wo liegen die Chancen und wo sind Risiken?

Sammlung der Kommentare, Hinweise anderer Teilnehmer
- Wichtig: Hinweise, Bedenken, Anregungen anderer werden (vom für das Thema Verantwortlichen oder im Protokoll) festgehalten, aber nicht ausdiskutiert!
- Eine weitere Bearbeitung des Themas erfolgt dann nicht in der Besprechung selbst, sondern zum Beispiel im Anschluss daran unmittelbar mit dem betreffenden Teilnehmer oder in einer kleineren Gruppe.

Options: Lösungsphase

- Sammlung von Ideen für das weitere Vorgehen:
  - durch Verantwortlichen: Was sieht er für Möglichkeiten?
  - durch andere Teilnehmer oder Leiter
- Bewertung der Möglichkeiten: Was sind Vor- und Nachteile?

What next?: Abschlussphase

- Zusammenfassung des Ergebnisses der Diskussion (durch Leiter)
- Maßnahmenplan: Wer macht was mit wem bis wann?
- Absicherung der Zustimmung zum weiteren Vorgehen

Aber was ist, wenn keine Einigung erzielt wird? Viel zu oft führt das zu endlosen Diskussionen. Auch hier ist die klare Steuerung durch den Leiter oder Moderator erforderlich. Das bedeutet:

- Stand der Diskussion zusammenfassen: Wo sind wir uns einig? Was ist noch unklar? Was ist offen?
- Vorschlag zum weiteren Vorgehen unterbreiten. Zum Beispiel kann das Thema beim nächsten Treffen wieder aufgegriffen werden (dann hat jeder Zeit, nochmals darüber nachzudenken). Oder es wird eine kleine Gruppe gebildet, die das Thema weiterverfolgt. Es kann auch sein, dass es an die betreffende Gruppe zurückverwiesen wird.

Abschlussphase der Besprechung. Generell gilt: Laufende Besprechungen über zwei Stunden sind selten zielführend – es sei denn, man führt einen längeren Workshop mit unterschiedlichen Methoden und Arbeitsformen durch. Ansonsten ist Zeitbegrenzung sinnvoll. Die Besprechung schließt häufig mit dem Punkt »Sonstiges« ab, bei dem zum Beispiel nochmals an Termine erinnert wird, der Dank an die Teilnehmer geäußert wird und die Verabschiedung erfolgt. Darüber hinaus noch einige Hinweise, die es zu beachten gilt:

- Gelegentlich kann es hilfreich sein, sich Feedback zur Besprechung einzuholen. Das kann in Form eines kurzen Rundgesprächs geschehen oder als Einschätzung nach den Kriterien »Klima« und »Effizienz«: 0 ist verheerend, 100 ist optimal – wobei die Nachfrage »Was bedeutet 70?« entscheidend ist.
- Ein leidiges Thema ist häufig das Protokoll, das einem bedauernswerten Teilnehmer dann oft Stunden (letztlich unnötiger) Arbeit kostet. Hier gilt: In der Regel nur ein Ergebnisprotokoll, das die Ergebnisse und vielleicht die vorgebrachten Anregungen und Hinweise zu den einzelnen Punkten (am besten in Stichworten) aufführt. Ideal ist es, wenn es gelingt, dass eine Teilnehmerin oder ein Teilnehmer das Protokoll gleich simultan während der Besprechung erstellt. – Dieses kann dann abschließend mit Beamer vorgestellt und sofort verabschiedet werden.
- Bewährt hat sich schließlich, im Anschluss an die Besprechung 30 bis 60 Minuten für Zweiergespräche oder Gespräche in kleinen Gruppen zu blockieren. Dann können noch Fragen zu einzelnen Punkten zwischen Teilnehmern geklärt und Vereinbarungen für das weitere Vorgehen getroffen werden – oder man geht wieder an seinen Arbeitsplatz.

Moderation als Steuerung des sozialen Systems

Es klang schon in dem vorausgegangenen Abschnitt immer wieder an: Die eigentlichen Schwierigkeiten bei der Moderation von Besprechungen liegen häufig nicht im Ablauf, sondern sind in den Personen und damit dem sozialen System begründet: Da gibt es den Kollegen, der zu allem etwas zu sagen hat; denjenigen, der gegen alles etwas einzuwenden hat, der sein fehlendes Interesse nonverbal deutlich dokumentiert ... Moderation ist somit immer auch Steuerung des sozialen Systems. Wir folgen dabei den im ersten Teil dargestellten Merkmalen sozialer Systeme.

Die Personen des sozialen Systems: Teilnehmerinnen und Teilnehmer. Eine der ersten Fragen, die es zu klären gilt, ist: Wer soll überhaupt an Besprechungen teilnehmen. Dabei bieten sich grundsätzlich zwei unterschiedliche Möglichkeiten an:

Moderation:
Struktur und Steuerung des Systems

- Besprechungen mit dem gesamten Team, der gesamten Abteilung. Das ist hilfreich, um den Informationsaustausch zwischen den Teammitgliedern zu sichern (jeder weiß, was gerade ansteht) und gemeinsame Themen zu bearbeiten. Es wird aber schwierig mit zu vielen Teilnehmern.
- Die zweite Möglichkeit ist, sich auf eine Auswahl von Teilnehmern zu beschränken. Das kann ein »Executive-Board« neben dem allgemeinen »Management-Board« sein oder sogenannte »Fokusgruppen«, die konkrete Themen bearbeiten. Fokusgruppen arbeiten nach dem Prinzip der Mehrperspektivität: Welche unterschiedlichen Perspektiven sind zur Bearbeitung dieses Themas erforderlich? Dabei ist eine Fokusgruppe mit zwei oder drei Teilnehmern häufig effizienter als eine Sechsergruppe.

Bewährt hat sich eine Kombination aus beiden Formen: in kleinen Fokusgruppen Themen vorbereiten und sie dann in der Abteilungs- oder Teambesprechung vorstellen; ergänzende Anregungen und Ideen sammeln, diese möglicherweise in der Fokusgruppe weiterbearbeiten und abschließend in der Abteilungsbesprechung verabschieden.

Checkliste Bildung von Fokusgruppen

- Die Fokusgruppen sollten möglichst unterschiedliche Perspektiven berücksichtigen und möglichst klein sein. Drei bis vier Teilnehmer sind in der Regel ausreichend.
- Die Fokusgruppen arbeiten ebenfalls nach dem GROW-Modell: Klärung des Ziels, Klärung der Ist-Situation (zum Beispiel Aufstellung möglicher Probleme), Sammlung von Ideen und als Abschluss ein konkreter Vorschlag.
- Ein Vertreter der Fokusgruppe stellt die Ergebnisse in der Besprechung vor.
- Anregungen werden von einem Mitglied der Fokusgruppe mitgeschrieben, damit sie nicht verloren gehen, aber nicht diskutiert. Gegebenenfalls kann nach der Abteilungsbesprechung nachgefragt werden.
- Falls in der Abteilungsbesprechung eine Gegenposition deutlich wird, kann es hilfreich sein, den betreffenden Teilnehmer in die Fokusgruppe aufzunehmen mit dem Auftrag, einen gemeinsamen Vorschlag zu erarbeiten.

Die subjektiven Deutungen: Das Handeln einzelner Personen in einer Besprechung ist von den jeweiligen subjektiven Deutungen bestimmt. Das bedeutet für Sie als Leiter oder Moderator: Sie müssen zunächst einmal die subjektiven Deutungen der Beteiligten kennen beziehungsweise erfragen. Sie können das im Vorfeld oder in einer ersten Besprechung machen. Im Grunde gilt dafür das Vorgehen, das wir im Abschnitt über Interviews vorgestellt haben: Sie stellen offene Fragen wie zum Beispiel:

- Was möchten Sie am Schluss der jeweiligen Besprechungen für sich als Ergebnis haben?
- Haben Sie Anregungen zum Ablauf und zur Organisation?
- Gibt es darüber hinaus weitere Hinweise und Anregungen?

Damit ist aber das Thema subjektive Deutungen noch nicht abgeschlossen. Ein Beispiel: Die Abteilung Innendienst ist von einer Kultur des Beklagens und Lamentierens geprägt. Man beklagt, dass von der Unternehmensleitung keine klaren Entscheidungen getroffen würden und man deshalb nichts machen könne. Damit wird jede Aktivität im Ansatz erstickt – letztlich kann sich jeder Einzelne bequem zurücklehnen. Als Leiter haben Sie hier eine »Baustelle«. Möglichkeiten sind:

- Sie sprechen die Themen Lamentieren an.
- Sie beziehen deutlich Position, dass für Sie das Lamentieren Zeitverschwendung ist und Sie stattdessen konkrete Vorgehensweisen erwarten.
- Sie steuern das Gespräch durch Fragen: »Was schlagen Sie vor?«, »Was können wir jetzt (auch wenn die Situation unklar ist) tun?«

Vermutlich lässt sich das Thema nicht im Rahmen der Abteilungsbesprechung bearbeiten, sondern ist eher Thema eines Workshops oder von Einzelgesprächen.

Soziale Regeln: Eine effiziente Besprechung ist ein regelgeleiteter Prozess. Wir haben eine Reihe von Regeln für den Ablauf bereits vorgestellt. Zum Beispiel

- Die gesamte Besprechung und die einzelnen Themen nach GROW strukturieren!
- Erst Ideen sammeln, nicht bewerten!
- Alle Anregungen und Hinweise notieren, aber nicht während der Besprechung diskutieren!
- Komplexe Themen in kleinen Fokusgruppen vorbereiten!

Daneben finden sich zahlreiche weitere Regeln fast in jedem Moderationshandbuch wie »Wir fangen pünktlich an!«, »Wir lassen einander ausreden!«, »Wir bleiben sachlich!«, »Handys ausschalten!«. Diese Regeln können hilfreich sein, manchmal sind sie selbstverständlich, manchmal müssen sie thematisiert werden. Bisweilen können sie sich aber auch ins Gegenteil verkehren. So kann unter der Hand aus der gutgemeinten Regel »Wir lassen einander ausreden!« eine Regel werden: »Jeder darf jeden Schwachsinn so lange erzählen, wie er möchte, man darf ihn nicht unterbrechen.«

Moderation:
Struktur und Steuerung des Systems

Insgesamt gilt: Als Leiter oder Moderator sind Sie für den Prozess und damit für die Einführung und Einhaltung von Regeln, aber auch für ihre Überprüfung und möglicherweise Abänderung verantwortlich.

Checkliste Besprechungsregeln

- Überlegen Sie, ob die geltenden Regeln sinnvoll sind oder ob sie verändert werden müssen.
- Neue Regeln können Sie direkt vorschlagen oder durch Ihr Tun einführen – oder das Thema Regeln in der Besprechung thematisieren.
- Sammeln Sie Alternativen für mögliche sinnvolle Regeln.
- Sichern Sie die Zustimmung zu den jeweiligen Regeln ab. Das gilt insbesondere für vielleicht »ungewohnte« Regeln wie »Erst Ideen sammeln, ohne zu bewerten«. Wenn die Regel nicht eingehalten wird (und damit müssen Sie rechnen), können Sie die betreffenden Teilnehmer an diese Vereinbarung erinnern.

Regelkreise: Regelkreise sind eines der augenfälligsten Merkmale auch von Besprechungssystemen. Hier einige Beispiele:

- endlose Diskussion ohne Ergebnis
- Zerreden neuer Ideen: »Das geht nicht«, »Das ist zu teuer«
- fortwährendes Beklagen des Schicksals
- uferlose Verfahrensdiskussionen, wie man denn jetzt vorgehen solle
- Konflikte zwischen Teilnehmern
- Kritik und Verteidigung zwischen den Teilnehmern oder zwischen Teilnehmern und Leitung

Im Grunde können Sie hier alles anwenden, was wir bereits zum Thema Regelkreise im ersten Teil festgestellt haben.

Checkliste Regelkreise in Besprechungen

- Achten Sie auf Ihr Bauchgefühl. Wenn Sie das Gefühl haben, in der Besprechung auf der Stelle zu treten, dann signalisiert das: Sie sind in einem Regelkreis verfangen.
- Nehmen Sie sich die Zeit, sich den Regelkreis bewusst zu machen: Was läuft hier ab. Vielleicht unterbrechen Sie kurz – oder Sie lassen einfach die Diskussion kurze Zeit laufen, ohne zu intervenieren.
- Tun Sie etwas anderes!

Was das Andere sein kann, kann von Situation zu Situation unterschiedlich sein:

- Sie können die Sitzung für einige Minuten unterbrechen.
- Rundgespräch anstelle Zweierdiskussion: Was meinen die anderen zu diesem Thema?
- Sie können ein kurzes Blitzlicht starten: Wo stehen wir in der Diskussion? Was wären Ideen zum weiteren Vorgehen?
- Sie können den Regelkreis für alle aufzeigen: »Wir haben uns hier festgefahren.«
- Anstelle im Plenum weiter zu diskutieren können Sie das Thema in eine Fokusgruppe verlagern oder kurz in Kleingruppen bearbeiten.

Systemumwelt und Systemgrenzen: Jede Besprechung hat eine materielle Umwelt, jedes Besprechungssystem aber auch eine Systemgrenze zu anderen sozialen Systemen. Zur materiellen Umwelt gehören die Ausstattung, die Technik und die Frage, wo Sie als Leiter oder Moderator Ihren Platz wählen. Als Leiter mitten unter den Teilnehmern zu sitzen, kann signalisieren, dass Sie einer unter Gleichen sind (was manchmal nicht unproblematisch ist). Zu viel räumliche Distanz dagegen deutet auf starke Abgrenzung.

Das Thema Systemgrenze betrifft zum Beispiel die Frage, inwieweit zusätzliche Teilnehmer aus anderen sozialen Systemen (weitere Vorgesetzte, Experten zu bestimmten Themen) an der Besprechung teilnehmen sollen. Hilfreich sind auch hier klare Regelungen: einen festen Zeitpunkt und den Zeitrahmen vereinbaren und dann wieder im ursprünglichen System weiterarbeiten.

Entwicklung: Besprechungen haben immer eine Vorgeschichte: Wie sind Abteilungsbesprechungen früher abgelaufen? Ist die Abteilung aus unterschiedlichen Teilnehmern zusammengesetzt, wo jeweils unterschiedliche Besprechungskulturen galten? Was hat sich bewährt und sollte beibehalten, was abgeändert werden? Hilfreich ist, sich über die Vorgeschichte zu informieren – gerade ältere Kollegen, die schon lange Zeit in der Abteilung sind, kennen die verschiedenen Veränderungsversuche und können wichtige Hinweise geben.

Achtung: Die Einführung einer neuen »Besprechungskultur« ist ein eigener Veränderungsprozess, der wohlüberlegt, geplant und sorgfältig durchgeführt werden sollte. Nehmen Sie sich die Zeit dafür. Hilfreich kann sein, die Struktur für die Bearbeitung der Themen im Rahmen eines eigenen Teamworkshops einzuführen, bei dem eine Gruppe sich mit dem Thema Regelkommunikation befasst. Oder Sie setzen das Thema »Ablauf der Teambesprechungen« als eigenen Tagesordnungspunkt an, unterbreiten Ihren Vorschlag, nehmen sinnvolle Ergänzungen und Änderungen auf und vereinbaren das Vorgehen.

Aber auch hier gilt: Sie müssen immer mit unerwarteten Nebenwirkungen rechnen. Veränderungen in sozialen Systemen besitzen eine Eigendynamik. Das heißt: Sie müssen mit hoher Wahrscheinlichkeit nach einigen Monaten nachjustieren. Führen Sie dazu einen Review durch, sprechen Sie mit Einzelnen, wie sie die Besprechungen erleben, und machen Sie den Ablauf der Besprechung zum Thema.

Zum Abschluss dieses Abschnitts wieder einige Anregungen für die Weiterarbeit:

Anregungen für die Weiterarbeit

Eine gute Möglichkeit ist, aus der Teilnehmerrolle die Aufmerksamkeit auf die Struktur und die Systemebene in Besprechungen zu richten:
- Wie ist die Abarbeitung der Themen strukturiert?
- Wie füllt der Moderator/Leiter seine Rolle aus?
- Welche (offiziellen oder impliziten) Regeln bestehen?
- Gibt es immer wiederkehrende Regelkreise?

Überlegen Sie: Wenn Sie Moderator wären, was würden Sie anders machen? Dann wäre der nächste Schritt, sich Ihre eigenen Besprechungen vorzunehmen:
- Was läuft bislang gut, was nicht?
- Was wären Möglichkeiten, die Besprechungen effizienter zu gestalten?
- Wie können Sie mit Problemen auf der Systemebene umgehen?
- Wie implementieren Sie eine neue Besprechungskultur?

Literaturhinweise

Und zum Abschluss wieder einige Literaturhinweise:
- Freimuth, J./Barth, T. (Hrsg.) (2014): Handbuch Moderation. Göttingen: Hogrefe
- Hartmann, M./Rieger, M./Funk, R. (2012): Zielgerichtet moderieren. Ein Handbuch für Führungskräfte, Berater und Trainer. 6. Auflage, Weinheim und Basel: Beltz
- Seifert, J. W. (2015): Besprechungen erfolgreich moderieren. 15. Auflage, Offenbach: Gabal
- Funcke, A./Havenith, E. (2013): Moderations-Tools. 3. Auflage, Bonn: managerSeminare

Konflikte schlichten

Beispiel: Konflikte zwischen Mitarbeitern

Frau Hacker ist Abteilungsleiterin in einem größeren Unternehmen. Zwei ihrer Mitarbeiterinnen, Frau Schubert und Frau Beck, haben miteinander Probleme. Frau Schubert ist eine erfahrene Fachexpertin. Wenn sie Urlaub hat, muss Frau Beck sie vertreten. Nur klappt das offenbar nicht. Frau Beck beklagt sich, dass sie keine Informationen bekommt. Frau Hacker schlägt ein Dreiergespräch vor.

Das ist eine Situation, die Sie sicherlich ebenfalls kennen: Sie werden aufgefordert, Konflikte zwischen zwei anderen Personen zu schlichten. Das kann Konflikte zwischen den eigenen Kindern betreffen, Konflikte zwischen Schülern oder Auszubildenden als Lehrerin oder Ausbilder, Konflikte zwischen Mitarbeitern als Führungskraft oder allgemein als Schlichter oder »Mediator«, das heißt als neutraler Dritter.

Theoretischer Hintergrund

Es gibt mittlerweile eine ganze Reihe von Konzepten, die sich mit der Frage befassen, wie sich dieser Schlichtungsprozess gestalten und unterstützen lässt. Letztlich haben alle den gleichen Grundsatz: das Konsensprinzip. Das bedeutet: Der Mediator oder Schlichter ist nicht der Schiedsrichter, der entscheidet, wer Recht hat, sondern er ist der Moderator, der die Konfliktparteien unterstützt, einen Konsens zu finden. Wie dieser Konsens erreicht werden kann, dafür gibt es unterschiedliche Modelle.

Die »niederlagelose Methode« von Thomas Gordon: Thomas Gordon, Schüler von Carl Rogers, hat in den 1970er-Jahren versucht, dessen Konzept auf Alltagssituationen zu übertragen. Eine der von ihm vorgeschlagenen Methoden ist die »niederlagelose Methode« als Verfahren der Konfliktlösung (Gordon 2005, S. 174 ff.):

Schritte der »niederlagelosen Methode«

- Schritt 1: den Konflikt identifizieren und definieren
- Schritt 2: mögliche Alternativlösungen entwickeln

- Schritt 3: die Alternativlösungen kritisch bewerten
- Schritt 4: sich für die beste annehmbare Lösung entscheiden

Mediation: Mediation als Verfahren der Konfliktlösung, in dem »ein neutraler Dritter ohne eigentliche Entscheidungsgewalt versucht, sich im Streit befindenden Personen auf dem Weg zu einer Einigung zu helfen« (Altmann/Fiebiger/Müller 2005, S. 18) wurde in den 1970er-Jahren in den USA zunächst als Alternative zu Gerichtsprozessen entwickelt. Mittlerweile ist Mediation nicht nur bei gerichtlichen Auseinandersetzungen, sondern auch in Unternehmen, Verwaltungen, Politik oder der Arbeit mit Jugendlichen ein etabliertes Konzept.

Schritte im Mediationsprozess

- Einleitung: Schaffung eines sicheren Rahmens für das Mediationsgespräch, wobei die grundsätzliche Bereitschaft zur Einigung abgeklärt wird, aber auch Gesprächsregeln wie »ausreden lassen« festgelegt werden.
- Darstellung der Sichtweise der Betroffenen: Jeder Beteiligte stellt seine Sicht des Konflikts (seine »Position«) dar, ohne dass er dabei unterbrochen wird.
- Hinter den Positionen stehende Interessen und Gefühle werden aufgedeckt.
- Lösungsmöglichkeiten werden gesammelt und weiterentwickelt.
- Schließlich folgt die Entscheidung für die passendste Lösung und das Treffen von Vereinbarungen.

Entscheidend ist hier die Unterscheidung zwischen Positionen und Interessen: In Konflikten stehen sich zunächst gegensätzliche Positionen gegenüber, wobei keiner bereit ist, die Position des anderen zu akzeptieren. In solchen Situationen hilft es, »hinter« die Positionen zu schauen und zu klären, welche »Interessen« (also welche Ziele) dahinterstehen, aus denen sich dann neue Lösungen ergeben.

Das Harvard-Konzept: Roger Fisher, William Ury, Bruce Patton und andere haben Ende der 1970er-Jahre an der Harvard Law School zahlreiche erfolgreiche und weniger erfolgreiche Verhandlungen untersucht und auf dieser Basis fünf »Prinzipien« erfolgreicher Verhandlungen entwickelt (Fisher/Ury/Patton 2004):

Schritte des Harvard-Konzepts

- Erstes Prinzip: Unterscheide zwischen dem Verhandlungsgegenstand einerseits und der Beziehung zwischen den Verhandlungspartnern andererseits.
- Zweites Prinzip: Konzentriere dich nicht auf Positionen, sondern auf die dahinterliegenden Interessen.

- Drittes Prinzip: Entwickle zuerst möglichst viele Optionen, bewerte und entscheide später!
- Viertes Prinzip: Ziehe allgemein gültige Normen oder Grundsätze als objektive Entscheidungskriterien heran!
- Fünftes Prinzip: Entscheide dich für oder gegen eine Verhandlungsübereinkunft durch den Vergleich mit deiner besten Alternative dazu!

Das Konzept der gewaltfreien Kommunikation (GfK) von Marshall B. Rosenberg: In der Auseinandersetzung mit der amerikanischen Bürgerrechtsbewegung der 1960er-Jahre hat Marshall B. Rosenberg das Trainingskonzept der gewaltfreien Kommunikation (GfK) entwickelt, das mittlerweile in vielen Kindergärten und Schulen, bei privaten Konflikten, in Organisationen, aber auch bei Konflikten in Krisengebieten genutzt wird. Im Anschluss an Rogers geht Rosenberg von der These aus, dass empathisches Sprechen und Hören ein entscheidender Erfolgsfaktor für die erfolgreiche Konfliktlösung ist. Er unterscheidet in diesem Zusammenhang zwischen der »Wolfssprache« und der »Giraffensprache«: Die »Wolfssprache« ist bewertend und interpretierend, fordernd und anklagend – und führt damit zur Verhärtung der Fronten. Die »Giraffensprache« dagegen macht die hinter Konflikten stehenden Gefühle und Bedürfnisse deutlich, ist zugleich einfühlsam und empathisch. Daraus ergeben sich vier Schritte der gewaltfreien Kommunikation (Rosenberg 2012, S. 25 ff.):

Schritte der gewaltfreien Kommunikation

- Erster Schritt: Teile dem anderen deine Beobachtung ohne Beurteilung oder Bewertung mit.
- Zweiter Schritt: Sprich aus, wie du dich fühlst, wenn du diese Handlung beobachtest.
- Dritter Schritt: Sage, welche Bedürfnisse hinter diesen Gefühlen stehen.
- Vierter Schritt: Sprich eine konkrete Bitte aus – und sei dir klar, dass die Bitte erfüllt werden kann oder nicht.

Systemisches Konsensieren: Dieses von den Trainern Georg Paulus, Siegfried Schrotte und Erich Visotschnig entwickelte Vorgehen ist kein Modell zur Strukturierung des gesamten Schlichtungsprozesses, sondern ein Verfahren zur Bewertung von Alternativen bei Gruppenentscheidungen. Ausgangspunkt ist die Erfahrung, dass ein Abstimmungsverfahren dann wenig tragfähig ist, wenn einzelne Teilnehmer gravierende Einwände gegen einen Vorschlag haben. – Sie werden in der Regel die Entscheidung nicht mittragen, sondern sie zu revidieren suchen oder unterlaufen. Eine Alternative dazu ist, nicht die Zustimmung zu einzelnen Alternativen zu erfragen, sondern den Widerstand herauszuarbeiten. Daraus ergibt sich folgendes Vorgehen für die Bewertung (Paulus/Schrotta/Visotschnig 2010, S. 13 ff.):

Schritte des systemischen Konsensierens

- Jede Alternative wird mit »Widerstandspunkten« bewertet:
  - 0 Punkte bedeutet: Ich kann diese Alternative mittragen,
  - 10 Punkte: Ich habe massive Einwände und kann die Entscheidung nicht mittragen,
- Die Widerstandspunkte zu den einzelnen Alternativen werden addiert.
- Es wird die Alternative gewählt, gegen die der geringste Widerstand besteht.

Schlichtung von Konflikten als Steuerung eines sozialen Systems

Beispiel: Koalitionsangebote im Schlichtungsgespräch

Abteilungsleiterin Frau Hacker hat ihre beiden Mitarbeiterinnen Frau Schubert und Frau Beck zum Gespräch gebeten. Man trifft sich im Besprechungsraum. Erst betritt Frau Beck den Raum. Sie geht auf Frau Hacker zu und begrüßt sie herzlich: »Schön, dass es mit dem Termin geklappt hat.« Sie setzt sich an den Besprechungstisch. Dann kommt Frau Schubert und setzt sich nach der Begrüßung auf die andere Seite. Frau Beck sitzt in der Nähe ihrer Vorgesetzten. Frau Beck eröffnet das Gespräch: Sie würde gern die Vertretung von Frau Schubert übernehmen, aber sie brauche einfach mehr Informationen. Von daher sei sie dankbar, dass sich Frau Hacker jetzt darum kümmern würde. Währenddessen strahlt sie ihre Vorgesetzte an, wendet sich ihr zu, beugt sich vor und rutscht unauffällig etwas näher. Frau Schubert sagt zunächst gar nichts, schiebt den Stuhl unmerklich etwas weiter nach hinten...

Was hier passiert, geschieht häufiger in solchen Schlichtungsgesprächen: Eine der beteiligten Personen versucht unter der Hand, eine Koalition mit der Moderatorin einzugehen. Das kann durchaus subtil geschehen: durch besonders freundliche Begrüßung, aber auch nonverbal, indem Frau Beck näher an Frau Hacker heranrückt, sich ihr zuwendet, sie anlächelt. Wenn Frau Hacker das nicht wahrnimmt und gegensteuert, etabliert sich unter der Hand eine bestimmte Systemstruktur: Es bildet sich ein Subsystem von Frau Beck und Frau Hacker, Frau Schubert wird ausgegrenzt.

Andere mögliche Konstellationen bezogen auf das genannte Beispiel wären:

- Die Vorgesetzte und Frau Schubert versuchen, Frau Beck davon zu überzeugen, dass sie sich selbst mehr um die betreffenden Informationen kümmern muss.
- Der Konflikt zwischen beiden Parteien eskaliert, sie unterbrechen sich gegenseitig, die Moderatorin kommt nicht zu Wort.
- Jede der beiden Konfliktpartner beklagt sich bei der Vorgesetzten über die andere. Jede versucht, sie auf ihre Seite zu ziehen.

Das sind typische Regelkreise in solchen Dreiersystemen. Aufgabe des Moderators ist dann, hier ein arbeitsfähiges soziales System zu schaffen, in dem es möglich ist, miteinander Lösungen zu entwickeln. Drei Grundprinzipien sind dafür entscheidend: klare Steuerung, Wertschätzung und Neutralität.

Klare Steuerung des Prozesses: Je unklarer oder konfliktträchtiger eine Situation ist, desto eher sind die Beteiligten in Gefahr, sich in Regelkreisen zu verfangen – und desto wichtiger ist eine klare Steuerung des Prozesses. Das ist aber in der Regel nur dann durchzusetzen, wenn sie an die Zustimmung der Betroffenen gebunden ist. Von daher: Sichern Sie das Vorgehen durch eindeutige Kontrakte ab: »Ist es in Ordnung für Sie, dass ich den Prozess steuere – und dann gegebenenfalls Diskussionen, wenn sie sich festgefahren haben, unterbreche?« In den meisten Fällen werden Sie diese Zustimmung erhalten – und können dann unter der Berufung darauf tatsächlich einen Dauerredner unterbrechen. Trotzdem geschieht es immer wieder, dass beide Gesprächspartner sich in einer Konfliktstruktur unterbrechen und sich wechselseitig Vorwürfe machen: Lassen Sie das kurze Zeit laufen, dann unterbrechen Sie die Struktur, vielleicht beugen Sie sich etwas vor, geben mit der Hand ein Stoppzeichen, unterbrechen den Redefluss und reden selbst etwas länger, damit sich die Gemüter wieder »abkühlen« können.

Wertschätzung, Empathie und Authentizität: Konflikte zeichnen sich dadurch aus, dass jeder den anderen abwertet, es fehlt an Wertschätzung. Eben das zu implementieren, ist Aufgabe – und Chance – des Moderators. Das bedeutet für Sie: jeden Beteiligten wertschätzen, jedem Verständnis für seine Sicht entgegenbringen. Konkrete Möglichkeiten sind:

- **Die Tatsache würdigen, dass alle zu diesem Gespräch gekommen sind.** Das gilt insbesondere dann, wenn ursprünglich nur einer der Beteiligten Interesse am Gespräch hatte: Die Tatsache, dass der andere mitgekommen ist, belegt, dass eine gemeinsamen Lösung möchte.
- **Konflikte in einen systemischen Kontext einfügen:** Es gibt nicht den Schuldigen – sondern jeder hat etwas dazu beigetragen, und jeder kann etwas dazu beitragen, den Konflikt zu lösen.

- Das Prinzip der Mehrperspektivität einführen: Jeder hat eine unterschiedliche Perspektive und sieht wichtige Aspekte – was dann Wertschätzung jeder Perspektive beinhaltet.
- **Gemeinsamkeiten betonen:** Für alle ist die gegenwärtige Situation unbefriedigend. Beide Parteien sehen häufig aber nur die Unterschiede. – Doch bei welchen Punkten sind sie sich einig?
- **Gemeinsame Ziele herausarbeiten.** Häufig lassen sich gemeinsame übergeordnete Ziele herausarbeiten: Beide Seiten haben Interesse daran, das Projekt erfolgreich abzuschließen, aber sind sich über die Wege uneins. Beide haben das Ziel, die Zusammenarbeit zu verbessern.
- **Ebene wechseln:** Aus der festgefahrenen sachlichen Diskussion kann auf die emotionale Ebene gewechselt werden. Oder – wie Marshall B. Rosenberg es formuliert – es kann von der »Wolfssprache« in die »Giraffensprache« gewechselt werden: Was sind die jeweiligen Empfindungen? Wusste der andere, wie es dem Betreffenden in dieser Situation geht (Rosenberg 2012).
- **Erste Erfolge oder Zwischenergebnisse würdigen:** Die beiden Gesprächspartner haben sich in einem ersten kleinen Punkt geeinigt. Sicher, auf das Ganze gesehen ist das noch nicht viel – aber es ist ein positiver erster Schritt, den es zu würdigen gilt.
- **Als Moderator oder Mediator authentisch sein:** Das heißt, würdigen Sie nur ein Ergebnis, wenn Sie es wirklich als Schritt nach vorn sehen.

Neutralität: Neutralität oder – wie man in der Mediation formuliert – Allparteilichkeit bedeutet, jedem gleichermaßen Wertschätzung und Verständnis entgegenzubringen. Neutralität wird verletzt, wenn die Moderatorin Partei ergreift, also zum Beispiel die eine Partei gegen die andere unterstützt. Sie kann aber auch – denken Sie an das Beispiel – durch Kleinigkeiten im verbalen oder körpersprachlichen Bereich infrage gestellt werden. Konkret heißt das, sensibel sein für die Abläufe in diesem komplexen System: auf kleine Veränderungen in der Sitzposition, die verdeckten Koalitionsangebote achten und Sitzposition und Körperhaltung im Blick auf eine »emotional gleiche Distanz« austarieren.

Die Struktur des Schlichtungsgesprächs

Was den Ablauf des Schlichtungsgesprächs betrifft, so können wir hier wieder auf die GROW-Struktur zurückgreifen. Daraus ergeben sich die folgenden Schritte.

Orientierungsphase: Wie in vielen anderen Gesprächen ist auch hier die Orientierungsphase entscheidend für den Erfolg. Das bedeutet im Einzelnen:

- **Machen Sie sich Ihre Rolle bewusst:** Der erste Schritt ist (wie in anderen Gesprächen) nicht die Betrachtung des Themas, sondern ist die persönliche Klärung Ihrer Rolle als Mediator oder Moderator. Nehmen Sie sich unmittelbar vor Beginn Zeit, sich Ihrer Rolle bewusst zu werden.
- **Wählen Sie eine »neutrale« Sitzposition:** Selten werden Sie von zerstrittenen Parteien als neutraler Vermittler zur Schlichtung des Konflikts gerufen. Häufiger sucht der eine Gesprächspartner einen Verbündeten, der andere befürchtet Schlimmstes. Damit ist die Aufgabe, zunächst Ihre Rolle als neutraler Dritter transparent zu machen, jeden persönlich zu begrüßen, dem einen zu danken, dass er die Initiative zu diesem Gespräch ergriffen hat, dem anderen, dass er sich darauf eingelassen hat. Vielleicht macht es Sinn, Verständnis zu zeigen, dass es nicht leicht war, diesen Schritt zu gehen. Wählen Sie eine »neutrale« Mittelposition in Bezug auf beide Gesprächspartner. Achten Sie dabei auf Ihr Gefühl. Sie können spüren, ob Sie emotional einem näher als dem anderen sind beziehungsweise wann Ihre Position emotional ausgewogen ist.
- **Machen Sie die gemeinsame Basis transparent**: Allein die Tatsache, dass sich beide auf dieses Gespräch eingelassen haben, belegt das gemeinsame Interesse an einer Lösung.
- **Machen Sie Ihre Rolle transparent:** Sie sind nicht Schiedsrichter, sondern neutral. Sie unterstützen dabei, eine Lösung zu finden, auf die sich beide einlassen können. Im Blick darauf ist es Ihre Aufgabe, das Gespräch zu steuern – also gegebenenfalls einzugreifen, wenn sich beide in die Haare kriegen.
- **Sichern Sie diese »Definition der Situation« durch eine klare Vereinbarung ab:** »Können Sie sich darauf einlassen?« Fordern Sie hier eine eindeutige Zustimmung. Ein »Schauen wir mal« verpflichtet den Gesprächspartner zu nichts – und er wird möglicherweise die nächste Gelegenheit nutzen, seinen Konfliktgegner zu unterbrechen. Wenn er aber der Regel »Wir lassen einander ausreden« ausdrücklich (zum Beispiel durch Nicken) zugestimmt hat, können Sie ihn leichter daran erinnern – er tut sich schwerer, nicht zu seinem Wort zu stehen.

Erst danach können Sie sich dem Thema und dem Ziel zuwenden:

- **Thema:** Um welches Thema geht es? Stellen Sie frei, wer zu erzählen anfängt (sonst ergreifen Sie hier bereits unter der Hand Partei). Vermutlich wird es derjenige sein, der für dieses Gespräch die Initiative ergriffen hat. Lassen Sie ihn kurz erzählen und behalten Sie dabei auch den anderen Gesprächspartner im Blick: Wann fängt er an zu »kochen«? Geben Sie dann das Wort an den anderen: »Ist das für Sie ebenfalls ein Thema?« Möglicherweise wird er erzählen, dass es zwar ein Thema sei, aber er die Situation ganz anders sehe. Unter Umständen sieht er das überhaupt nicht als Problem. Hier ist wieder Steuerung gefragt: Sorgen Sie dafür, dass das nicht in lange Geschichten von wechselseitigen Anklagen ausufert. Sondern sichern Sie einen Kontrakt ab: Beide stimmen zu, welches Thema genau bearbeitet wird.

- **Ziel:** Schwieriger ist es bei der Festlegung eines gemeinsamen Ziels. Manchmal können sich beide Gesprächspartner auf ein gemeinsames Ziel einigen, häufiger haben sie unterschiedliche, wenn nicht gar gegensätzliche Ziele. Frau Beck will mehr Informationen, Frau Schubert keine zusätzliche Zeit investieren. Daher ist sie der Meinung, dass ihre Kollegin sich selbst darum kümmern solle. Hier werden Sie keine Einigung (zumindest nicht in dieser Anfangsphase des Gesprächs) erreichen. Aber was Sie tun können, ist, für diese gegensätzlichen Ziele ein gemeinsames übergeordnetes Gesprächsziel, ein »Metaziel« vorzuschlagen: »Ich schlage Ihnen vor, dass wir als Ziel des Gesprächs ansetzen, eine Lösung zu finden, auf die Sie sich beide einlassen können.« Damit erreichen Sie mehreres: Sie vermeiden eine fruchtlose Diskussion, und Sie machen den Grundwert des Gesprächs, Konsens zu erzielen, sowie Ihre Rolle deutlich.

Klärungsphase: Erst wenn Sie das Ziel des Gesprächs vereinbart sowie Thema und Ziel festgelegt haben, ist der Zeitpunkt, dass beide Gesprächspartner ihre Sichtweise darstellen. Auch hier gilt wieder: Lassen Sie offen, wer anfängt, aber steuern Sie den Prozess. Geben Sie anschließend dem anderen Gesprächspartner das Wort, halten Sie möglicherweise an, wenn eine Erzählung zu einem Monolog ausufert.

Nicht selten werden sich die Gesprächspartner in dieser Phase in die Haare bekommen: Der andere unterbricht, einer redet auf den anderen ein, es werden wechselseitig Vorwürfe erhoben. Lassen Sie den Konflikt kürzere Zeit laufen, unterbrechen Sie ihn dann aber nachdrücklich (beugen Sie sich etwas vor und signalisieren Sie damit, dass Sie jetzt eingreifen, heben Sie die Stimme) und reden Sie anschließend selbst etwas länger (das gibt den Streithähnen Zeit zum Abkühlen). Sie können zum Beispiel darauf hinweisen, dass das natürlich zwei unterschiedliche Sichtweisen sind, dass jede Sichtweise ihre Berechtigung hat (das ist wieder das Thema Wertschätzung).

Was hier zunächst vorgetragen wird, sind die unterschiedlichen »Positionen«: Frau Beck wirft ihrer Kollegin vor, zu wenig Informationen zu bekommen; Frau Schubert meint, ihre Kollegin solle sich selbst darum kümmern. Aber bei Positionen kommt man in der Regel nicht weiter. Was Sie hier tun können, ist »hinter« die Positionen zu schauen und nach den Zielen und Bedürfnissen, aber auch nach den dadurch ausgelösten Gefühlen zu forschen.

- Welche Wünsche stehen hinter den Positionen? Wenn Frau Beck ihrer Kollegin vorwirft, dass sie zu wenig Informationen bekommt, so lässt sich das in einen

Wunsch nach mehr Information übersetzen: Mit Wünschen kann der andere besser umgehen als mit Kritik. Kritik führt zu Abwehr, ein Wunsch an mich dagegen macht deutlich, dass ich dem anderen wichtig bin.
- Welche Ziele und Bedürfnisse stehen hinter den Positionen? Warum will Frau Beck mehr Informationen: Will sie die anfallenden Aufgaben korrekt erledigen oder will sie selbst ihre Kompetenzen entwickeln? Damit wird das Problem auf eine andere Ebene gehoben. Es werden Aspekte deutlich, die es leichter machen, zu einer Einigung zu kommen.
- Welche Gefühle löst das Verhalten des anderen aus? Dann wird möglicherweise deutlich, dass Frau Schubert genervt ist, wenn ihre Kollegin immer wieder mit irgendwelchen Fragen vor ihr steht, und Frau Beck sich abgewertet und nicht einbezogen fühlt. Das Gespräch verlagert sich auf eine menschliche Ebene, bei der es leichter ist, Verständnis für die Position des anderen zu schaffen.

Ihre Aufgabe als Mediator oder Moderator ist es dabei, jeweils die entsprechenden Fragen zu stellen – und damit das Gespräch auf eine andere Ebene zu stellen (vom Gegeneinander unverträglicher Positionen zur persönlichen Ebene der jeweils dahinterstehenden Bedürfnisse und Empfindungen). Ihre Aufgabe kann zudem sein, zwischen den Gesprächspartnern zu übersetzen: »Wussten Sie, dass sich Ihre Kollegin dadurch abgewertet fühlt?«, »Wenn Sie das hören, was geht Ihnen dabei durch den Sinn?«. Übrigens kann (auch hier) hilfreich sein, die Klärung nicht abstrakt, sondern anhand einer konkreten Situation durchzuführen: »Können Sie eine konkrete Situation dafür schildern?« Häufig fällt es dann leichter, wechselseitiges Verständnis füreinander zu entwickeln.

Lösungsphase: Die Klärungsphase schafft die Voraussetzung, neue Lösungen in den Blick zu bekommen. Wenn deutlich wird, dass es einerseits Frau Becks Anliegen ist, mehr einbezogen zu werden, andererseits Frau Schubert nicht fortwährend zusätzliche Zeit investieren möchte, lässt sich die Fragestellung präzisieren: Welche Möglichkeiten gibt es, Frau Beck stärker einzubeziehen und zugleich den zusätzlichen Zeitaufwand gering zu halten? Im tatsächlichen Gespräch bestand die Lösung darin, dass Frau Beck in Zukunft Fragen sammelt, die in einem regelmäßigen Jour fixe bearbeitet werden.

Häufig ist übrigens hilfreich, komplexe Themen zu zergliedern. Nicht mit dem schwierigsten Punkt zu beginnen, sondern ein leichter zu bearbeitendes Thema an den Anfang zu stellen: Was könnte ein erster Schritt in die richtige Richtung sein? Was wäre ein erster Wunsch an den anderen?

Abschlussphase: Die Abschlussphase entspricht der sonstigen GROW-Struktur:

- das Ergebnis zusammenfassen
- Vereinbarungen zwischen den Gesprächspartnern treffen und dabei wieder die Zustimmung eines jeden absichern
- den Handlungsplan festlegen
- möglicherweise einen weiteren Gesprächstermin vereinbaren, bei dem abgeklärt wird, inwieweit die Umsetzung geklappt hat oder nicht

Wichtig ist hier, das Ergebnis zu würdigen. Das ist wieder ein Zeichen der Wertschätzung. Das gilt selbst dann, wenn keine Einigung erzielt wurde: Das Gespräch hat deutlich gemacht, dass in bestimmten Punkten keine Einigung möglich ist. Auch dieses Ergebnis ist wertvoll, weil es Klarheit schafft.

Checkliste Schlichtungsgespräch

Grundsätzliche Einstellung

- jedem Gesprächspartner gleichermaßen Wertschätzung und Empathie entgegenbringen
- sprachlich und körpersprachlich die »neutrale« Position deutlich machen
- den Prozess klar steuern

Orientierungsphase

- sich die eigene Rolle als Moderator oder Mediator bewusstmachen: »Meine Aufgabe ist, die beiden Parteien zu unterstützen, eine für beide Seiten akzeptable Lösung zu finden.«
- jedem Gesprächspartner danken, dass er gekommen ist
- die eigene Rolle transparent machen und ausdrückliche Zustimmung dazu einfordern
- das Thema festlegen: Worum geht es?
- ein gemeinsames Ziel erfragen oder als Metaziel vorschlagen: »Ich schlage vor, dass wir Lösungen suchen, auf die Sie sich beide einlassen können.«

Klärungsphase

- jeden (kurz) seine Sicht schildern lassen
- gegebenenfalls eine konkrete Situation auswählen, an der der Konflikt deutlich wird
- die dahinterstehenden Wünsche, Ziele und Bedürfnisse erfragen: Warum ist Ihnen das wichtig?
- die jeweiligen Empfindungen verdeutlichen
- zwischen den Gesprächspartnern übersetzen
- wenn notwendig, eskalierende Konflikte unterbrechen, an Vereinbarungen erinnern

Lösungsphase

- Problem zergliedern: Was kann ein erster Schritt sein?
- Ideen sammeln
- Wünsche aushandeln

Abschlussphase

- Was ist das Ergebnis?
- Was sind die nächsten Schritte?
- falls notwendig Vereinbarung eines weiteren Termins, um den Erfolg der Umsetzung zu klären
- das Erreichte würdigen

Literaturhinweise

Aus der umfangreichen Literatur zu Konfliktlösung und Mediation hier einige wenige Anregungen:
- Freitag, S./Richter, J. (2015): Mediation – das Praxisbuch. Denkmodelle, Methoden und Beispiele. Weinheim und Basel: Beltz
- Hertel, A. v. (2013): Professionelle Konfliktlösung. Führen mit Mediationskompetenz. 3. Auflage, Frankfurt am Main: Campus
- Holler, I. (2010): Trainingsbuch gewaltfreie Kommunikation. 5. Auflage Paderborn: Junfermann
- Knapp, P. (Hrsg.) (2014): Konfliktlösungs-Tools. 3. Auflage, Bonn: managerSeminare
- Montada, L./Kals, E. (2013): Mediation. 3. Auflage, Weinheim und Basel: Beltz
- Rosenberg, M. B. (2012): Gewaltfreie Kommunikation. 10. Auflage, Paderborn: Junfermann

Fort- und Weiterbildung: systemisch

> **Beispiel: Fortbildung zum Thema Konflikte**
>
> Herr Wormser ist Sozialpädagoge in einer großen Klinik. In letzter Zeit stellt sich heraus, dass die Arbeit durch Konflikte zwischen den verschiedenen Disziplinen Medizin, Pflege und Verwaltung, aber auch zwischen Chefärzten und Oberärzten zunehmend belastet ist. Herr Wormser bekommt von der Geschäftsführung den Auftrag, eine zweiteilige Fortbildung zum Thema Konflikte zu organisieren.
> Er beginnt mit der Vorbereitung: Was aus dem umfangreichen Thema Konflikte muss man wissen? Das Ergebnis ist eine Übersicht über unterschiedliche Konfliktarten, über verschiedene Konflikttheorien und Konfliktmodelle, die er als umfangreiche PowerPoint-Präsentation aufbereitet hat. Doch als er am ersten Abend den ersten Teil vorstellt (es handelt sich insgesamt um 37 Folien in zwei Stunden) bleibt die erhoffte Begeisterung der Zuhörer aus. Im Gegenteil: Die Teilnehmer beschweren sich, dass das viel zu viel war. Beim zweiten Abend fehlt die Hälfte der Teilnehmer.

Was ist passiert? Herr Wormser hat sich ausschließlich auf den Inhalt konzentriert. Er hat dabei die Teilnehmer, das soziale System, völlig aus dem Blick verloren. Er hat sich auf die reine Theorie gestürzt und versäumt, sich Gedanken darüber zu machen, was die Teilnehmenden eigentlich bewegt, wo bei ihnen Konfliktherde liegen und wie er sie mit seiner Fortbildung unterstützen kann. Daraus ergibt sich ein erster Grundsatz.

> Richten Sie bei der Planung und Durchführung (und Auswertung) von Fort- und Weiterbildung den Blick nicht nur auf den Inhalt, sondern immer auch auf das soziale System!

Dieser Grundsatz gilt gleichermaßen, ob Sie zum Beispiel im Rahmen eines Managementmeetings einen kurzen Überblick über Methoden des agilen Managements geben wollen oder ob Sie eine halbtägige Fortbildung zum Thema Arbeitsrecht oder ein Konfliktseminar planen und durchführen oder eine umfangreiche Weiterbildung für Führungskräfte konzipieren.

Theoretischer Hintergrund

Planung und Durchführung von Fort- und Weiterbildung ist Thema der Erwachsenenbildung. Dabei finden sich systemtheoretische Überlegungen im Kontext der Erwachsenenbildung seit Ende der 1990er-Jahre in der Literatur.

Rolf Arnold und Horst Siebert verbinden in ihrem Buch »Konstruktivistische Erwachsenenbildung« Ansätze des Konstruktivismus mit dem systemtheoretischen Prinzip der Selbstorganisation: »Für eine konstruktivistische Erwachsenenbildung ist deshalb einerseits das Prinzip der Selbstorganisation grundlegend, demzufolge Lernende und Lehrende [...] autonom und selbstreferentiell handeln, andererseits ist aber gleichermaßen der Deutungsaspekt grundlegend, demzufolge die Handelnden sich ihre subjektive Wirklichkeit selbst ›konstruieren‹ und auf der Grundlage dieser Konstruktionen handeln beziehungsweise lehren und lernen« (Arnold/Siebert 1995, S. 7 f.).

Eckard König und Gerda Volmer haben auf dem Hintergrund der Systemtheorie in der Tradition von Bateson das Konzept »systemische Erwachsenenbildung« (König/Volmer 2005, S. 118 ff.) entwickelt, das die Aufmerksamkeit auf die verschiedenen für Erwachsenenbildung relevanten sozialen Systeme, das Teilnehmersystem, das Auftraggebersystem und das Leitungssystem richtet, aber auch die Veranstaltung selbst als soziales System (das »Veranstaltungssystem«) betrachtet: »Der Erfolg einer Veranstaltung ist somit nicht von einem Faktor (zum Beispiel vom Inhalt oder dem Verhalten des Leiters) abhängig, sondern ergibt sich aus den jeweiligen Personen, ihren subjektiven Deutungen, aber auch den geltenden sozialen Regeln, den Regelkreisen, der Systemumwelt und der bisherigen Entwicklung sowie dem Zusammenspiel verschiedener Faktoren« (König/Volmer 2005, S. 121).

Soziale Systeme: Teilnehmer, Auftraggeber, Leitungs- und Veranstaltungssystem

Den Blick auf die Systemebene in der Erwachsenenbildung zu richten bedeutet, nicht nur ein, sondern mehrere unterschiedliche soziale Systeme in den Blick zu nehmen: das Teilnehmersystem sowie das Auftraggeber- und das Leitungssystem und schließlich das Veranstaltungssystem selbst.

Das Teilnehmersystem: Am nächsten liegt es vermutlich, den Blick auf das Teilnehmersystem zu richten. Dass Erwachsenenbildung teilnehmer- oder zielgruppenorientiert sein muss, also auf die besondere Situation der Zielgruppe ausgerichtet sein muss, gehört zu den Grundsätzen der Erwachsenenbildung. Erwachsenenbildung, so Christiane Schiersmann, muss »bei der Planung und Durchführung von

Fort- und Weiterbildung: systemisch

Erwachsenenbildungsangeboten die jeweilige Lebenssituation, die Lernerfahrungen sowie daraus resultierende Problem- und Interessenlagen der Teilnehmer/-innen als Anknüpfungspunkte von Bildungsprozessen ernst nehmen« (Schiersmann 1999, S. 561).

Dabei gibt es zwei unterschiedliche Möglichkeiten:

Wenn es um eine Fortbildung für eine bereits bestehende Gruppe wie zum Beispiel das Team eines Kindergartens geht, besteht das Teilnehmersystem als soziales System bereits. Es ist klar, wer zu den Teilnehmern gehört (was nicht bedeutet, dass alle daran teilnehmen). Es gibt meist gemeinsame Erwartungen an die Veranstaltung sowie eingespielte, durch offizielle oder implizite Regeln geleitete Abläufe.

Bei einer frei ausgeschriebenen Veranstaltung zum Beispiel in der Volkshochschule dagegen stehen die Teilnehmer zu Beginn noch nicht fest. Diese stammen aus unterschiedlichen Kontexten, die Erwartungen können unterschiedlich sein, es gibt weniger eingespielte Regeln und Abläufe. Das bedeutet: Es ist überhaupt erst ein gemeinsames System zu bilden.

Das Auftraggebersystem: Wenn es einen einzelnen Auftraggeber gibt, ist die Situation relativ einfach. Hier lässt sich schnell herausfinden, was der Auftraggeber will und was er will nicht. In vielen Fällen sind dabei aber mehrere Personen beteiligt: Auftraggeber für Herrn Wormser war die Geschäftsführung. Dabei war es insbesondere einer der Geschäftsführer, der eine Fortbildung zum Thema Konflikt für besonders wichtig hielt und den Anstoß gegeben hatte. Seinem Kollegen ist das verhältnismäßig egal. In anderen Situationen kann der Ansprechpartner jemand anderes sein als der Entscheider. Oder es können verschiedene Interessen aufeinandertreffen.

Das Leitungssystem: Hier ist die Situation vergleichsweise einfach, wenn Sie allein als Trainer oder Dozent tätig sind. Aber stellen Sie sich vor, Sie arbeiten in einem Trainerteam, in dem jeder unterschiedliche Vorstellungen hat; oder Sie arbeiten als externe Trainerin zusammen mit einem internen Trainer, den Sie kaum kennen.

Das Veranstaltungssystem: Dies ist ein System, das überhaupt erst mit dem Beginn der Veranstaltung entsteht und mit dem Abschluss aufgelöst wird. Trainer und Teilnehmer treffen zum ersten Mal zusammen und müssen ein gemeinsames System bilden: sich untereinander kennenlernen, Regeln der Zusammenarbeit und des Miteinanders einführen, möglicherweise verschiedene Phasen der Teamentwicklung durchlaufen.

Mögliche Probleme, die den Erfolg Ihrer Präsentation, Ihres Vortrags, Ihres Kurses oder Trainings gefährden, können in allen genannten Systemen liegen: Der Auftraggeber verlangt immer wieder Änderungen des Angebots (womit Sie sich in einem Regelkreis verfangen), zwei Trainer spielen sich gegeneinander aus, Sie haben »schwierige Teilnehmer« in der Gruppe – all das sind letztlich »Systemprobleme«.

Checkliste Systemebenen in der Erwachsenenbildung

Überlegen Sie sich:

- Wer sind die Stakeholder für den Erfolg Ihrer Präsentation, Ihres Kurses, Ihres Seminars? Wo ist Ihre Position in Bezug auf diese sozialen Systeme? Müssen Sie Ihre Position verändern, zum Beispiel engeren Kontakt zum Auftraggeber aufnehmen oder Nähe-Distanz in Bezug auf die Teilnehmer austarieren?
- Was denken die verschiedenen Stakeholder in Bezug auf Ihre Veranstaltung? Was möchten sie erreichen oder vermeiden? Was danken sie über das Thema oder über Sie als Dozent oder Trainer?
- Welche geltenden Regeln gilt es zu beachten: Regeln im Umgang mit dem Auftraggeber? Regeln im Umgang mit den Teilnehmern? Müssen Sie neue Regeln vereinbaren oder Regeln abändern?
- Gibt es hinderliche Regelkreise, in die Sie sich verfangen? Sie merken das als Leiterin oder Leiter zunächst am Gefühl: Sie treten auf der Stelle, Sie kommen nicht vorwärts. Nehmen Sie sich Zeit, den dahinterstehenden Regelkreis zu analysieren und neue Lösungen zu entwickeln: Machen Sie etwas anderes.
- Welchen Einfluss besitzt die Systemumwelt: Wie ist der Tagungsraum eingerichtet? Findet die Veranstaltung in der Organisation, in einem Tagungshotel statt? Welche Technik ist erforderlich? Achten Sie zudem auf die Systemgrenze zu anderen sozialen Systemen: Kommen Vorgesetzte in die Veranstaltung? Wie können Sie diese einbinden?
- Wie war die Vorgeschichte: Wurde das Thema schon früher bearbeitet – oder ist dies der erste Versuch? Gibt es eine gemeinsame Vorgeschichte mit dem Auftraggeber, mit den Teilnehmern oder im Trainerteam? Und wie ist die Entwicklung während der Veranstaltung: Gibt es Wendepunkte oder Phasen, wo Sie auf der Stelle treten? Brauchen die Teilnehmer mehr Zeit? Oder ist es richtiger, das Tempo zu beschleunigen?

Die Vorbereitung der Veranstaltung: systemisch betrachtet

Denken Sie an das Beispiel aus der Einleitung. Herr Wormser hat sich bei der Vorbereitung seiner Weiterbildung ausschließlich auf den Inhalt konzentriert. Das umgekehrte Vorgehen wäre viel sinnvoller gewesen: nämlich sich erst auf die ver-

Fort- und Weiterbildung: systemisch

schiedenen sozialen Systeme und erst anschließend auf den Inhalt zu konzentrieren.

Am Anfang der Vorbereitung geht es zunächst darum, sowohl das Teilnehmersystem als auch das Auftraggeber- und möglicherweise das Leitungssystem zu verstehen. Sie können dafür auf all das zurückgreifen, was wir im entsprechenden Abschnitt beschrieben haben (s. S. 134 ff.) Hier nochmals eine kurze Übersicht.

Teilnehmende Beobachtung als Vorbereitung auf Seminare und Kurse: Gerade dann, wenn Sie neu mit einer Zielgruppe arbeiten, ist die teilnehmende Beobachtung hilfreich. Stellen Sie sich vor, Sie sollen eine Fortbildung im Kindergarten durchführen, haben aber noch nie in einem Kindergarten gearbeitet. In einem solchen Fall ist Ihnen die »Lebenswelt« Kindergarten hinreichend fremd – und es besteht eine gute Chance, dass Ihre Fortbildung als »abgehoben« und »zu theoretisch« ankommt. Nehmen Sie sich die Zeit, einen halben Tag oder länger im Kindergarten zu verbringen. Sie werden ein Gefühl dafür bekommen, was die Erzieherinnen und Erzieher beschäftigt, wo ihre Probleme liegen, und Sie erhalten Hinweise zu möglichen Themen für Ihre Fortbildung.

Interviews als Vorbereitung: Interviews (oder »Vorgespräche«) geben Ihnen die Möglichkeit, die Beteiligten offen zu fragen, und Ihre Gesprächspartner können das sagen, was Ihnen wichtig ist. Abgesehen davon, dass Sie dadurch entscheidende Informationen bekommen, bauen Sie auf diese Weise Akzeptanz auf. Bei kleineren festen Gruppen kann es hilfreich sein, alle Teilnehmer (zumindest telefonisch) im Vorhinein zu interviewen. In anderen Fällen reichen einige wenige Interviews aus – zwei bis drei Interviews bringen oft schon die entscheidenden Informationen.

Die Vorbereitung und Durchführung solcher Interviews folgen den auf S. 138 ff. dargestellten Schritten. Hier exemplarisch mögliche Leitfragen für Herrn Wormser.

Mögliche Leitfragen als Vorbereitung einer Fortbildung zum Thema Konflikte

- Was sind Konflikte, mit denen Sie als Führungskraft (oder Kollegen von Ihnen) in Ihrem beruflichen Alltag zu tun haben?
- Geplant ist eine zweitägige Fortbildung zum Thema Konflikte: Was möchten Sie für sich als Ergebnis dieser Tage mitnehmen?
- Was wären in diesem Zusammenhang für Sie besonders wichtige Themen?
- Haben Sie darüber hinaus noch Hinweise und Anregungen zum Verlauf, zur methodischen Durchführung oder speziell für mich als Ihren Dozenten?

Dokumentenanalyse: Bei bestimmten Themen kann es hilfreich sein, relevante Dokumente mit zu berücksichtigen, zum Beispiel bei einer Fortbildung zum Thema Bewerbungsschreiben sich vorliegende Bewerbungen zeigen zu lassen.

Perspektivenwechsel: sich in die Situation der Teilnehmer versetzen: Versetzen Sie sich in die Rolle Ihrer Teilnehmer: Wenn Sie Führungskraft in einer größeren Klinik wären, was würde Sie zum Thema Konflikte interessieren? Was würden Sie von einer Fortbildung dazu mitnehmen wollen?

Das Ergebnis dieser Diagnosephase wird eine Fülle von Informationen sein. Wie bei der Auswertung von Interviews geht es anschließend darum, diese Ergebnisse unter Kategorien zusammenzufassen.

Hilfreiche Kategorien zur Auswertung der Zielgruppenanalyse

- Zielgruppe: Wer sind die Teilnehmer? Was sind Besonderheiten der Zielgruppe?
- Zielsetzung der Veranstaltung
- Themen
- Rahmenbedingungen (Zeiten, Veranstaltungsort)
- Methodik
- Dozentenverhalten
- sonstige Hinweise und Anregungen

Entwicklung des Konzepts: Welches Konzept entwickeln Sie aus Ihren Ergebnissen? Für Herrn Wormser bedeutet das: Er muss sich zunächst das Ziel der Veranstaltung überlegen. Dabei lassen sich unterschiedliche Zielebenen unterscheiden:

- Will er in der Veranstaltung zum Thema Konflikt Wissen vermitteln?
- Will er Methoden der Konfliktlösung einüben?
- Oder will er daran arbeiten, dass die Teilnehmer ihre Einstellung zu Konflikten reflektieren (also zum Beispiel nicht mit einer negativen Einstellung in Konflikte gehen)?

Er wird in diesem Zusammenhang unterschiedliche Konzepte zur Konfliktlösung (vom Harvard-Modell bis zur gewaltfreien Kommunikation) in den Blick nehmen, sich verschiedene Möglichkeiten für die methodische Strukturierung überlegen (das ist zunächst eine Brainstormingphase) und auf dieser Basis schließlich sein Konzept und seinen Ablaufplan festlegen.

Es gibt zahlreiche Kurse und Seminare, die nach einem starren Ablaufplan erfolgen – bisweilen wird auch genau das vom Auftraggeber gefordert: Was sind die Inhalte und Methoden für Mittwochnachmittag oder Donnerstagmorgen? Doch Lernprozesse sind grundsätzlich nie starr planbar, sondern können länger oder kürzer sein. Hier gilt es flexibel zu sein: offen für mögliche Änderungen, offen dafür, anstelle der vorgesehenen Einheit von zwei Stunden diesen Teil auf 30 Minuten zu kürzen oder für ein zusätzliches Thema mehr Zeit einzuplanen. Dabei hilft Ihnen die Planung von Alternativen. Fassen Sie von vornherein mögliche alternative Vorgehensweisen in den Blick, also zum Beispiel ein Fallbeispiel parat haben, wenn die Teilnehmer auf keinen Fall ein Rollenspiel durchführen wollen. Das Ergebnis ist dann ein Ablaufplan, der mögliche Alternativen mit aufnimmt und etwa folgende Struktur haben kann:

Uhrzeit	Dauer (ca.)	Inhalte	Methoden	Trainer	Bemerkungen/ Alternativen

Die Planung in Alternativen gibt Ihnen die Möglichkeit, Struktur und Flexibilität zu verbinden: Sie haben verschiedene Vorgehensweisen schon einmal in den Blick genommen und sind dann offen für das, was in der Situation wirklich passt.

Checkliste zur Vorbereitung der Veranstaltung

- Planung und Durchführung einer Diagnosephase (teilnehmende Beobachtung, Interviews, Dokumentenanalyse), um die beteiligten sozialen Systeme zu verstehen.
- Auswertung der Ergebnisse der Diagnosephase: Wo zeichnen sich Gemeinsamkeiten hinsichtlich der Erwartungen, möglicher Themen und Methoden ab? Wo gibt es unterschiedliche Auffassungen? Was sind die zentralen Ergebnisse?
- Sammlung möglicher Inhalte oder verschiedener Konzepte für die Veranstaltung: Welche Theorien, Modelle, Konzepte können hier hilfreich sein?
- Zusammenstellung möglicher Vorgehensweisen, Übungen, Materialien ... (Brainstorming)
- Entwicklung der Schwerpunkte und des roten Fadens für die Veranstaltung: Worauf soll besonderes Gewicht gelegt werden? Wie bekommt die Veranstaltung für die Teilnehmer eine logische Struktur? Wie lässt sich ein Spannungsbogen aufbauen?
- Das Ergebnis ist schließlich ein Ablaufplan mit möglichen Alternativen, der für Sie Orientierung, aber kein starres Korsett ist.

Durchführung der Veranstaltung: Steuerung eines komplexen Systems

Jetzt ist es so weit: Ihr Vortrag, Ihr Kurs oder Ihr Seminar beginnt. Sie haben jetzt zwei Aufgaben: sich auf den Inhalt zu konzentrieren – aber zugleich den Blick auf das soziale System zu richten. Wir möchten nur zwei Punkte herausgreifen.

Der Beginn der Veranstaltung: »Sage mir, wie es beginnt – und ich sage dir, wie es endet.« Dieser Spruch gilt ebenso für eine Veranstaltung. Oft sind die ersten Minuten entscheidend darüber, ob Kontakt zwischen den Teilnehmern und der Leiterin entsteht und wie die Veranstaltung weiterlaufen wird. Vielleicht erinnern Sie sich an Situationen, in denen Sie Teilnehmer waren: Was haben Sie gebraucht, um gut starten zu können? Was war eher hinderlich?

Als Teilnehmer wollen Sie in der Regel zum einen wissen, was auf Sie zukommt: Worum geht es hier? Wer ist der Leiter? Wer die anderen Teilnehmer? Wie läuft es hier ab? Und zum andern muss das Ganze für Sie plausibel, nicht bedrohend und sinnvoll sein – dann sind Sie motiviert, teilzunehmen und sich auch aktiv einzubringen.

Checkliste Aufgaben in der Orientierungsphase

- Bereiten Sie das Umfeld (Raum, Technik, Materialien) vor.
- Nehmen Sie sich die Zeit, sich auf Ihre Rolle einzustellen.
- Geben Sie – bei längeren Veranstaltungen – den Teilnehmern die Möglichkeit, Sie und auch sich untereinander persönlich zu erleben.
- Machen Sie deutlich, worum es in dieser Veranstaltung geht, klären Sie Ziel und möglichen Ablauf.
- Klären Sie die Erwartungen der Teilnehmer. Selbst wenn Sie vorher eine Zielgruppenanalyse durchgeführt haben, kann es sein, dass jetzt die Erwartungen zumindest teilweise anders sind.
- Und vor allem: Treffen Sie klare Vereinbarungen – über das Thema, das Ziel, möglicherweise die Hauptpunkte, über Ihre Rolle.

In manchen Fällen ist es hilfreich, wenn sich die Teilnehmer erst einmal in Kleingruppen kennenlernen. Dagegen reicht es bei einer zweistündigen Veranstaltung, wenn Sie etwas von sich erzählen (zum Beispiel, wie Sie zum Thema gekommen sind) und eine kurze Vorstellungsrunde durchführen. Bei der inhaltlichen Orientierung können Sie als Einstieg die Ergebnisse der Vorgespräche und Ihr Konzept vorstellen oder stattdessen die Teilnehmer nach ihren Erwartungen fragen. Entscheidend sind am Schluss klare Vereinbarungen über Themen, Ziele, wichtige Methoden.

Fort- und Weiterbildung: systemisch

Schwierige Teilnehmer – Störungen im System: Das ist vermutlich der Alptraum einer jeden Leiterin oder eines jeden Leiters: Ein Teilnehmer beklagt sich, dass alles viel zu kompliziert ist, eine andere Teilnehmerin greift Sie an, ein dritter Teilnehmer löchert Sie mit Fragen, zwei Teilnehmer sind mit Zwischengesprächen beschäftigt. All das sind durchaus alltägliche Situationen in Seminaren oder Kursen. Die häufige Reaktion als Kursleiter ist die, dass man sich über den Teilnehmer ärgert – oder dass man an sich selbst zweifelt und überlegt, was man falsch gemacht hat.

Die Alternative ist, das Ganze im Zusammenhang des sozialen Systems zu sehen: Es gibt nicht den einen Schuldigen (sei es nun Ihr Teilnehmer oder seien Sie es selbst, weil Sie sich vorwerfen, das nicht in den Griff bekommen zu haben), sondern hier hat jeder der Beteiligten etwas dazu getan: der Teilnehmer zum Beispiel, weil er keine Lust hatte – und Sie mit Ihrer Art, wie Sie darauf reagierten.

Die erste Empfehlung lautet auch hier: Achten Sie auf Ihr Gefühl. Sie spüren, wenn etwas nicht in Ordnung ist – genauso wie Sie intuitiv spüren, wenn ein Kurs rundläuft. Nehmen Sie die dahinterstehende Botschaften ernst: »Halt, stopp, hier ist etwas zu tun!« Um diese Botschaften zu entschlüsseln, benötigen Sie etwas Zeit. Sie können eine Pause einlegen (das gibt Ihnen und den Teilnehmern Zeit zum Nachdenken), Sie können aber auch ein Rundgespräch durchführen: »Ich habe den Eindruck, wir treten auf der Stelle – lassen Sie uns gemeinsam überlegen, wie wir weiter vorgehen.«

Als Intervention gilt auch hier: etwas anderes machen. Was genau Sie jeweils anders machen, kann ganz unterschiedlich sein. Hier eine Checkliste mit einigen Möglichkeiten:

Checkliste Diagnose und Intervention

Systemfaktoren und Diagnose	Mögliche Interventionen
Personen des sozialen Systems	
• Personen, die aktiv an der Störung beteiligt sind	• andere Personen einbeziehen (zum Beispiel Rundgespräch)
• Personen im Hintergrund	• gegebenenfalls Gruppe aufteilen (Murmelgruppen, Kleingruppenarbeit)
Subjektive Deutungen	
• negative subjektive Deutungen bei Teilnehmern	• Deutung der anderen Teilnehmer erfragen: – Was brauchen Sie jetzt?
• eigene negative subjektive Deutungen	– Was ist das Positive dieser Situation? – Wie würde der andere die Situation beschreiben?

Regelkreise	
• bestimmte Verhaltensweisen treten immer wieder auf	• etwas anderes tun
Soziale Regeln	
• Regeln sind unklar oder nicht sinnvoll oder werden nicht akzeptiert	• Regeln thematisieren, gegebenenfalls abändern
Umfeld	
Materielles Umfeld:	
• zum Beispiel ungünstige Einrichtung des Raums, ungünstiges Hotel	• Thematisieren, Alternativen überlegen, gegebenenfalls Einrichtung des Raumes ändern
Soziales Umfeld	
• Systemgrenze zu anderen Systemen zu starr oder zu durchlässig (zum Beispiel fortwährende Störungen)	• Systemgrenze verändern, zum Beispiel andere Personen (Kunden, Experten) hereinholen, Regeln vereinbaren
Entwicklung	
• Tempo zu langsam oder zu schnell	• Pause machen • Tempo verändern • Thema Tempo ansprechen

Sicherung der Nachhaltigkeit

Sicherung der Nachhaltigkeit ist ein Thema, das in der Fort- und Weiterbildung zunehmend eine größere Rolle spielt. Wie soll gesichert werden, dass das, was die Teilnehmer in einem Kurs oder Seminar gelernt haben, nicht in Kürze versandet ist?

Stellen Sie sich dazu folgende Situation vor: Sie haben an einer wirklich guten Fortbildung zum Beispiel zum Thema Coaching teilgenommen. Sie sind von den Inhalten ganz begeistert – und versuchen, in Ihrem Arbeitsbereich Ihre Mitarbeiter zu coachen und möglicherweise auch von Ihrem Vorgesetzten Coaching einzufordern. Nur, das Ganze geht schief. Sie werden schräg angeschaut und müssen sich Kommentare wie »Was soll dieses neumodische Zeug?« anhören. Schließlich stellen Sie fest: Coaching wird nicht angenommen.

Sicherung der Nachhaltigkeit – das macht dieses Beispiel deutlich – ist keine lediglich individuelle Aufgabe, sondern betrifft das ganze soziale System: Wenn ein Teilnehmer aus einer Fortbildung mit neuen Ideen in seine ursprüngliche Organisation zurückkommt, dann bedeutet das, dass eine Person des sozialen Systems

Fort- und Weiterbildung: systemisch

sich verändert hat. Das wiederum führt zu einer »Störung« des sozialen Systems. Das soziale System wird darauf reagieren – sei es, dass die neuen Kompetenzen in das System integriert werden, sei es, dass das System mit Abwehr reagiert und alle neuen Ansätze in kurzer Zeit versanden. Konsequenz ist: Sie müssen als Kurs- oder Seminarleiterin diesen Sachverhalt mit bedenken und die Umsetzung unterstützen.

Checkliste Sicherung der Nachhaltigkeit

- Vorbereitung der Teilnehmerinnen und Teilnehmer auf mögliche Probleme und Handlungsmöglichkeiten bei der Implementierung neuer Kompetenzen in der Organisation
- Unterstützung der Organisation bei der Integration dieser neuen Kompetenzen – was von der Einbindung des Vorgesetzten bis hin zur Durchführung eines Veränderungsprozesses reichen kann
- Aufbau von Teilnehmernetzwerken, die sich gegenseitig unterstützen

Sicherung der Nachhaltigkeit hat somit immer eine individuelle und eine systemische Perspektive: Thematisieren Sie am Schluss Ihrer Veranstaltung das Thema Umsetzung, lassen Sie mögliche Widerstände erarbeiten und mögliche Interventionen. Und versuchen Sie, wenn Sie die Möglichkeit dazu haben, die Anwendung des Gelernten zugleich als einen Veränderungsprozess eines Systems zu bearbeiten.

Anregungen zur Weiterarbeit

Im Grunde gibt es zahlreiche Möglichkeiten, bei Präsentationen, aber auch als Dozent, Kursleiter oder Trainer den Blick auf das soziale System zu richten:
- Sie können das zum einen aus der Beobachterrolle machen, wenn Sie Teilnehmer sind. Achten Sie darauf, was hier auf der Systemebene abläuft!
- Wenn Sie selbst eine Präsentation, einen Kurs oder ein Seminar planen und durchzuführen haben, richten Sie bei der Vorbereitung den Blick auch auf die Systemebene und reflektieren Sie anschließend die Durchführung. Ist es Ihnen gelungen, ein stabiles Veranstaltungssystem zu etablieren?

Literaturhinweise

Zur Vorbereitung und Durchführung von Seminaren und Trainings gibt es zahlreiche Literatur. Als hilfreiche Einführungen sind zu nennen:
- Arnold, R. (2015): Wie man lehrt, ohne zu belehren. 3. Auflage, Heidelberg: Carl Auer

- Nitschke, P. (2014): Trainings planen und gestalten. 3. Auflage, Bonn: managerSeminare
- Weidenmann, B. (2013): Erfolgreiche Kurse und Seminare. 8. Auflage, Weinheim und Basel: Beltz
- Weidenmann, B. (2014): Update für Trainer. 2. Auflage Bonn: managerSeminare

Zu den Themen »Umgang und Konflikte mit schwierigen Teilnehmern« sowie zum Thema »Nachhaltigkeit«:

- Mahlmann, R. (2016) Konflikte souverän managen. Konzepte, Maßnahmen, Voraussetzungen. Weinheim und Basel: Beltz
- Schulze-Seeger, J. (2013): Schwarzer Gürtel für Trainer. 2. Auflage, Weinheim und Basel: Beltz
- Keller, E. (2013): Nachhaltigkeit in Beratung und Training. Bonn: managerSeminare

Systemisches Projektmanagement

> **Beispiel: Das Projekt Öffentlichkeitsarbeit**
> In einem Ministerium wird ein Projekt Öffentlichkeitsarbeit aufgesetzt. Ein Projektleiter wird gefunden, der sich mit viel Kompetenz und Engagement an die Arbeit macht. Aber nach einem Vierteljahr ist er ein Nervenbündel: Das Projekt geht nicht vorwärts, wird in der eigenen Organisation blockiert, gerät zunehmend in die Kritik.
> Doch das lag nicht an den Verfahren des Projektmanagements und auch nicht an fehlender Kompetenz des Projektleiters. Es lag am sozialen System, nämlich daran, dass das Projekt keinen Unterstützer hatte: Dem Minister war das Projekt gleichgültig. Eine Dezernentin für Kommunikation sabotierte das Projekt, weil das Thema nicht bei ihr angesiedelt war. Und die übrigen Mitglieder des Projektteams waren mit Tagesaufgaben so zugeschüttet, dass sie kein Interesse daran hatten.

Solche Situationen sind kein Einzelfall. Obwohl die Verfahren des Projektmanagements mittlerweile hinreichend bewährt und abgesichert sind, scheitern zahlreiche Projekte. Ursache dafür ist der »menschliche Faktor«: Mitglieder des Projektteams verstehen sich nicht, ein nicht unmittelbar betroffener Vorgesetzter sabotiert das Projekt, der Auftraggeber fordert immer wieder Änderungen. Das aber lenkt die Aufmerksamkeit auf die Systemebene.

Theoretischer Hintergrund

Dass der Erfolg von Projekten nicht nur von den jeweiligen Methoden, sondern entscheidend vom »menschlichen Faktor« abhängt, wird in der neueren Diskussion zu Projektmanagement zunehmend betont: »Die einseitige Orientierung an Instrumenten, Verfahren und Abläufen verstellte oft den Blick dafür, dass es letztendlich Menschen sind, die sie akzeptieren und anwenden müssen« (Schelle 2010, S. 25).
Diese Erfahrungen haben dazu geführt, dass menschliche Faktoren in Lehrbüchern zum Projektmanagement thematisiert werden (zum Beispiel Kerzner 2008; Schelle 2010) und es eine zunehmende Zahl von Publikationen zur sozialen Kompetenz in Projekten (zum Beispiel Bohinc 2011; Majer/Stabauer 2010), zu Teamarbeit (Gessler/Goerner 2003) oder Psychologie im Projektmanagement (Reuter 2011) gibt.

Darüber hinaus haben diese Überlegungen zu neuen Formen eines »agilen« (also flexiblen) Projektmanagements wie zum Beispiel Scrum geführt (Gloger 2013), das nicht Prozesse und Abläufe in den Mittelpunkt stellt, sondern Individuen und Interaktionen. 2001 ist daraus das »agile Manifest« mit folgenden Grundsätzen entstanden (Gloger 2013, S. 21):

- »Individuen und Interaktionen stehen über Prozessen und Werkzeugen.
- Die Zusammenarbeit mit dem Kunden geht über das Verhandeln von Verträgen.
- Das Reagieren auf Veränderungen steht über dem Befolgen eines Plans.«

Im Zusammenhang mit der Betonung des menschlichen Faktors bei Projekten wird zunehmend auf systemtheoretische Überlegungen zurückgegriffen. Das Handbuch Projektmanagement von Harold Kerzner versteht sich ausdrücklich als »systemorientierter Ansatz« (Kerzner 2008); das Konzept »holistisches Projektmanagement« von Stephanie Borgert versteht ein Projekt als »komplexes dynamisches System« (Borgert 2012, S. 3 ff.).

Prozess- und Systemebene bei Projekten

»Systemisches Projektmanagement« (den Begriff haben wir 1997 in Zusammenhang mit der systemischer Organisationsberatung eingeführt: König/Volmer 2002, S. 9 ff. versteht sich als Erweiterung des klassischen Projektmanagements durch die zusätzliche Betrachtung der Systemebene: Die Prozessebene (hier liegt der Schwerpunkt des klassischen Projektmanagements) behandelt den Ablauf bei Projekten: Projektauftrag, Projektplanung, Projektdurchführung. Auf der Systemebene geht es zum einen um das Projektteam als soziales System, zum anderen um die Frage, wie das Projekt innerhalb der weiteren sozialen Systeme (Unternehmen, Behörde) etabliert ist.

Checkliste Systemebene in Projekten

Personen

- Welche Personen sollten in das Projektteam kommen, um eine Bearbeitung des Themas aus unterschiedlichen Perspektiven zu ermöglichen und zugleich effizientes Arbeiten abzusichern?
- Wer sind die Stakeholder, die den Erfolg des Projekts entscheidend beeinflussen können? Wer gewinnt/verliert durch das Projekt?
- Wer kann sich den Erfolg zuschreiben? Wem wird möglicherweise Misserfolg zugeschrieben?

Systemisches Projektmanagement

Subjektive Deutungen

- Welche (fachlichen und persönlichen) Ziele der einzelnen Projektmitglieder und der weiteren Stakeholder gibt es?
- Was erhoffen/befürchten diese in Bezug auf das Projekt?
- Was gewinnen/verlieren sie bei Erfolg des Projekts?
- Was beurteilen sie das Projekt?
- Was denken sie über Projektleiter und Projektteam?

Soziale Regeln

- Welche Regeln bestimmen die Zusammenarbeit und den Umgang miteinander im Projektteam? Wie wird die Einhaltung dieser Regeln abgesichert?
- Gibt es bestimmte Regeln, die im Umgang mit Stakeholdern zu beachten sind?
- Was muss man tun, um ein Projekt »gegen die Wand« zu fahren?
- Inwieweit sind die Regeln im Blick auf den Projekterfolg sinnvoll?
- Was wären möglicherweise bessere Regeln?
- Wie kann die Veränderung der Regeln umgesetzt werden?

Regelkreise

- Was passiert im Projekt immer wieder? Wie schauen typische Muster (Regelkreise) aus?
- Was wurde bisher (ohne Erfolg) versucht?
- Welche Lösungen zweiter Ordnung existieren, um den Regelkreis aufzulösen?

Systemumwelt

- Welche materiellen Ressourcen stehen zur Verfügung?
- Wie sind die örtlichen und technischen Voraussetzungen?
- Welche Rahmenvorgaben (gesetzliche Vorgaben, Betriebsvereinbarungen, Erlasse) sind zu beachten?
- Wie ist die Systemgrenze zu anderen Systemen: Was darf nach außen weitergegeben werden, was nicht? Welche Informationen von außen kommen in das Projekt?

Entwicklung

- Was ist die Vorgeschichte des Projekts?
- Was kann aus vergangenen Projekterfahrungen übernommen werden, was sollte verändert werden?
- Wie schaut die Vorgeschichte im Umgang mit den Stakeholdern aus?
- Wie ist die Entwicklung bisher verlaufen? Ist das Projektteam ein stabiles soziales System? Ist das Projekt etabliert? Gab es Brüche oder Turbulenzen? Welche?
- Wie stabil ist das Projekt (sowohl in Bezug auf die Arbeit im Projektteam als auch innerhalb der Organisation insgesamt)?

Literaturhinweise

Projektmanagement allgemein:
- Kerzner, H. (2008): Projektmanagement. 2. Auflage Heidelberg: mitp
- Schelle, H. (2010): Projekte zum Erfolg führen. Projektmanagement systematisch und kompakt. 6. Auflage, München: dtv
- Verzuh, E. (2016): The fast forward MBA in project management. 5. Auflage, Weinheim: VCH Wiley

Anregungen zu Aspekten des systemischen Projektmanagements finden Sie unter anderem bei:
- Bohinc, T. (2011): Projektmanagement. 4. Auflage, Offenbach: Gabal
- Borgert, S. (2012): Holistisches Projektmanagement. Berlin, Heidelberg: Springer
- Majer, C./Stabauer, L. (2010): Social competence im Projektmanagement. Wien: Goldegg

Systemische Führung

> **Beispiel: Aus der Expertenrolle zur Führungskraft**
>
> Frau Dr. Ritzer ist Direktorin einer internationalen Forschungseinrichtung. Sie wurde aufgrund ihrer Kompetenz in der Forschung zur Direktorin gewählt, hat selbst eine Reihe von bedeutenden Forschungsergebnissen publiziert und genießt internationale Reputation. Als Direktorin nimmt sie sich als ihre erste Aufgabe vor, das Forschungsprofil der Institution zu verändern: Einige der bisherigen Schwerpunkte werden reduziert, dafür neue innovative Ansätze verstärkt. Mit großem Engagement macht sie sich an die Aufgabe.
> Nur: Sie erfährt zunehmend Widerstand von ihren Kollegen. Die Tragfähigkeit des neuen Konzepts wird bezweifelt, immer wieder werden ihr Steine in den Weg gelegt. In der entscheidenden Abstimmung wird ihr Antrag auf Einrichtung eines neuen Zentrums mit vier Stimmen abgelehnt.

Wie bei manchen der anderen Beispiele liegt es nicht an der Fachkompetenz von Frau Ritzer. Ihr Forschungskonzept wäre, so die Meinung der internationalen Gutachter, innovativ und wegweisend gewesen. Aber ihr fehlte der Rückhalt in ihrer eigenen Organisation. Sie hatte ihre Aufmerksamkeit auf die Inhalte gerichtet, und dabei die Bedeutung ihrer Institution als ein soziales System völlig außer Acht gelassen. Sie war der Überzeugung gewesen, dass Sie mit ihren Argumenten für die Neugestaltung der Forschungseinrichtung die anderen überzeugen könnte, und hat damit die Kraft der Rationalität über- und die Eigendynamik des sozialen Systems unterschätzt.

Theoretischer Hintergrund

Die Erfahrung, dass Organisationen sich offenbar nicht einfach technisch steuern lassen, legt für Managementkonzepte ebenfalls den Rückgriff auf systemtheoretische Überlegungen nahe. Exemplarisch hier einige Konzepte.

Managementkonzepte in der Tradition von Luhmann: In der Tradition von Luhmann geht Rudolf Wimmer von der Feststellung aus, dass »der Zuwachs an interner Komplexität [...] relativ rasch einen Punkt [erreicht], an dem er die Steuerungspotenz zentralisierter Hierarchien überfordert« (Wimmer 2004, S. 89). Führung heißt dann, »dafür Sorge zu tragen, dass die einzelnen Teile in der Interaktion mit anderen Probleme so formulieren und dafür solche Kommunikationsformen wählen, dass sie überhaupt ›gehört‹ werden können, also eine relevante Irritation füreinander darstellen« (ebd. S. 91).

Das an der Wirtschaftsuniversität Wien entwickelte systemische Managementkonzept greift ebenfalls auf Luhmanns Systemtheorie zurück (Kasper/Mayrhofer/Meyer 1998; Steinkellner 2006): »Aufbauend auf die systemtheoretische Sichtweise, welche Organisationen als autopoietisch geschlossene soziale Systeme auffasst, deren Basiselement Kommunikation ist, wird von der Fixierung auf Personen abgerückt […] Ein direkter Durchgriff ist in Organisationen nicht möglich, Organisationen können lediglich mittels Interventionen zu Eigenaktivitäten angeregt werden« (Steinkellner 2006, S. 99).

Das Managmentkonzept des Management-Zentrums St. Gallen: Auch Fredmund Malik geht davon aus, dass Organisationen sich nicht technisch steuern lassen: »Die Organisationen einer modernen Gesellschaft sind zum größten Teil hochkomplexe Systeme, die wir nicht – wie weithin üblich – als Maschinen, sondern weit besser in Analogie zu Organismen verstehen können. Sie können weder bis ins Detail verstanden und erklärt, noch gestalten und gesteuert werden. Sie haben ihre eigenen Gesetzlichkeiten« (Malik 2000, Klappentext). Anderes als die Konzepte in der Tradition von Luhmann werden hier aber Personen als Elemente sozialer Systeme betrachtet, indem zum Beispiel die Führungskraft als entscheidender Faktor für den Erfolg der Organisation gesehen wird: Führung heißt Resultatenorientierung, einen Beitrag zum Ganzen leisten, sich auf Weniges konzentrieren, Stärken nutzen, vertrauen, positiv denken (Malik 2014).

Das Managementkonzept der Akademie für Führungskräfte der Wirtschaft, Bad Harzburg: Hier ist insbesondere Daniel F. Pinnow zu nennen, der sich bei seinem Konzept systemischer Führung ausdrücklich gegen das Konzept von Luhmann wendet. Für ihn »bestehen soziale Systeme nicht aus Kommunikation, wie es Luhmann und seine Schüler verstehen, sondern aus miteinander in Interaktion stehenden Personen« (Pinnow 2014, S. 7).

Pinnow betrachtet eine Organisation als eine »sphärische Organisation« mit bestimmten Knoten, was wechselseitige Beeinflussung von Führungskräften und Geführten zur Folge hat: »Insofern betrifft jeder einzelne Führungsakt immer Führungskraft wie auch Mitarbeiter nicht bloß als Objekt von Führung, sondern auch als Subjekt« (ebd. S. 10).

Systemische Führung in der Schule: Bezogen auf den Bereich Schule sieht Heinz Rosenbusch (2005) (in Anlehnung an König/Volmer 1993) pädagogisches Führungshandeln zum Beispiel von Schulleitungen eingebunden in das soziale System Schule. Aber zugleich kommt der Person des Schulleiters entscheidende Bedeutung zu. Schulleiter nehmen eine »Schlüsselrolle bei der Entwicklung der Qualität der Schule« ein (ebd. S. 99); Anerkennung als Anerkennung des anderen (in Form von Sympathie, Respekt, Wertschätzung ...) und als Selbstanerkennung der einzelnen Person (Selbstachtung, Selbstvertrauen ...) ist die »normative Prämisse organisationspädagogischen Handelns« (ebd. S. 23 ff.) von pädagogischen Führungskräften.

Aufgaben der Führung

Ende der 1940er-Jahren führte Kurt Lewin die Unterscheidung zwischen autoritärem, demokratischem und Laissez-Faire-Stil ein. Ebenfalls mittlerweile eine gängige Unterscheidung ist die zwischen aufgaben- und mitarbeiterorientierter Führung, wobei in diesem Fall »optimale Führung« eine hohe Ausprägung in beiden Dimensionen aufzeigt (der sogenannte 9-9-er-Stil von Blake/Mouton). Situative Führung richtet sich dann je nach Situation oder »Reifegrad« der Mitarbeiter. Auch in der neueren Diskussion spielt diese Unterscheidung zwischen Aufgaben- und Mitarbeiterorientierung eine Rolle. Aber Führung ist mehr: Führungskräfte müssen »Manager« sein, die sich um das Tagesgeschäft kümmern, sie müssen planen und kontrollieren. Aber sie müssen zugleich »Leader« sein, die kreativ sind, Visionen entwickeln und begeistern. Führung ist daher auch Entwicklung einer Strategie, Stakeholdermanagement und nicht zuletzt Arbeit an der eigenen Persönlichkeit (Überblick zum Beispiel bei Stippler/Dörffer 2013). Daraus ergeben sich im Groben vier Schwerpunkte im Hinblick auf das Thema Führung:

- **Führung als »Management von Aufgaben«:** Dazu gehören die Erledigung des Tagesgeschäfts, Entscheidungen treffen, Ziele vereinbaren und verfolgen, Prozesse managen oder auch Experte für bestimmte Themen sein.
- **Führung als Entwicklung von Mitarbeitern:** Hier gilt es, Wertschätzung und Verständnis zu zeigen, Mitarbeitern Verantwortung zu geben, aber auch, sie zu coachen oder das eigene Team zu entwickeln.
- **Führung als strategische Führung:** Das bedeutet, nicht im Operativen gefangen zu bleiben, sondern den Blick nach vorn zu richten, eine Vision zu entwickeln, sich auf die wirklich wichtigen strategischen Schwerpunkte zu konzentrieren.
- **Führung als Stakeholdermanagement:** Das Augenmerk ist hier auf die anderen Stakeholder der Organisation gerichtet. Es ist wichtig, Netzwerke zu bilden, aber auch die Organisation nach außen, in der Öffentlichkeit zu vertreten.
- **Führung als Selbstmanagement:** Bei diesem Schwerpunkt geht es darum, mit sich selbst und den eigenen Ressourcen verantwortlich umzugehen, Klar-

heit über das eigene Menschenbild und die eigenen Werte zu haben, sich selbst immer wieder zu reflektieren.

In all diesen Bereichen ist eine Führungskraft kein individuelles Individuum, sondern eingebunden in soziale Systeme: das eigene Team, die eigene Organisation, aber auch andere soziale Systeme in der Umwelt. Und das bedeutet, stets den Blick auf das jeweilige soziale System zu richten.

Systemische Führung als Intervention in komplexen sozialen Systemen

Eine »gute« Führungskraft kann ein Team, einen Bereich, ein Unternehmen, eine Schule oder eine Klinik nach vorn bringen. Eine »schlechte« Führungskraft kann das System »an die Wand fahren«. Das ist bekannt, aber ebenso ist es eine Alltagserfahrung, dass Organisationen komplexe soziale Systeme sind, die sich nicht technisch steuern lassen. Nicht nur eine (gute oder schlechte) Führungskraft verändert das soziale System, sondern jeder Geführte ist ebenfalls daran beteiligt, je nachdem, wie er mit den Interventionen der Führungskraft umgeht. Insofern sind Mitarbeiter nicht »Objekte« der Führung, sondern sie sind zugleich auch Subjekt. Was bedeutet das für ein Konzept systemischer Führung?

Diagnose des sozialen Systems: Das ist eigentlich die erste Aufgabe im Rahmen systemischer Führung: die Chancen und Risiken im sozialen System auszuloten.

Checkliste: Systemdiagnose im Rahmen systemischer Führung

- Wer sind die Stakeholder, von denen mein Erfolg und Misserfolg als Führungskraft abhängt?
- Was sind ihre subjektiven Deutungen? Welche Ziele möchten sie erreichen? Was erhoffen oder befürchten sie?
- Gibt es im Zusammenhang mit Führung offene oder verdeckte soziale Regeln, die hier zu beachten sind?
- Gibt es typische Regelkreise?
- Welche Bedeutung hat die Systemumwelt?
- Wie wurde Führung in dieser Organisation früher gelebt?

Bezogen auf unser Beispiel: Frau Ritzer hat die Bedeutung der Leiter der einzelnen Institute unterschätzt, die sich durch die neue Führung in ihren gewohnten Rechten bedroht fühlten und demzufolge alles daransetzten, die Umsetzung der neuen

Systemische Führung

Strategie zu verhindern. Daraus entstanden schließlich Regelkreise: Die einzelnen Institutsleiter stimmten zwar verbal der neuen Strategie zu, aber die Umsetzung einzelner Maßnahmen scheiterte immer wieder.

Interventionen auf der Systemebene: Im Nachhinein kann man sagen: Frau Ritzer hätte wesentlich mehr Chancen gehabt, wenn sie ihre Energie nicht nur auf das neue Forschungskonzept, sondern ebenso auf das soziale System gerichtet hätte. Möglicherweise wäre ein entscheidender Ansatzpunkt auf der Ebene der subjektiven Deutungen gewesen, die bisherige Arbeit der Institute mehr wertzuschätzen – und nicht nur ihr neues Konzept in den Mittelpunkt zu stellen. Das hätte es ihr vermutlich erleichtert, Kontakt zu den Institutsleitern aufzunehmen, ihre Bedenken ernst zu nehmen und im neuen Programm das zu betonen, was von der bisherigen Arbeit zu bewahren wäre.

Sie hätte sich auf diese Weise stärker Verbündete suchen können und mit ihnen gemeinsam die Strategie planen. Sie hätte Regelkreise unterbrechen müssen. Möglicherweise wäre es sinnvoll gewesen, die Regeln für Entscheidungsprozesse zu überdenken: Wo haben Institutsleiter eigene Entscheidungskompetenz? Wo hat Frau Ritzer das Sagen? Wo sind gemeinsame Beschlüsse erforderlich? Vor allem: Vermutlich hätte sich Frau Ritzer mit der Umsetzung viel mehr Zeit lassen müssen.

Checkliste: Interventionen im Rahmen systemischer Führung

Veränderungen in Bezug auf andere Personen

- die eigene Position (zum Beispiel mithilfe der Systemvisualisierung) im sozialen System überprüfen und gegebenenfalls verändern
- den Kontakt zu anderen Stakeholdern verstärken – oder sie mehr ausblenden
- Verbündete suchen, mit denen man zusammen die Strategie umsetzt

Veränderung subjektiver Deutungen

- Veränderung eigener subjektiver Deutungen: die bisherige Arbeit, die Arbeit der Mitarbeiter, die Arbeit anderer Personen würdigen
- in Gesprächen Chancen und Risiken der verschiedenen Handlungsmöglichkeiten abwägen
- selbst klar Position beziehen

Regelkreise unterbrechen: etwas anderes tun

- möglichst viele verschiedene Möglichkeiten überlegen und dann das auswählen, was die größten Erfolgschancen bietet, hierbei auf das eigene Gefühl achten

Regeln im Umgang mit Mitarbeitern transparent machen

- Was kann ein Mitarbeiter selbst entscheiden und muss nur bei Schwierigkeiten den Vorgesetzten informieren?
- Was kann ein Mitarbeiter entscheiden, muss aber den Vorgesetzten informieren?
- Welche Entscheidungen erfordern die Zustimmung des Vorgesetzten?

Systemumwelt

- Welche Entscheidungen müssen über materielle Ressourcen, aber auch Technik, Ausstattung und so weiter getroffen werden?
- Die Systemgrenze zu anderen Systemen verändern, zum Beispiel mehr mit benachbarten Abteilungen zusammenarbeiten – oder sich mehr abgrenzen, den Kontakt zu Kunden verstärken

Entwicklung

- Gefühl für den richtigen Zeitpunkt und die richtige Geschwindigkeit entwickeln: Ist es besser, Zeit zu lassen und noch zu warten – oder geht es darum, jetzt Entscheidungen zu treffen und Veränderungen umzusetzen?

Der Entscheidungsprozess im Rahmen systemischer Führung

Systemische Führung heißt, das Wissen des sozialen Systems zu nutzen – aber zugleich selbst eine klare Position zu beziehen. Wenn man für die Struktur des Entscheidungsprozesses die GROW-Struktur zugrunde legt, dann ergibt sich für die einzelnen Phasen des Entscheidungsprozesses eine Struktur geteilter Verantwortung, die folgendermaßen ausschaut:

Phasen des Entscheidungsprozesses	Rollenverteilung Führungskraft und Mitarbeiter
Goal (Orientierungsphase)	
• Festlegung des Themas und Ziels: Welche Entscheidung ist zu treffen? • Vorschlag für das Vorgehen	Möglichkeiten: • Thema ist von außen vorgegeben, hier muss entschieden werden • Führungskraft bringt Thema ein • Mitarbeiter bringt Thema ein

Systemische Führung

Reality (Klärungsphase)

- Wie ist die Situation?
- Was ist erreicht? Was nicht?
- Wo genau liegen die Probleme?
- Welche Faktoren führen zu den Problemen?
- Was wurde bislang getan?
- Was wurde überlegt?

- Mitarbeiter fragen
- oder im Team die unterschiedlichen Einschätzungen sammeln
- gegebenenfalls in Kleingruppen verschiedene Themen bearbeiten
- auch eigene Einschätzung einbringen

Options (Lösungsphase)

- möglichst viele unterschiedliche Lösungsmöglichkeiten sammeln
- anschließend bewerten

Lösungsmöglichkeiten sammeln:
- Mitarbeiter nach Ideen befragen
- Brainstorming im Team
- eigene Ideen einbringen

Bewertung der Lösungsmöglichkeiten:
- Kriterien zur Bewertung festlegen beziehungsweise transparent machen
- Mitarbeiter nach Bewertung fragen
- eigene Bewertung einbringen
- im Team gemeinsame Bewertung vornehmen (zum Beispiel verschiedene Alternativen punkten)

What next? (Abschlussphase)

- Welches Ergebnis lässt sich festhalten?
- Was sind die nächsten Schritte?

Abklären:
- Zeichnet sich eine gemeinsame Lösung ab?
- eigene Position überlegen
- eigene Position klar formulieren
- als Führungskraft Ergebnis zusammenfassen
- absichern, dass alle Beteiligten zustimmen

Sicher, dieses Vorgehen ist kein Patentrezept. Aber es unterstützt dabei, dass die verschiedenen Perspektiven miteinbezogen werden. Führung heißt, ein Vetorecht haben: Es wird keine Entscheidung getroffen werden, der Sie als Führungskraft nicht zustimmen. Führung heißt auch, rational überlegen und zugleich die emotionale Intelligenz nutzen, auf das Bauchgefühl achten.

Anregungen zur Weiterarbeit

Wenn Sie Führungskraft oder auf dem Weg dazu sind:
- Wo setzen Sie als Führungskraft Schwerpunkte: im Operativen oder im Strategischen, bei der Aufgabenorientierung oder der Entwicklung der Mitarbeiter, im Stakeholdermanagement? Was wollen Sie beibehalten? Was verstärken? Was sollte weniger Gewicht bekommen?
- Richten Sie dabei immer auch Ihre Aufmerksamkeit auf die Systemebene: Führung heißt sich bewusst machen, dass Sie einerseits abhängig vom sozialen System sind, aber dass Sie andererseits das soziale System auch verändern können.

Zum Abschluss wieder einige Literaturhinweise:

Literaturhinweise

Einen allgemeinen Überblick geben zum Beispiel:
- Laufer, H. (2015): Grundlagen erfolgreicher Mitarbeiterführung. 16. Auflage, Offenbach: Gabal
- Mutafoff, A./Riekehof, R. (2002): Die sieben Seiten des perfekten Managers. 2. Auflage, Landsberg: Moderne Industrie
- Rosenstiel, L. v./Regnet, E./Domsch, M. E. (Hrsg.) (2014): Führung von Mitarbeitern. 7. Auflage, Stuttgart: Schäffer-Poeschel
- Steiger, T./Lippmann, E. (2013): Handbuch Angewandte Psychologie für Führungskräfte. 4. Auflage, Berlin, Heidelberg: Springer

Bücher, die auf systemtheoretische Überlegungen zurückgreifen, aber zugleich die Personen als Teil des sozialen Systems sehen beziehungsweise die Bedeutung der Führungskraft besonders betonen, sind:
- Malik, F. F. (2014): Führen Leisten Leben. Wirksames Management für eine neue Welt. Frankfurt am Main, New York: Campus
- Pinnow, D. F. (2012): Führen. Worauf es wirklich ankommt. 6. Auflage, Wiesbaden: Springer

Hilfreiche Anregungen finden Sie auch bei:
- Gloger, B./Rösner, D. (2014): Selbstorganisation braucht Führung. Die einfachen Geheimnisse agilen Managements. München: Hanser

Change als Veränderung eines sozialen Systems

Beispiel: Change im Werk x

Es handelt sich hier um ein Werk mit ungefähr 600 Mitarbeitern innerhalb eines größeren Konzerns. Ausgangspunkt für einen Veränderungsprozess waren zwei Faktoren: zu hohe Kosten und steigende Unzufriedenheit bei den Mitarbeitern. Um die Zukunft des Werks zu sichern, so die These des Werksleiters, muss etwas getan werden.

Dabei war das Interesse des Unternehmens zunächst auf eine fertige Lösung von Experten ausgerichtet: »Sagen Sie uns, wie unsere Organisation aufgebaut sein soll!« Im Hinblick auf den systemischen Ansatz ist ein solches Vorgehen jedoch problematisch: Die Kompetenz eines sozialen Systems übersteigt grundsätzlich die Kompetenz eines Einzelnen und damit auch eines Experten. Organisationsveränderung kann somit immer nur aus dem sozialen System heraus entwickelt werden. Daraus entstand schließlich ein systemischer Change-Prozess.

Veränderungsprozesse gehören heute zur Selbstverständlichkeit. Fast jedes Unternehmen strukturiert mehr oder minder regelmäßig um. Im Banken- und Versicherungsbereich erfordert die Veränderung des Kundenverhaltens (viel mehr Geschäfte werden elektronisch getätigt) einen Umbau der Unternehmensstruktur. Der demografische Wandel, aber auch die Zuwanderung von Menschen aus anderen Ländern führen zu gravierenden Veränderungen im Schulsystem. Auch Teams müssen sich verändern, wenn umstrukturiert wird, neue Aufgaben übernommen werden müssen oder eine neue Vorgesetzte die Leitung übernimmt.

Aber: Ein großer Teil der Veränderungsprozesse scheitert, so das Ergebnis einer 2007 durchgeführten Studie über Veränderungsprozesse, die Anabel Houben zusammen mit Kollegen in Unternehmen mit mehr als 1 000 Mitarbeitern durchgeführt hatte. Ergebnis der Studie: »Die in der Veränderungspraxis oft vernachlässigten ›weichen‹ Komponenten sind für den Erfolg von tiefgreifenden Veränderungsprozessen mindestens ebenso maßgeblich wie die in der Regel eher im Fokus stehenden ›harten‹ Komponenten« (Houben u. a. 2007).

Daraus lässt sich ableiten: Damit Veränderungsprozesse erfolgreich durchgeführt werden können, ist es ein entscheidender Faktor, die Systemebene zu berücksichtigen.

Theoretischer Hintergrund

Es gibt mittlerweile zahllose Literatur zum Thema Change-Management. Dabei lassen sich im Groben die verschiedenen Vorgehensweisen zu wenigen unterschiedlichen Konzepten zuordnen.

Change-Management als technische Veränderung: Das ist das Konzept der klassischen Unternehmensberatung: Veränderungen einer Organisation wie technische Veränderungen zu planen und durchzuführen. Es wird eine Diagnose der Organisation durchgeführt und auf dieser Basis werden dann Veränderungen geplant und durchgesetzt (zum Beispiel Lippold 2013).

Change-Management als Organisationsentwicklung: Entstanden ist die Organisationsentwicklung in den 1940er-Jahren im Umkreis von Kurt Lewin: Lewin führte zusammen mit Ronald Lippitt und anderen 1946 im State Teacher College New Brunswick in Connecticut Workshops mit pädagogischen Mitarbeitern unter der Zielsetzung durch, Ansätze zur Bekämpfung rassistischer Vorurteile zu entwickeln. Im Rahmen dieser Workshops hatten die Trainer die Angewohnheit, am Abend untereinander den Verlauf des Tages zu reflektieren. Als zu diesen Treffen mehr oder weniger zufällig einige Teilnehmer dazukamen und zuhörten, ergab sich ein unerwarteter Effekt: Die Teilnehmer signalisierten, dass dieses Zuhören für sie außerordentlich interessant und hilfreich gewesen sei und ihnen neue Denkanstöße gegeben hätte.

Daraus wurde das Dreiphasenmodell mit den Phasen Unfreezing (Aufbrechen bisheriger festgefahrener Einstellungen), Moving (Veränderung der Einstellungen) und Refreezing (Stabilisierung neuer Einstellungen) entwickelt. Das gleichsam klassische Instrument für die ersten beiden Phasen ist die Survey-Feedback-Methode, die aus den ursprünglichen Workshops entstanden ist: den Betroffenen die Einschätzung von außen (der externen Berater) oder die Einschätzung anderer Angehöriger der Organisation zurückzuspiegeln und sie damit zu konfrontieren.

Ein zweiter Ansatz der Organisationsentwicklung wurde Ende der 1940er-Jahre im Tavistock-Projekt entwickelt. Ausgangspunkt waren Probleme bei technischen Erneuerungen im englischen Bergbau. Obwohl die Technik verbessert worden war, stieg die Produktivität nicht an. Im Gegenteil: Es traten zunehmend Probleme auf. Die Lösung schließlich war, dass die Beteiligten selbst neue Organisationsformen entwickelten: Sie bildeten anstelle der bisher stärker hierarchisch gegliederten Führungsstruktur teilautonome Arbeitsgruppen: »Die Arbeitsorganisation im neuen Schacht war für uns ein neues Phänomen und bestand aus mehreren relativ autonomen Gruppen mit untereinander wechselnden Rollen und Schichten, die ihre Dinge untereinander mit einem Minimum an Beaufsichtigung selbst regelten. Ganz offensichtlich war eine bessere Kooperation zwischen den Aufgabengruppen vorhanden. Erkennbar waren starke persönliche Verantwortung und Zusammengehörigkeitsgefühle, geringe Abwesenheit, seltene Unfälle und hohe Produktivität« (Gairing 1996, S. 74).

In der zweiten Hälfte des 20. Jahrhunderts erlebte die Organisationsentwicklung ihre Blütezeit. Die bekannteste Definition stammt von der Deutschen Gesellschaft für Organisationsentwicklung (GOE) aus dem Jahr 1982. Sie versteht Organisationsentwicklung als »längerfristig angelegten organisationsumfassenden Entwicklungs- und Veränderungsprozess von Organisationen und der in ihr tätigen Menschen [...] sein Ziel besteht in einer gleichzeitigen Verbesserung der Leistungsfähigkeit der Organisation (Effektivität) und der Qualität des Arbeitslebens (Humanität)« (Becker/Langosch 1995, S. 5). Dabei wird der Ansatz für Veränderung in der Veränderung des Denkens der Menschen gesehen, was durch Survey-Feedback, aber auch durch gruppendynamische Verfahren oder Veränderung der Kultur angestoßen werden kann.

Allerdings haben sich die ursprünglichen Erwartungen an die Organisationsentwicklung nicht erfüllt. Offenbar lässt sich die Veränderung einer Organisation nicht allein durch die Veränderung des Denkens erreichen, sondern erfordert zudem strukturelle Veränderungen.

In neueren Ansätze unter der Überschrift Organisationsentwicklung wird der Rahmen deutlich weiter gefasst, aber der Begriff »Organisationsentwicklung« in Abhebung von technisch ausgerichteten Konzepten beibehalten. So ist für Christiane Schiersmann und Heinz Thiel die Grundlage der Organisationsentwicklung »ein systemisch-ressourcenorientierter Ansatz mit dem Ziel, die Problemlösekompetenz und die Selbstorganisation von Personen und Organisationen zu fördern« (Schiersmann/Thiel 2014, Klappentext).

Auf dieser Basis wird ein Konzept entwickelt, das sowohl auf systemische Prinzipien als auch auf die Theorie des komplexen Problemlösens zurückgreift und in diesen Rahmen zahlreiche Methoden (zur Gestaltung von Workshops, Steuerung von Projekten, Entwicklung von Teams...) integriert.

Change-Management als Toolbox: Im Jahr 1994 veröffentlichten die Unternehmensberater Klaus Doppler und Christoph Lauterburg das Buch »Change-Management«, das in wenigen Jahren zu einem Bestseller wurde. Für Doppler ist Change-Management ein »Kochbuch [...] für das Management von Veränderungen in Unternehmen und Institutionen [...] Mit anderen Worten: ein ›Do-it-yourself‹-Handbuch für Unternehmens- und Organisationsentwicklung« (Doppler/Lauterburg 2005, S. 15).

Dabei werden ganz unterschiedliche Methoden wie Führen durch Zielvereinbarung, persönliches Feedback, Moderation, Strategie, Konfliktmanagement und andere aufgeführt. In dieser Tradition finden sich gegenwärtig zahlreiche Bücher mit einer Fülle an »Change-Tools« (zum Beispiel Rohm 2011; 2015). Allerdings: Solche Bücher suggerieren allzu leicht, dass erfolgreiche Veränderung einer Organisation darin bestehe, bestimmte Methoden korrekt anzuwenden – und das wäre sicherlich eine Verkürzung.

Systemische Konzepte von Change-Management: Je nach der zugrunde gelegten Systemtheorie ergeben sich hier unterschiedliche Konzepte:

- Auf der Basis der allgemeinen Systemtheorie versteht zum Beispiel Gilbert Probst (1987) Veränderung von Organisationen insbesondere als Veränderung von Regelkreisen. Zentrales Instrument dafür ist die Wirkungsverlaufsanalyse, die den Zusammenhang zwischen verschiedenen Faktoren aufzeigt.
- In der Tradition von Luhmann wird bei Veränderungen die Aufmerksamkeit weniger auf die handelnden Personen, sondern auf die Kommunikation in dem jeweiligen System gerichtet. Deutlich wird das bei dem Konzept der Beratergruppe Neuwaldegg: Diagnosephase und auch Interventionen zielen auf die Kommunikation. So werden als Ergebnis einer Diagnosephase zum Beispiel genannt (Königswieser/Exner 2008, S. 142): Es herrscht »digitales Denken« vor. Das heißt:
  - Es besteht, die Meinung, alles müsse hundertprozentig gemacht werden.
  - Die Geschäftsprozesse sind ineffizient gestaltet.
  - Der Zickzackkurs der Geschäftsleitung vernebelt die ohnedies schon unstete Prioritätensetzung und erhöht die branchenübliche Hektik.

  Bearbeitet werden im daran anschließenden Veränderungsprozess insbesondere Kommunikationsthemen wie zum Beispiel Informationsmanagement, Zusammenarbeit, Projektmanagement. Aber zugleich zeigt die praktische Arbeit, dass die aufgrund der Zuordnung zur Systemumwelt geforderte Ausklammerung der jeweiligen Personen aus der Organisationsentwicklung praktisch nicht durchzuhalten ist. In der Diagnose wird die »individuelle Zufriedenheit der Kunden« oder die »Begeisterung und die Freude an der Arbeit« der Mitarbeiter deutlich, und Coaching wird eines der zentralen Instrumente des Veränderungsprozesses.
- In der Tradition von Bateson hatte bereits Mara Selvini Palazzoli versucht, in den 1970er-Jahren Veränderungsprozesse auf der Basis systemtheoretischer Überlegungen zu unterstützen (Selvini Palazzoli u. a. 1981). Seit den 1990er-Jahren wurden dann zahlreiche Veränderungsprojekte auf der Basis des Konzepts der systemischen Organisationsberatung (König/Volmer 2014) durchgeführt.

Change als Veränderung eines sozialen Systems

Die Veränderung einer Organisation ist immer Veränderung eines sozialen Systems: Es gibt Befürworter und Gegner, Gewinner und Verlierer. Der Erfolg hängt davon ab, wie Menschen die Veränderung deuten. Sie wird von Regeln und Regelkreisen, aber auch von der Umwelt und der Geschichte beeinflusst. Was das heißt, wird im Folgenden anhand des oben aufgeführten Beispiels aufgezeigt.

Personen im Veränderungsprozess: Kein Veränderungsprozess wird ausschließlich auf Zustimmung stoßen. Sondern es lassen sich generell verschiedene Gruppen nach dem Grad ihrer Zustimmung unterscheiden (Vahs 2012, S. 291):

- **Innovatoren** sind die Personen, die selbst den Wandel initiieren, andere zu überzeugen suchen und ihre Energie für die Veränderung einsetzen. Häufig sind sie im Topmanagement zu finden (jemand aus der Führungsspitze gibt den Anstoß). Wir haben aber auch schon erlebt, dass ein engagierter Mitarbeiter oder ein Abteilungsleiter zum Beispiel aus der Personalentwicklung den Anstoß zu einem umfangreichen Veränderungsprozess gibt.
- Die **»aktiven Gläubigen«** sind diejenigen, die sich auf den Anstoß der Innovatoren schnell für den Wandel engagieren. Dabei können die Motive unterschiedlich sein: Sie wollen etwas bewegen; oder sie sehen für sich eine Chance, Karriere zu machen. Sie sind die wichtigsten Multiplikatoren für einen Veränderungsprozess, weil sie die Verbindung zu den anderen Mitarbeitern herstellen.
- Die **Opportunisten** richten ihr Fähnlein nach dem Wind. Sie werden sich auf die Veränderung einrichten, betonen möglicherweise die Wichtigkeit, wenn der Vorgesetzte es erwartet – sie werden sich aber nicht engagieren.
- Die größte Gruppe sind in der Regel die **»Abwartenden und Gleichgültigen«.** Sie haben wenig Interesse, sie warten ab, können sich aber einrichten, wenn sich abzeichnet, dass die Veränderung zum Erfolg führt.
- In jedem Veränderungsprozess gibt es zudem **Gegner**, die sich offen oder verdeckt gegen die Veränderung wehren.
- Und schließlich gibt es die **»Emigranten«,** die innerlich kündigen oder konkret das Unternehmen verlassen.

Wenn eine Veränderung nicht von außen aufgesetzt wird, sondern »aus dem System heraus erfolgt«, das heißt, das Wissen und die Vorschläge der Betroffenen aufgreift, steigt die Chance, dass sich mehr damit identifizieren können: Wer sich selbst beteiligt, wer erfährt, dass seine Vorschläge aufgegriffen werden, ist eher bereit, sich zu engagieren. Aber man wird nie alle Personen überzeugen können.

Es wird immer Personen geben, die die Veränderung blockieren. In dem genannten Beispiel gab es beides: auf der einen Seite einen Werksleiter, der Interesse daran hatte, den Prozess voranzutreiben, und der sich engagierte; auf der anderen Seite aber auch einen Bereichsleiter, der nicht bereit war, sich beziehungsweise etwas zu ändern.

Viel zu häufig verwendet man in Veränderungsprozessen viel Zeit und Energie auf die Gegner. Doch hier ist Vorsicht angesagt: Nicht alle Gegner lassen sich überzeugen – und man verfängt sich leicht in Regelkreisen. Die Alternative ist, sich mehr auf mögliche Verbündete zu konzentrieren und eine »Guiding Coalition« (Kotter 2013) aufzubauen, das heißt eine Gruppe von Personen, die bereit ist, die Veränderung voranzutreiben. Möglicherweise muss sich eine Organisation von den Gegnern trennen. – Im angeführten Beispiel wurde die Position des Bereichsleiters neu besetzt. Er erhielt eine andere Aufgabe.

Die subjektiven Deutungen der beteiligten Personen: Das Handeln einer Person und damit letztlich der Zustand des sozialen Systems sind von den jeweiligen subjektiven Deutungen bestimmt. Es gibt eine Reihe hinderlicher subjektiver Deutungen, die eine Veränderung blockieren können. Dazu gehören:

- **»Ich bin jetzt nichts mehr wert!«** Diese Einstellung findet man bisweilen bei erfahrenen Führungskräften der mittleren Führungsebenen, die sich lange Zeit als Fachexperten gesehen haben und ihre Abteilung oder ihr Team direktiv mit Anweisungen geführt haben. Sie benötigen im Veränderungsprozess vor allem Wertschätzung. Das bedeutet, dass es wichtig ist, ihnen deutlich zu machen, dass ihr Erfahrungsschatz ein »Asset« der Organisation ist, dass diese Erfahrungen bewahrt werden, aber darüber hinaus eine Veränderung erfolgen muss.
- **»Es ist nicht klar, was geschehen wird, wir müssen abwarten.«** Achtung: Fehlende Orientierung ist einer der wichtigsten Faktoren, die die Motivation behindern. Nun gibt es häufig in Veränderungsprozessen Situationen, die durch Unsicherheit gekennzeichnet sind: Werden die beiden Abteilungen zusammengelegt? Wird diese Schule oder wird dieses Krankenhaus geschlossen? Führungskräfte versuchen in solchen Fällen oft, die Probleme herunterzuspielen. Es gilt das Motto: »Wir wollen die Mitarbeiter nicht beunruhigen, also sagen wir lieber nichts.« Nur: Angehörige einer Organisation verfügen über ein gutes Maß an emotionaler Intelligenz und spüren, »dass da etwas im Busch ist«. Die Alternative dazu ist, so weit wie möglich Klarheit zu schaffen. Ein gutes Hilfsmittel dafür ist die »Kus-Matrix«. Es gilt transparent zu machen, was klar ist (K), was (noch) unklar ist (U), und was strittig ist (S).

Change als Veränderung eines sozialen Systems

- **»Wir können nichts tun!«** Das ist die Überzeugung, der Veränderung ausgeliefert zu sein. Diese Haltung führt dazu, dass man gelähmt ist und Gestaltungsmöglichkeiten überhaupt nicht mehr in den Blick kommen. In der Literatur spricht man im Anschluss an Albert Bandura (1977) in diesem Zusammenhang von »Selbstwirksamkeitserwartung«. Selbstwirksamkeitserwartung ist die subjektive Überzeugung, schwierige Situationen bewältigen zu können. Wer eine hohe Selbstwirksamkeitserwartung besitzt, wer überzeugt ist, dass er an der Situation etwas verändern kann, wird sich mehr engagieren. Daraus ergibt sich die Aufgabe, stets die Aufmerksamkeit auch auf die eigenen Möglichkeiten in der gegenwärtigen Situation zu richten. Denn selbst wenn wir wissen, dass unsere Abteilung aufgelöst wird, stellen sich die Fragen: Was können wir jetzt tun? Können wir unsere Kompetenzen erweitern? Können wir uns für andere Aufgaben qualifizieren, Netzwerke aufbauen oder ganz andere Möglichkeiten in den Blick nehmen? Gleichgültig, in welche Richtung der oder die Betreffende hier denkt: Das Gefühl verändert sich in Richtung: »Ich kann etwas tun!«
- **»Alles ist negativ!«** Auch das ist eine häufige Reaktion in Veränderungen. Die gegenwärtige Situation wird nur negativ gesehen, früher war alles besser. Diese »Problemfokussierung« lähmt. Aufgabe ist dann, den Blick auf das Positive zu richten: Welche Chancen bietet die gegenwärtige Situation?

Soziale Regeln: Veränderung von Strukturen bedeutet immer auch Veränderung von Regeln. In angeführten Beispiel sieht es folgendermaßen aus: Es wurden zwei Führungsebenen entfernt und stattdessen eine neue Expertenlaufbahn eingeführt. Dafür war ein Abstimmungsprozess über die künftige Aufgabenverteilung und die in Zukunft geltenden Regeln erforderlich, in denen folgenden Fragen nachgegangen wurde: Wer soll die Aufgaben der nicht mehr vorhandenen Führungsebenen übernehmen? Was kann auf die untere Führungsebene verlagert werden? Welche Aufgaben übernehmen die neuen Fachexperten?

Daneben spielen in den meisten Fällen auch geheime Regeln eine Rolle. In unserem Beispiel waren es zwei Regeln: »Im Lenkungskreis müssen alle Vorschläge des Projetteams nochmals inhaltlich diskutiert werden!« und die Regel in einigen Teams »Eine Krähe hackt der anderen kein Auge aus«.

Wichtig ist es hier, solche Regeln transparent zu machen, ihre Wirkungen aufzuzeigen und mit den Betroffenen Möglichkeiten der Veränderung zu überlegen: Was kann getan werden, um diese Regel außer Kraft zu setzen? Können Sanktionen verändert werden (indem man beispielsweise Kritik positiv bewertet)? Oder es können neue Ablaufregeln festgelegt werden, indem man zum Beispiel vereinbart, dass bei der Diskussion von Vorschlägen zunächst mögliche Kritikpunkte gesammelt werden.

Regelkreise: Wenn Veränderungen auf der Stelle treten, dann bedeutet das, dass man sich in Regelkreisen verfangen hat. Typische Regelkreise aus Veränderungsprozessen können sein:

- Entscheidungen werden zu Tode diskutiert.
- Es werden immer wieder neue Analysen und Diagnosen durchgeführt, aber nichts wird verändert.
- Vorschläge von Mitarbeitern oder aus den unterschiedlichen gemischten Arbeitsgruppen werden von Führungskräften immer wieder verworfen.
- Es werden zahllose Projekte gleichzeitig durchgeführt, aber keines wird tatsächlich abgeschlossen.
- Es wird immer nur das Schicksal beklagt. Alle jammern.
- Change frisst die Arbeit von Leistungsträgern auf, die nur noch in Arbeitskreisen, Projekten und dergleichen tätig sind und zu ihrer eigentlichen Arbeit überhaupt nicht mehr kommen.

Die Lösung hier ist (zumindest im Grundsatz) relativ einfach: Den Regelkreis und die bisherigen Lösungsversuche analysieren und »etwas anderes« tun. Übrigens: »etwas anderes« kann auch darin bestehen, dass zum Beispiel eine Führungskraft Entscheidungen durchsetzt, um Unsicherheit und endlose Diskussionen zu beenden.

Systemumwelt und Systemgrenzen: Bei dem hier aufgeführten Beispiel lag die Bedeutung der Systemumwelt auf zwei Ebenen. Auf der Ebene der materiellen Umwelt stellte sich als Problem im Verlauf des Prozesses heraus, dass die neu gebildeten Teams keine gemeinsamen Besprechungsräume hatten. Die räumliche Zusammenlegung brachte hier entscheidende Vorteile. Auf der Ebene der sozialen Umwelt waren insbesondere die Rahmenvorgaben des Konzerns von Belang. Da spielten unter anderem Vorstandsvorlagen eine Rolle, die bestimmte Abläufe reglementierten sowie diverse Betriebsvereinbarungen zum Beispiel über die Zahlung von Prämien und anderes mehr. Hier galt es zunächst, den Freiraum auszuloten: Welchen Spielraum bieten die Rahmenvorgaben? Welche Möglichkeiten existieren innerhalb dieses Rahmens? Oder lassen sich Vorgaben verändern? Wenn ja, welche und wie?

Die Entwicklung des sozialen Systems: Veränderungsprozesse in einer Organisation verlaufen nie geradlinig, sondern immer in Brüchen: Es gibt Phasen des Aufbruchs, aber auch Phasen der Stagnation. Entsprechend verläuft die individuelle Verarbeitung einer Veränderung in Kurven und nicht auf einer Geraden. – Denken Sie an die Veränderungskurve auf S. 91. Wenn eine Führungskraft erfährt, dass es ihre bisherige Position in der neuen Organisation nicht mehr geben wird und sie andere Aufgaben übernehmen soll, wirkt das in vielen Fällen zunächst als Schock. Hier sind ein reines Erklären und die Einarbeitung in die neuen Aufgaben zunächst völlig wirkungslos. Der Betreffende benötigt Zeit, die Veränderung zu verarbeiten. Aufgabe ist, ihm diese Zeit zu geben, möglicherweise Verständnis für die Situation zu zeigen und auf den »richtigen« Zeitpunkt zu warten, in dem der Blick nach vorn gerichtet werden kann.

Schritte in Veränderungsprozessen

Auf der Basis einer Untersuchung von über 50 Unternehmen, in denen Veränderungsprozesse stattgefunden hatten, hat John P. Kotter (Harvard Business School) in den 1990er-Jahren ein Stufenmodell erfolgreicher Veränderungen entwickelt (Kotter 2013):

Stufen erfolgreicher Veränderungen nach Kotter

- Stufe 1: Ein Gefühl für die Dringlichkeit schaffen.
- Stufe 2: Eine Führungskoalition aufbauen.
- Stufe 3: Vision und Strategie entwickeln.
- Stufe 4: Die Vision des Wandels kommunizieren.
- Stufe 5: Mitarbeiter auf breiter Basis befähigen.
- Stufe 6: Schnelle Erfolge erzielen.
- Stufe 7: Erfolge konsolidieren und weitere Veränderungen einleiten.
- Stufe 8: Neue Ansätze in der Kultur verankern.

Er verdeutlicht diese Phasen an der Geschichte einer Pinguinkolonie, die bislang auf einem Eisberg lebt, der aber schmilzt (Kotter u. a. 2006). Pinguin Fred ist derjenige, der die Notwendigkeit einer Veränderung erkennt. Er weiß, dass er andere davon überzeugen muss. Er sucht sich Verbündete und bringt auf diese Weise den gesamten Veränderungsprozess in Gang, bis schließlich die Pinguinkolonie zu einer Gruppe von Wanderpinguinen wird, die von Eisberg zu Eisberg ziehen.

Die Kritik an diesem Konzept richtet sich dagegen, dass das gesamte Modell sehr linear wirkt (nicht immer wird die Reihenfolge die gleiche sein), und hier nur Veränderungsprozesse top-down in den Blick kommen. Trotzdem bietet es hilfreiche Ansatzpunkte, wobei einzelne Schritte im Rahmen eines systemischen Vorgehens sicherlich modifiziert werden müssen:

Schritt 1: Die Notwendigkeit der Veränderung bewusst machen: Möglicherweise kennen Sie das aus eigenen Erfahrungen: Sie werden sich nicht verändern (zum Beispiel nicht aufhören zu rauchen), wenn Sie die Notwendigkeit nicht erkennen. Wenn man überzeugt davon ist, dass alles so weiterlaufen kann wie bisher, bleibt alles beim Alten. Dabei kann die Notwendigkeit inneren oder äußeren Erfordernissen entspringen: Ich selbst oder wir als Team können davon überzeugt sein, dass sich etwas ändern muss. Oder die Notwendigkeit ist von außen gegeben. Wenn ich weiß, dass meine bisherige Funktion nicht Bestand haben wird, werde ich mich darauf einstellen und in eine neue Richtung denken. Damit ergibt sich der erste Schritt im Veränderungsprozess: bewusstmachen, wir müssen etwas ändern. Das heißt zugleich: Krisen nicht herunterspielen, nicht die Situation schönreden, sondern Transparenz schaffen, aber auch klar Position beziehen.

Schritt 2: Verbündete gewinnen und eine »Guiding Coalition« bilden. Wenn ein einzelner versucht, einen Vorschlag in Besprechungen durchzusetzen, sieht er sich sehr schnell einer Fülle von Bedenken und Gegenargumenten ausgesetzt. Wenn dagegen der Vorschlag auch von anderen unterstützt wird, ändert sich das System: der Vorschlag wird ernst genommen und hat gute Chancen auf Erfolg.
Dies gilt auch für Veränderungsprozesse: Versuchen Sie, Verbündete zu gewinnen und mit ihnen gemeinsam die Veränderung voranzutreiben. Das können einzelne Personen im Führungsteam sein, möglicherweise auch ein Change-Team, das Projektteam. Diese Guiding Coalition zu finden, wird in vielen Fällen intuitiv erfolgen: Man weiß, wer hier in die gleiche Richtung denkt – und es gilt dann, diese Energien zu bündeln. Sie können auch eine Stakeholderanalyse durchführen, um auf dieser Basis Personen zu identifizieren.

Schritt 3: Eine gemeinsame Vision entwickeln. Eine Vision ist eine Idealvorstellung der Zukunft, zusammengefasst in einem Bild, einer Metapher, einem Satz. Eine Vision ist kein rationaler Text, sondern sie setzt voraus, dass sie emotionale Kraft entwickelt, dass sie motiviert. Eine Vision gibt die Richtung für eine Veränderung vor: »*Ohne eine einleuchtende Vision kann eine Transformationsbestrebung leicht zu einer Anhäufung von verwirrenden und miteinander unvereinbaren Projekten geraten, die die Organisation in die falsche Richtung oder ins Nirgendwo führen*« (Kotter 1995, S. 63).

Eine Vision hilft zugleich, Schwerpunkte zu setzen und verschiedene Optionen zu priorisieren: Worauf konzentrieren wir unsere Energie? In Kotters Modell entwickelt das Management die Vision, die dann im nächsten Schritt top-down an die Organisation weitervermittelt wird. Die Alternative ist, eine gemeinsame Vision zu entwickeln, wie dies im Rahmen des systemischen Ansatzes geschieht. Im genannten Beispiel führten wir einen moderierten Workshop von zwei Tagen mit

Change als Veränderung eines sozialen Systems

26 Teilnehmern durch, wobei die verschiedenen Ebenen ebenso vertreten waren wie die verschiedenen Bereiche. Das Ziel dieses Workshops war, gemeinsam eine Vision zu entwickeln. Nach den zwei Tagen war ein erster Entwurf fertig, der anschließend im gesamten Unternehmen diskutiert und in einem Redaktionsteam schließlich redaktionell überarbeitet wurde. – Ein Prozess, der in der Tat zu einem gemeinsamen Verständnis führte.

Zum Vorgehen bei der Erstellung einer Vision gibt es mehrere Möglichkeiten:

- Man kann versuchen, die Vision in einigen Kernsätzen zu formulieren. Meist sind es dabei ähnliche Fragen, die hier beantwortet werden:
  - Was wollen wir? Was ist unsere zentrale Aufgabe, unsere Mission?
  - Wem nutzen wir? Wer sind unsere Kunden:
  - Was bieten wir an? Was ist unser Produkt?
  - Woran glauben wir? Was sind unsere zentralen Werte?
  - Was sind unsere Potenziale, auf die wir setzen?
  - Was sind die Grundsätze für den Umgang mit unseren Mitarbeitern, Kunden und Partnern?

  Als Vorbild für die Formulierung kann man das Modell des »Elevator-Pitch« nehmen: Die Vision so zu erklären, dass man es während einer Fahrt im Fahrstuhl vermitteln könnte.

- Die andere Möglichkeit ist die Nutzung sogenannter analoger oder kreativer Verfahren – eine Möglichkeit, die wir gern wählen. So bestand das Vorgehen in obigem Beispiel darin, dass jeder Teilnehmer sich ein Symbol für die Vision in fünf Jahren suchte und drei wichtige Eigenschaften dieses Symbols nannte. Daraus wurden zentrale Themen der Vision erarbeitet. Andere Möglichkeiten sind zum Beispiel, für die Vision ein Bild malen, ein Foto oder eine Bildkarte auswählen, eine Collage erstellen, aus Ton oder anderen Materialien eine Plastik erstellen, einen Pressebericht über das Werk oder das Team zum Zeitpunkt der Vision erstellen lassen oder den Brief eines begeisterten Kunden (weitere Anregungen zum Beispiel Werther 2015).

Schritt 4: Das verdeckte Wissen der Organisation aufdecken. Vielleicht kennen Sie diesen Satz: »Wenn das Unternehmen wüsste, was es alles weiß, wären wir 100 Prozent erfolgreicher«. Systemisch bedeutet, Veränderungen nicht von außen überzustülpen, sondern das verdeckte Wissen der Organisation zu nutzen. Dafür können Sie die ab S. 134 ff. dargestellten Vorgehensweisen (Interview, Gruppendiskussion, teilnehmende Beobachtung, gemeinsame Diagnoseworkshops) nutzen.

Schritt 5: Voraussetzungen schaffen. Viele Veränderungsprozesse scheitern daran, dass die Voraussetzungen fehlen: Es fehlen finanzielle Mittel, es mangelt vor allem an Zeit, weil jeder voll durch das Tagesgeschäft ausgelastet ist. Möglicherweise fehlen Kompetenzen. Positiv gewendet heißt das:

- **Ressourcen zur Verfügung stellen:** Das können finanzielle Ressourcen sein (ein Change kostet fast immer Geld), manchmal ist es auch wichtig, Mitarbeiter für diesen Prozess (teilweise) freizustellen.
- **Zeit gewinnen:** Hier ist zunächst Entrümpeln angesagt: Welche bisherigen Aufgaben können entfallen, verschoben, verkürzt, delegiert werden? Als grobe Faustregel gilt: 15 Prozent der Zeit bei bisherigen Aufgaben einsparen und für die anstehenden Veränderungen nutzen!
- **Kompetenzen aufbauen:** In vielen Veränderungsprozessen sind interne Prozessbegleiter ein entscheidender Erfolgsfaktor. Sie können aus der Organisation heraus zum Beispiel Gruppendiskussionen durchführen, möglicherweise Führungskräfte coachen, den gesamten Prozess unterstützen. Das erfordert aber zusätzliche Kompetenzen, die zunächst aufgebaut werden müssen.
- **Voraussetzungen im sozialen System schaffen:** Hier geht es darum, hinderliche Regelkreise (zum Beispiel endlose Verfahrensdiskussionen) zu unterbrechen, möglicherweise Regeln abzuändern, vielleicht auch Schlüsselpersonen auf bestimmte Positionen zu versetzen.

Schritt 6: Schwerpunkte setzen und Maßnahmen mit großer Hebelwirkung durchführen. In vielen Veränderungsprozessen wird zu viel auf einmal in Angriff genommen. Die Alternative ist, sich auf wenige Themen zu konzentrieren und die Energie zu bündeln.

Kotter spricht hier von »Quick Wins«. Das ist zumindest missverständlich, weil es die Gefahr in sich birgt, dass dabei das Gesamtziel zugunsten kurzfristiger Erfolge aus dem Blick gerät. Aber es gibt in Veränderungsprozessen häufig so etwas wie »Triggerpunkte«, bei denen vergleichsweise geringe Interventionen große Auswirkungen haben. Diese gilt es zu finden.

Schritt 7: Die Veränderung ausweiten und stabilisieren. Veränderungsprozesse scheitern manchmal daran, dass man auf die ersten sichtbaren Erfolge beschränkt, sie als Erfolg feiert und es damit sein lässt. Achtung: Das Risiko dabei ist, dass das System wieder in den ursprünglichen Zustand zurückfällt. Jeder Veränderungsprozess durchläuft eine instabile Phase. Gerade hier sind besondere Aufmerksamkeit und Energie erforderlich. Hilfreich dafür sind folgende Fragen:

- Welche anderen Bereiche oder Mitarbeiter können in den Veränderungsprozess einbezogen werden?
- Wie können die bisherigen Erfahrungen (zum Beispiel Best Practices) für den weiteren Veränderungsprozess genutzt werden?

- Was sind Attraktoren, die das System in den ursprünglichen oder den zukünftigen Zustand bewegen?
- Welche weiteren Aktionen und flankierenden Maßnahmen ergeben sich daraus?

Anregungen zur Weiterarbeit

Change-Management wird häufig nur in Zusammenhang mit umfangreichen Veränderungen großer Organisationen gesehen. Es ist aber sinnvoll, es durchaus auf den eigenen Aufgabenbereich zu beziehen, denn im Rahmen eines Teams stehen ebenfalls Veränderungen an. Oder nehmen Sie eigene anstehende Veränderungen (zum Beispiel der Wechsel in eine andere Position) in den Blick und versuchen Sie, diesen Veränderungsprozess systematisch durchzuführen. Hier nochmals die Punkte zusammengefasst:

- Machen Sie sich (oder Ihrem Team oder …) die Notwendigkeit der Veränderung bewusst.
- Suchen Sie sich Verbündete.
- Entwickeln Sie Ihre Vision: Was ist es, das Sie erreichen möchten, was Sie anspornt? Wie stellen Sie sich Ihre Aufgabe, Ihr Team in x Jahren vor?
- Decken Sie verdecktes Wissen auf: Welches Wissen haben Sie, hat Ihr Team, das Sie nutzen können? Welche Ideen gibt es?
- Schaffen Sie Voraussetzungen: Welche Ressourcen benötigen Sie? Wie gewinnen Sie Zeit für Veränderung? Müssen Sie (oder Ihr Team) Kompetenzen aufbauen?
- Bündeln Sie Ihre Energie und setzen Schwerpunkte. Sorgen Sie dafür, dass Sie schnell Ergebnisse erzielen.
- Und schließlich: Lassen Sie nicht nach, sondern stabilisieren Sie das Erreichte.

Literaturhinweise

Amüsant zu lesen und zugleich mit einer Fülle von Anregungen ist das erwähnte Buch:
- Kotter, J./Rathgeber, H./Stadler, H./Mueller, P. (2006): Das Pinguin-Prinzip. München: Droemer

Weitere Anregungen finden Sie zum Beispiel bei:
- Glatz, H./Graf-Götz, F./Glatz-Graf-Götz (2007): Handbuch Organisation gestalten. Weinheim und Basel: Beltz
- Groß, M. (2014): Handbuch Change-Manager. Weinheim und Basel: Beltz
- Kerth, K./Asum, H./Stich, V. (2011): Die besten Strategietools in der Praxis. 5. Auflage, München: Hanser
- König, E./Volmer, G. (2014): Handbuch systemische Organisationsberatung. 2. Auflage, Weinheim und Basel: Beltz
- Werther, D. (Hrsg.) (2015): Mission – Vision – Werte. Weinheim und Basel: Beltz

Coaching und Organisationsberatung – aber systemisch!

Beispiel: Schulentwicklungsberatung

Frau Gerhard ist Schulentwicklungsberaterin. Ihre Aufgabe ist, die Schulen in den anstehenden Veränderungsprozessen zu unterstützen. Einer ihrer Schwerpunkte ist derzeit die Beratung einer neu entstehenden Sekundarschule, in die Schüler aus bisherigen Haupt- und Realschulen zusammengeführt werden. Im Einzelnen unterstützt sie dabei das Schulleitungsteam, berät bei der Einrichtung einer Steuergruppe, führt aber auch Workshops zum Beispiel zur Entwicklung des Schulprogramms durch, coacht die Schulleitung bei der Frage, wie sie mit dem Widerstand einzelner Kollegen gegen all diese Veränderungen umgehen kann.

In all diesen Situationen geht es um Beratung. Als Beraterin gibt Frau Gerhard keine Anweisungen. Sondern sie unterstützt die Schule, Probleme zu lösen und neue Lösungen zu finden. Beratung ist, so die klassische Definition von Ruth Bang, die Beratung erstmals in die Sozialpädagogik eingeführt hatte: »Hilfe zur Selbsthilfe« (1963). Damit ist Beratung etwas anderes als das alltagssprachliche »einen Rat geben«. Frau Gerhard gibt nicht einfach Ratschläge, sondern sie stellt Fragen, hilft zum Beispiel dem Schulleitungsteam, Klarheit über die Situation zu bekommen, bringt Ideen ein und macht Vorschläge. Aber immer sind es die »Ratsuchenden« oder »Klienten«, die die Entscheidung treffen. Daraus ergeben sich einige zentrale Merkmale im Hinblick auf Beratung (zum Beispiel Nestmann/Engel/Sickendiek 2007):

- **Beratung ist Interaktion zwischen mindestens zwei Personen.** Beispielsweise Berater und Klient beziehungsweise Ratsuchendem.
- **Beratung ist Unterstützung bei der Lösung von Problemen.** Dabei ist der Problembegriff hier ebenfalls nicht in der alltagssprachlichen negativen Bedeutung zu sehen. Ein »Problem« kann sein, den Erfolg der Schule weiterzuführen oder vorhandene Stärken weiter auszubauen.
- **Beratung kann Prozess- oder Expertenberatung sein.** Dabei bedeutet Prozessberatung, den oder die Klienten zum Beispiel durch geeignete Fragen dabei zu unterstützen, die Situation zu klären oder aus einer anderen Perspektive zu betrachten (Perspektivenwechsel ist eine gängige Methode auch in der Beratung) und selbst neue Lösungen zu finden. Expertenberatung bedeutet, dass

Coaching und Organisationsberatung –
aber systemisch!

eine Beraterin Hinweise, Ideen und Anregungen einbringt – aber ohne den Klienten die Entscheidung abzunehmen.
- **Beratung ist professionelles Handeln.** Damit grenzt sich Beratung von unserem Alltagsverständnis ab. Frau Gerhard hat eine Beratungsausbildung, sie arbeitet auf der Basis eines bestimmten theoretischen Konzepts und verwendet bestimmte Methoden.

Das Merkmal, dass Beratung sowohl Prozess- als auch Expertenberatung sein kann, war relativ lang umstritten: Berater, die aus der Tradition der Wirtschaftswissenschaften oder der Informatik kamen, sahen sich eher als Experten; Berater aus der Tradition der Psychologie und Pädagogik eher als Prozessberater. Aber das kann kein Entweder–Oder sein: Beratung wird immer Proessberatung sein (wenn es zum Beispiel darum geht, die Situation des Gesprächspartners oder der Schule genauer zu klären), aber sie kann durchaus Anregungen enthalten, wie zum Beispiel ein Leitbildprozess durchzuführen ist, was Möglichkeiten sein können, Kollegen, die gegenüber den Veränderungen zunächst skeptisch sind, positiv einzubinden. Aber die Entscheidung bleibt bei den Klienten.

Der Beratungsbegriff ist damit sehr weit gefasst. Beratung kann Lebensberatung, Eheberatung, Laufbahnberatung ebenso umfassen wie die Beratung der Schulleitung oder die Beratung einer Abteilung oder eines gesamten Unternehmens. Coaching und Organisationsberatung sind auf den beruflichen Bereich bezogen und lassen sich folgendermaßen definieren:

- »Coaching ist die professionelle Beratung, Begleitung und Unterstützung von Personen mit Führungs-/Steuerungsfunktionen und von Experten in Unternehmen/Organisationen« (DBVC 2010, S. 19).
- »Organisationsberatung ist Beratung von Organisationen oder einzelner Personen oder Teams im organisationalen Kontext, Unterstützung bei der Lösung von Problemen, ohne dem oder den Klienten die Entscheidung abzunehmen […] [Beratung ist] professionelles, das heißt methodisch geleitetes Handeln auf der Basis eines theoretischen Konzepts […] und bestimmter Werte (König/Volmer 2014, S. 65).

Die Abgrenzung zwischen Coaching und Organisationsberatung ist eher eine graduelle Abstufung: Coaching ist vorwiegend auf einzelne Personen oder möglicherweise Teams bezogen. Organisationsberatung verstehen wir hier als einen übergeordneten Begriff (König/Volmer 2014): Organisationsberatung ist jede Form von professioneller Beratung im organisationalen Kontext, sei es Einzel- oder Teamberatung oder die Unterstützung bei einem komplexen Veränderungsprozess.

Theoretischer Hintergrund

Coaching und Organisationsberatung haben sich zunächst unabhängig voneinander entwickelt. Coaching ist die in den 1980er-Jahren erfolgte Übertragung des im Sport geläufigen Coachings (der Unterstützung von Spitzensportlern zum Beispiel bei der Bewältigung psychischer Anforderungen) auf Führungskräfte. Der Begriff »Organisationsberatung« findet sich ebenfalls seit Ende der 1980er Jahr als Alternative zu dem mehr fachlich ausgerichteten und ursprünglich auf Unternehmen eingeschränkten Begriff »Unternehmensberatung«.

Für die professionelle Grundlegung von Coaching und Organisationsberatung wird in der Regel auf ursprünglich therapeutische Konzepte zurückgegriffen, wobei die Spannweite von Psychoanalyse (Buchinger 2011) über lösungsorientierte Therapie in der Tradition von Steve de Shazer (Bentner 2007) bis zur Hypnotherapie (Schmidt 2007, S. 387) reicht.

Der erste Versuch, systemtheoretische Konzepte auf die Beratung von Organisationen zu übertragen, stammt von der Mailänder Familientherapeutin Maria Selvini Palazzoli. Ihr 1984 erschienenes Buch »Hinter den Kulissen der Organisation« versucht, das systemtheoretische Konzept von Bateson und Watzlawick für die Beratung verschiedener Organisationen (ein Betrieb, ein Forschungszentrum, eine Krankenstation sowie eine Schule) zu nutzen.

Das erste umfassende Konzept einer systemischen Organisationsberatung ist die 1993 erschienene erste Auflage der »Systemischen Organisationsberatung« (König/Volmer 1993):

- Theoretische Grundlage ist die »personale Systemtheorie« in der Tradition von Gregory Bateson.
- Systemische Organisationsberatung wird ausdrücklich als Interventionskonzept verstanden, aus dem sich konkrete methodische Vorgehensweisen ergeben.

Schließlich ist die systemische Organisationsberatung durch bestimmte Werte und ein bestimmtes Menschenbild in der Tradition der Humanistischen Psychologie gekennzeichnet.

Mittlerweile gibt es eine ganze Reihe durchaus unterschiedlicher Konzepte systemischer Organisationsberatung. Exemplarisch seien hier einige aufgeführt.

- Helmut Willke führt im zweiten Band seiner »Systemtheorie« Organisationsberatung als eigenen Interventionsbereich neben Therapie und Politik auf (Willke 2005, 140 ff.; ursprünglich 1994). Da aber für Willke Systeme »nicht aus konkreten Menschen, sondern aus Kommunikationen« bestehen (Willke 2006, S. 41), lenkt Organisationsberatung die Aufmerksamkeit nicht auf die handelnden Menschen, sondern ausschließlich auf das Kommunikationssystem: »Entgegen naiven Vorstellungen von Kommunikation und Handeln kommt es für die Inhalte der systemischen Interaktion nicht auf die Intentionen oder Interessen der beteiligen Individuen an, sondern auf die Gesetzmäßigkeiten der Operationsweise der betroffenen Sozialsysteme« (Willke 2005, S. 160).

- Der »Heidelberger Ansatz« geht auf die Rezeption der Familientherapie durch Helm Stierlin in den 70er-Jahren des 20. Jahrhunderts zurück und wurde dann durch Schüler von Stierlin, insbesondere Gunthard Weber, Fritz Simon, Gunther Schmidt und Arnold Retzer in verschiedene Richtungen weiterentwickelt (Schlippe/Schweitzer 2016) Seit Ende der 1990er-Jahre wird – insbesondere durch Fritz Simon (zum Beispiel 2014) – die Aufmerksamkeit auch auf Organisationen gerichtet. Schwerpunkt der Organisationsberatung ist hier die Analyse der Organisationen aus systemischer Sicht (beispielsweise die Analyse von Regelkreisen), weniger die Entwicklung und Anwendung konkreter Beratungstools.
- Der seit 1984 von Roswitha Königswieser, Alexander Exner, Frank Boos, Barbara Heitger und anderen entwickelte Neuwaldegger Ansatz ist ursprünglich stark betriebswirtschaftlich ausgerichtet und hat die Systemtheorie von Luhmann rezipiert. Organisationsberatung wird hier verstanden als Veränderung des Kommunikationssystems, nicht als eine Veränderung von Personen. Dass die Einschränkung auf das Kommunikationssystem aber im praktischen Handeln nicht durchzuhalten ist, wird spätestens bei den hier aufgeführten Interventionen deutlich (zum Beispiel Königswieser/Hillebrand 2004; Krizanits 2015).
- Gerade in den letzten Jahren erscheinen vermehrt Konzepte, die sich weniger streng an ein bestimmtes systemtheoretisches Konzept anlehnen, sondern versuchen, auf der Basis eines recht allgemein gehaltenen systemtheoretischen Ansatzes verschiedene systemische Interventionsmethoden zu entwickeln. So beziehen sich Heiner Ellebracht, Gerhard Lenz und Gisela Osterhold (2011) bei ihrem Konzept systemischer Organisations- und Unternehmensberatung auf die allgemeine Systemtheorie, Kybernetik und Chaostheorie, greifen daneben aber auch auf andere Konzepte wie diejenigen von Bateson, Satir, König/Volmer und Sprenger sowie auf die Kreativitätsforschung und die Stressforschung zurück. Systemische Organisations- und Unternehmensberatung ist weniger ein theoretisch geleitetes Konzept, sondern versteht sich als praktische Hilfestellung mit verschiedenen Methoden, Fragen, Arbeitsblättern aus unterschiedlichen Ansätzen.
- Nachdem Coaching sich schwerpunktmäßig auf die einzelne Person (den Coachee), seine Einstellungen und Gedanken bezieht, passt Coaching streng genommen nicht in ein Konzept, das sich auf Luhmann begründet. Systemische Coachingkonzepte lehnen sich demzufolge eher an unterschiedliche Interventionen aus der Familientherapie an (zum Beispiel Schmidt 2007).

Die Struktur des Coaching- und Organisationsberatungsprozesses

Wenn Beratung und damit auch Organisationsberatung und Coaching Unterstützung bei der Lösung von Problemen (»Problem« hier wieder im weiteren Sinn verstanden) sind, liegt es nahe, die Grundstruktur des Problemlösungsprozesses als Grundlage für die Strukturierung des Coaching- oder Organisationsberatungsprozesses zu nehmen.

Struktur des Coachingprozesses: Für jedes einzelne Coachinggespräch ergibt sich die GROW-Grundstruktur (ausführlicher König/Volmer 2012):

- In der **Orientierungsphase (Goal)** gilt es, den Klienten nach dem Ziel zu fragen, was genau er als Ergebnis des Gesprächs mitnehmen möchte.
- In der **Klärungsphase (Reality)** wird der Klient dabei unterstützt, für sich die Situation zu klären und möglicherweise aus einer anderen Perspektive zu betrachten.
- In der **Lösungsphase (Options)** wird der Klient dabei begleitet, neue Lösungsmöglichkeiten zu entwickeln.
- In der **Abschlussphase (What next?)** werden das Ergebnis und die nächsten Schritte herausgearbeitet.

Die Unterstützung kann zum Beispiel durch Fragen, Visualisierung des sozialen Systems, Analyse von Regelkreise, aber auch durch sogenannte analoge Verfahren (Wahl eines Symbols) erfolgen. – Es handelt sich also zu einem großen Teil um solche Verfahren, die Sie in den vorangegangenen Kapiteln kennengelernt haben.

Längere Coachingprozesse haben zu Beginn eine Orientierungsphase mit der Festlegung der Ziele des Coachings. Es folgen dann die einzelnen Gespräche (von denen jedes wiederum nach GROW gegliedert ist) und es gibt schließlich eine Abschlussphase, in der das Erreichen der Ziele überprüft wird und Möglichkeiten zur Sicherung der Nachhaltigkeit erarbeitet werden.

Struktur der Teamberatung: Für die Strukturierung einer Teamberatung zum Beispiel im Rahmen eines Workshops kann die gleiche GROW-Struktur zugrunde gelegt werden: klären, was Ergebnis des Workshops sein soll, die Situation zu analysieren, neue Lösungsmöglichkeiten zu erarbeiten und schließlich Vereinbarungen für das weitere Vorgehen zu treffen. Die Tatsache, dass hier mehrere Personen beteiligt sind, macht es für den Berater zum einen herausfordernder, zum anderen aber auch für die Bearbeitung leichter: In der Goalphase ist eine Vereinbarung aller erforderlich; dafür kann andererseits in der Klärungsphase und bei der Konkretisierung von Lösungsmöglichkeiten arbeitsteilig vorgegangen werden. In der Abschlussphase ist wieder die Zustimmung aller erforderlich.

Komplexe Organisationsberatungsprozesse. Zum Beispiel für die Unterstützung eines größeren Change-Prozesses in einer Organisation bietet sich ebenfalls die GROW-Struktur an: Nach der Auftragsklärung erfolgt zunächst eine Diagnosephase (das kann auf der Basis von Interviews geschehen). Auf dieser Grundlage können Schwerpunkte der Umsetzung festgelegt und im Rahmen der Organisationsberatung unterstützt werden. Konkrete Maßnahmen sind zum Beispiel die Durchführung mehrerer Workshops, Großgruppenveranstaltungen, um möglichst viele Mitarbeiter einzubinden, Veränderung der Aufbauorganisation sowie die Veränderung der Prozesse, aber möglicherweise auch Qualifizierung und Coaching wichtiger Schlüsselpersonen.

Der Blick auf das soziale System

Systemisches Coaching beziehungsweise systemische Organisationsberatung zeichnen sich dadurch aus, dass der Blick auf das soziale System gerichtet ist. Hilfreich ist dabei die folgende Checkliste.

Checkliste Blick auf das System in Coaching und Organisationsberatung

Stakeholder und Personen

- Wer sind die für diese Problemstellung relevanten Stakeholder?
- Welche Personen oder Personengruppen sind direkt beteiligt?
- Wer ist darüber hinaus wichtig (zieht zum Beispiel im Hintergrund Fäden)?
- Lassen sich verschiedene Stakeholdergruppen unterscheiden?

Subjektive Deutungen

- Was sind die jeweiligen subjektiven Deutungen der betreffenden Person?
- Was denkt die jeweilige Person über die Sache und die Situation?
- Was denkt sie über sich selbst? Wie ist ihr eigenes Selbstbild? Was sind ihre Ziele? Was möchte sie in der Situation erreichen oder vermeiden?
- Was denkt diese Person über andere Personen?
- Lässt sich die Situation oder das Verhalten anderer Personen anders/positiver deuten?
- Gibt es andere Themen, die im Hintergrund eine Rolle spielen?

Soziale Regeln

- Welche offiziellen oder geheimen sozialen Regeln gelten in dieser Situation?
- Wofür wird man belohnt oder bestraft?
- Mit welchen Konsequenzen ist bei Nichtbefolgung der Regeln zu rechnen?
- Welche Möglichkeiten gibt es, geltende Regeln zu verändern, außer Kraft zu setzen oder neue Regeln einzuführen? Lässt sich der Spielraum innerhalb geltender Regeln vergrößern?

Regelkreise

- Ist die Situation durch bestimmte Regelkreise gekennzeichnet?
- Gibt es typische Regelkreise, die immer wieder auftreten?
- Was waren die bisherigen Lösungsversuche?
- Was wären andere Handlungsmöglichkeiten in dieser Situation?

Systemumwelt

- Welche Bedeutung hat die Systemumwelt?
- Welche Bedeutung hat die materielle Umwelt (dabei reicht die Spannweite von der Einrichtung des Büros über die räumliche Gestaltung der Organisation bis zur Technik und den finanziellen Ressourcen)?
- Welche Veränderungen sind hier möglich?
- Welche anderen sozialen Systeme aus der sozialen Umwelt sind zu beachten?
- Wie ist die Abgrenzung zu diesen Systemen? Sollte die Grenze durchlässiger oder weniger durchlässig sein? Was heißt das?

Bedeutung der Entwicklung

- Welche Bedeutung hat die Entwicklung?
- Welche Bedeutung hat die Geschichte (des Klienten, des Teams, der Organisation)?
- Lässt sich die Vorgeschichte neu konstruieren, in ihrer Bedeutung verändern?
- In welche Richtung könnte/sollte die Entwicklung weitergehen? Sind Stabilität und Tradierung erforderlich? Oder sollten neue Optionen entwickelt werden?
- Welche Faktoren treiben die Entwicklung voran? Welche behindern sie?

Je nach Beratungsformat werden diese Fragen anders zu diskutieren sein. Im Rahmen des Einzelcoachings mag es um die Frage gehen, wie sich der Klient in einem neuen sozialen System positioniert. Beim Führungswechsel in einem Team mag die Frage der Vorgeschichte eine bedeutende Rolle spielen, es kann notwendig sein, geltende Regeln zu überprüfen und möglicherweise abzuändern. Regelkreise schließlich können sowohl Thema im Einzelcoaching, der Teamberatung als auch

Coaching und Organisationsberatung –
aber systemisch!

bei der Beratung komplexer Organisationen sein: Wie kann eine Führungskraft dabei unterstützt werden, hinderliche Regelkreise im Umgang mit dem Vorgesetzten aufzulösen? Wie kann eine Organisation dabei unterstützt werden, den Regelkreis »Mitarbeiter übernehmen keine Verantwortung, Vorgesetzte ziehen Entscheidungen an sich, woraufhin Mitarbeiter noch weniger Verantwortung übernehmen« aufzulösen?

Das Beratungssystem

Im Rahmen des systemischen Coachings beziehungsweise der systemischen Organisationsberatung spielt noch ein weiteres soziales System eine Rolle: das Beratungssystem, das sich aus Klienten, Beratern (Coach) und möglicherweise weiteren Personen (Führungskräfte, interne Berater, die in den Prozess eingebunden sind) zusammensetzt. Wie jedes andere soziale System ist es durch Personen, ihre subjektiven Deutungen, durch soziale Regeln, Regelkreise, die Umwelt und die Entwicklung bestimmt. Erfolgreiche Beratung setzt ein stabiles Beratungssystem voraus. Wenn ein Beratungsprozess abgebrochen wird, dann heißt das, dass das Beratungssystem keinen Bestand hat. Das bedeutet für einen Berater oder eine Beraterin, stets die Aufmerksamkeit auf das Beratungssystem zu richten: Ist es ein stabiles System? Sind die Regeln zur Steuerung des Beratungssystems sinnvoll und akzeptiert? Verfängt sich das Beratungssystem in Regelkreisen? Wie ist die bisherige Entwicklung verlaufen:

Checkliste Beratungssystem

Die Personen des Beratungssystems

- Welche Personen gehören zum Beratungssystem? Das können im engsten Fall Klient und Berater sein. Es können aber auch Auftraggeber, die interne Personalentwicklung oder andere sein.
- Wie ist Ihre Position als Berater in diesem Beratungssystem? Stehen Sie eher im Mittelpunkt oder am Rand? Zu wem haben Sie engen, zu wem keinen Kontakt?

Die subjektiven Deutungen im Beratungssystem

- Was denken Sie als Berater über die Klienten? Inwieweit haben Sie Vertrauen in die Ressourcen des Klienten?
- Was denken Sie als Berater über den Beratungsprozess? Sind Sie überzeugt, auf dem richtigen Weg zu sein? Oder sind Sie unsicher?

- Was denken die Klienten und sonstigen Stakeholder über die Berater und den Beratungsprozess: Sind sie von der Kompetenz des Beraters überzeugt und davon, dass sie tatsächlich Unterstützung erfahren werden?
- Was sind die Erwartungen der Klienten und sonstigen Stakeholder an die Berater und den Beratungsprozess?

Soziale Regeln des Beratungssystems

- Sind die Regeln zur Steuerung des Beratungsprozesses transparent und akzeptiert? (Dazu gehört beispielsweise, dass der Berater den Prozess steuert, auch inhaltliche Vorschläge machen darf, aber die Klienten entscheiden.)
- Sind die Regeln im Umgang mit anderen Stakeholdern (zum Beispiel Vertraulichkeit gegenüber dem Auftraggeber) geklärt und akzeptiert?

Regelkreise im Beratungssystem

- Gibt es typische hinderliche Regelkreise? (Zum Beispiel macht der Berater Vorschläge, der Klient antwortet mit »Ja, aber …«. Oder: Der Steuerkreis diskutiert immer nochmals die Ergebnisse des Projektteams und trifft neue Entscheidungen.)
- Was wären andere Handlungsmöglichkeiten in dieser Situation?

Die materielle und soziale Systemumwelt?

- Welche Bedeutung hat die materielle Umwelt (vom Besprechungsraum über die vorhandene Technik und die finanziellen Ressourcen)?
- Wie ist die Systemgrenze zu anderen sozialen Systemen (zum Beispiel zwischen externen Beratern und der internen Personal- oder Organisationsentwicklung)?

Entwicklung des Beratungssystems

- Welche Vorgeschichte gibt es zur Bearbeitung dieses Themas? Gab es zum Beispiel hierzu schon frühere Beratungsprojekte?
- Lässt sich der bisherige Beratungsprozess in Phasen gliedern?
- Gibt es Hinweise auf sich andeutende Probleme?
- Wie stabil ist das Erreichte?

Coaching und Organisationsberatung sind nicht etwas, das man nebenher aus Büchern lernen kann, sondern erfordern eine eigene Ausbildung, die mindestens ein Jahr dauern sollte. Von daher sind die Hinweise dieses Kapitels eher als grobe Orientierung zu verstehen. Aber vielleicht reizt es Sie, sich mit dieser Thematik weiter zu befassen. Als Anregung dafür folgen auch hier wieder einige Literaturhinweise.

Literaturhinweise

Als Vertiefung zu diesen Kapiteln bieten sich an:
- König, E./Volmer, G. (2012): Handbuch Systemisches Coaching. 2. Auflage, Weinheim und Basel: Beltz
- König, E./Volmer, G. (2014): Handbuch systemische Organisationsberatung. 2. Auflage, Weinheim und Basel: Beltz

Aus der großen Zahl weiterer Bücher seien hier lediglich zwei erwähnt, die eine Fülle von konkreten Hinweisen geben:
- Migge, B. (2014): Handbuch Coaching und Beratung. 3. Auflage, Weinheim und Basel: Beltz
- Schwing, R./Fryszer, A. (2015): Systemisches Handwerk. Werkzeug für die Praxis. 7. Auflage, Göttingen: Vandenhoeck & Ruprecht

»Mit sich selbst befreundet sein«: Selbstmanagement und Lebenskunst

Beispiel: Wie soll ich das alles bewältigen?

Herr Jäger ist engagierter Bereichsleiter in einem internationalen Konzern. Der Bereich wurde gerade eben mit einem anderen zusammengelegt und befindet sich mitten im Neustrukturierungsprozess. Neue Kollegen sind dazu gekommen, die Strategie des Bereichs ist neu zu entwickeln, die gesamte Organisation muss verändert werden. Gleichzeitig ist Herr Jäger eingebunden in Arbeitsgruppen auf Konzernebene. Er weiß nicht mehr, wie ihm der Kopf steht. Fortwährend versucht er, mehrere Themen gleichzeitig zu bearbeiten. Jeden Abend sitzt er bis jeweils 21 Uhr an irgendwelchen unerledigten Aufgaben. Am Wochenende ist er kaum ansprechbar. Seine Partnerin versucht er mit den Worten zu trösten, dass es irgendwann wieder besser werden werde.

Herr Jäger ist kein Einzelfall. So wie ihm geht es vielen. Stress, Burnout sind die Schlagworte, die aktuell immer wieder zu hören sind. Wir machen uns Gedanken, wie wir all das bewältigen sollen. Aber wir stellen selten die Frage, die hinter all diesen Schwierigkeiten steht: Wie gehen wir mit uns selbst um?

Theoretischer Hintergrund

Die moderne Stressforschung beginnt in den 30er-Jahren des 20. Jahrhunderts mit Hans Selye, einem ursprünglich aus Österreich stammenden Psychologen. Selye hat den Begriff Stress« überhaupt erst in die Forschung (und in den Alltag) eingeführt. Stress ist für ihn eine »unspezifische Reaktion des Organismus auf jegliche Anforderungen« (Selye 1983). Damit wird die Aufmerksamkeit auf zwei Faktoren gelenkt: die auslösenden Faktoren und die Reaktionen.

Damit wird hier implizit ein Reiz-Reaktions-Modell zugrunde gelegt: Bestimmte belastende Situationen (wie zum Beispiel viele gleichzeitige Anforderungen oder einschneidende Lebensereignisse) führen zu belastenden Reaktionen. Dieses Modell ist zunächst plausibel: Es sind bestimmte Auslöser (Stressoren), die zu den Reaktionen führen. Aber es ist auch zu einfach: Es erklärt nicht, warum verschiedene Personen unterschiedlich auf solche Situationen reagieren.

Das führte in den 1970er-Jahren zur zweiten Phase der Stressforschung. Ausgelöst wurde sie durch die sogenannte »kognitive Wende« in der Verhaltensthe-

»Mit sich selbst befreundet sein«:
Selbstmanagement und Lebenskunst

orie: Menschen reagieren nicht einfach auf Reize, sondern ihre Reaktionen sind abhängig von ihren Kognitionen. Herr Jäger erlebt die Situation als belastend, zerbricht sich den ganzen Tag den Kopf, wie er das alles überhaupt noch schaffen soll.

Einer der bekanntesten Vertreter dieses Ansatzes ist Arnold A. Lazarus, ein aus Südafrika stammender Psychologe. Sein Ende der 1960er-Jahren entwickeltes Konzept der multimodalen Verhaltenstherapie (Lazarus 1995) erweitert das ursprüngliche Reiz-Reaktions-Modell um einen weiteren Faktor, nämlich die kognitive Bewertung der Situation. Je nachdem, wie ich eine Situation bewerte, ob ich sie zum Beispiel als »bewältigbar« oder »bedrohlich« einschätze, ob ich also glaube, sie mit den vorhandenen Bewältigungs- oder Copingstrategien bewältigen zu können, wird die Situation als mehr oder weniger belastend erlebt. Damit wird das ursprüngliche Modell um zwei weitere Stufen erweitert: die Gedanken, die ich mir zu der Situation mache, sowie die verfügbaren Bewältigungsstrategien.

Bezogen auf Herrn Jäger lässt sich feststellen: Er ist davon überzeugt, dass er alle anstehenden Aufgaben selbst erledigen muss (nur dann wird es wirklich gut). Zugleich hat er offenbar nicht die effizientesten Copingstrategien. Er versucht, mehrere Aufgaben zugleich zu erledigen und länger zu arbeiten, wenn die Anforderungen steigen.

Ein weiterer bekannter Vertreter dieser Phase ist Frederick Kanfer, ein aus Wien stammender und dann an der Universität von Illinois tätiger Psychologe, der in seinem Buch »Selbstmanagement-Therapie« (ursprünglich 1990) nicht nur den Begriff »Selbstmanagement« eingeführt, sondern auch die Bedeutung der Copingstrategien (vom Vermeiden von Problemsituationen bis zu sozialer Unterstützung oder der Änderung des Lebensstils) hervorgehoben hat (Kanfer/Reinecker/Schmelzer 2012). Die Grenze dieses Modells ist, dass es ein einseitig kognitives Modell ist. Mittlerweile weiß man mehr über die Bedeutung der Emotionen im Umgang mit Stress: Emotionen als Botschaften zu nutzen, um mit Belastungen umzugehen (zum Beispiel Hüther 2012).

Einen weiteren Ansatz zu diesem Thema bietet die Resilienzforschung. Eine der wichtigsten Studien hierzu stammt von der amerikanischen Entwicklungspsychologin Emmy Werner, die fast 700 Kinder aus schwierigen Verhältnissen auf der Hawaii-Insel Kauai letztlich über fast 40 Jahre lang beobachtete (Werner/Smith 1992). Ergebnis war, dass insbesondere positive Beziehungen zu anderen Personen (Geschwister, Eltern Großeltern, aber auch andere Bezugspersonen) entscheidenden Einfluss auf die Resilienz, das heißt auf die Bewältigung schwieriger Lebenssituationen haben (zum Beispiel Wellensiek 2011).

Wie kann ich »besser« mit mir umgehen? – Faktoren des Selbstmanagements

Wie ich mit mir umgehe, hängt von einer Reihe von Faktoren ab, die ineinandergreifen:

- Es gibt bestimmte Situationen die Auslöser sein können: Stressoren oder Zeitdiebe wie zum Beispiel bei Herrn Jäger zahlreiche Anforderungen, die zugleich auf ihn einstürzen.
- Aber diese Auslöser wirken nicht automatisch (was sich daran erkennen lässt, das unterschiedliche Personen bei gleichen Anforderungen völlig unterschiedlich umgehen). Sondern es sind die Gedanken (Kognitionen), die entscheidend beeinflussen, wie Herr Jäger mit diesen Anforderungen umgeht. Dazu gehören die eigenen Ansprüche und Glaubenssätze sowie die Bewertung der Situation, ob sie als bedrohlich oder als bewältigbar eingestuft wird.
- Wie man mit sich selbst umgeht, ist auch abhängig von den Emotionen (vom Hochgefühl, eine interessante Aufgabe zu bekommen, bis zur Panik) und dem Umgang damit, ob sie als hilfreiche Botschaft entschlüsselt oder ob sie unterdrückt und als verzerrte Botschaften übermächtig werden und so ein Gefühl der Panik auslösen.
- Je nachdem, welche Bewältigungsstrategien (die sogenannten Copingstrategien) man für solche Situationen zur Verfügung hat, wird man belastende Situationen eher gut oder eher schlecht bewältigen.
- Wie ich mit mir umgehe, hängt letztlich von der eigenen Lebensstrategie ab, also davon, was mir in meinem Leben wirklich wichtig ist.
- Ergebnis sind dann bestimmte Verhaltensmuster, die daraus entstehen – wobei die Spannweite von negativen Regelkreisen wie fortwährendem Hetzen bis zu einer Balance zwischen Erholung und intensiver Arbeit reicht.

Bei jedem dieser Faktoren haben Sie die Möglichkeit, »etwas für sich« zu tun. Was das bedeutet, wollen wir Ihnen im Folgenden vorstellen.

Selbstmanagement durch die Veränderung von Auslösern

In der früheren Stressforschung hat man der Frage, was Stress auslöst, viel Aufmerksamkeit geschenkt. Im Groben lassen sich dabei drei Hauptbereiche unterscheiden. Stressoren (das heißt Auslöser) können insbesondere sein:

»Mit sich selbst befreundet sein«:
Selbstmanagement und Lebenskunst

- Unvorhergesehene Katastrophen wie Naturkatastrophen, Anschläge oder Unfälle.
- Kritische Lebensereignisse wie Tod, Krankheit, Kündigung. Wohnortwechsel, eine größere Reise, Urlaub oder Weihnachten können ebenfalls Stress auslösen, ebenso schwierige Situationen im Beruf.
- »Kleine« Ärgernisse. Vielleicht kennen Sie das: Sie haben es eilig, sind auf der Fahrt zu einem Termin, doch vor Ihnen »schleicht jemand«, der sich ganz exakt an die Geschwindigkeitsbegrenzung hält. Auch das kann Stress erzeugen. Oder: Es treffen gleichzeitig viele Anfragen ein, eine Flut von E-Mails ergießt sich über Sie.

Bei Herrn Jäger treffen mehrere Faktoren aufeinander: Es gibt Probleme in einem wichtigen Projekt, bei dem er nicht vorwärtskommt, was verstärkt wird durch fortwährende Anfragen der Zentrale und Konflikte mit einer Führungskraft. Er hat aber die Möglichkeit, negative Auslöser zu vermeiden, er kann aus dem Projekt aussteigen und zum Beispiel seinen Stellvertreter hinschicken. Er kann zudem mit dem Vorstand abklären, dass er nicht für die fortwährenden Anfragen zuständig ist.

Checkliste: Selbstmanagement von Auslösern

- Versuchen Sie, sich eine Übersicht über die Auslöser zu verschaffen, die Sie unter Druck setzen.
- Überlegen Sie, was Sie in Bezug darauf abändern können. Was können Sie delegieren? Welche Aufgaben müssen zwingend bei Ihnen bleiben? Wie können Sie sich Freiräume verschaffen, um sich darauf konzentrieren zu können?

Eine besondere Art von Auslösern (für negative oder positive Reaktionen) sind die sogenannten Anker: Vor längerer Zeit hatten Herr Jäger und die Kollegin, Frau Stur, eine heftige Auseinandersetzung. Jetzt braucht er sie nur am Morgen zu sehen – schon fühlt er sich unter Druck. Dabei läuft ein Mechanismus ab, der in der Psychologie unter dem Begriff »klassisches Konditionieren« seit über hundert Jahren bekannt ist und dann im Neurolinguistischen Programmieren (NLP) unter der Bezeichnung »Anker« wieder aufgegriffen wurde (Mohl 2010, S. 153; O'Connor/MacDermott 2006, S. 95): Ein ursprünglich neutraler Reiz wird mit einem negativen gekoppelt, was dazu führt, dass bereits der ursprünglich neutrale Reiz allein das Verhalten auslöst. Bei Herrn Jäger ist der Anblick seiner Kollegin ein solcher Anker.

Es gibt eine ganze Reihe solcher Anker, die negative oder positive Reaktionen auslösen. Das kann eine Melodie sein, zum Beispiel eine Abschiedsmelodie, die mit einer negativen Erfahrung verknüpft ist und möglicherweise noch Jahre danach schmerzhafte Erinnerungen auslöst. Das können Personen sein oder bestimmte Situationen (zum Beispiel die wöchentliche Besprechung).

Natürlich lassen sich Auslöser verändern: Man kann negative Auslöser vermeiden und sie möglicherweise verändern. Man kann gezielt positive Anker auswählen, die einem helfen, positiv und gelassen mit sich selbst umzugehen. Ein positiver Anker könnte beispielsweise der Platz sein, wo Sie besonders gut arbeiten können, oder das Bild der Familie auf dem Schreibtisch.

Checkliste Anker

- Werden Sie sich negativer Anker bewusst. Machen Sie sich deutlich, welche Reize bei Ihnen Stress oder Druck auslösen. Vielleicht können Sie solche Anker vermeiden.
- Nutzen Sie positive Anker, die für Sie Anstoß zu Gelassenheit, Energie, Erfolg sind. Ein solcher Auslöser kann ein Spaziergang sein, Musik, die langsame Fahrt abends von der Arbeit nach Hause ...
- Sie können zudem Anker für positives Verhalten selbst entwickeln:
  - Erinnern Sie sich an eine positive Situation, in der Sie besonders entspannt oder besonders energiegeladen, besonders souverän waren. Stellen Sie sich diese Situation konkret vor. Vielleicht sehen Sie ein Bild, hören andere Personen sprechen. Versuchen Sie, das damalige Gefühl wieder zu erleben.
  - Und wenn Sie dieses Gefühl am intensivsten erleben, verknüpfen Sie es mit einem Anker. Das kann ein schöner Kugelschreiber sein, ein Bild, ein Schlüsselanhänger – was auch immer für Sie passend ist. In anderen Situationen reicht dann häufig ein Blick auf dieses Bild oder es genügt, den Stift in die Hand zu nehmen, um dieses Gefühl wieder zu erleben.

Übrigens: Eine ganze Reihe unserer Klienten haben im Laufe des Coachings für sich solche Anker entwickelt. Solche Anker sind keine Zauberei, sondern letztlich nichts anderes als die Anwendung seit Langem bekannter Lerngesetze. Solche Anker können helfen, belastende Situationen »besser« zu bewältigen.

Selbstmanagement durch die Veränderung von Glaubenssätzen

Herr Jäger hat zwei Glaubenssätze »Wenn die Integration vorbei ist, wird alles besser« und »Ich muss mich selbst darum kümmern, sonst wird das nichts!«. Beide Glaubenssätze sind nicht unbedingt förderlich. Der erste dürfte irreal sein: Herr Jäger kann sicher sein, dass nach der Integration neue Herausforderungen kommen werden. Der zweite Glaubenssatz führt nur dazu, dass er nichts abgibt und immer mehr Aufgaben selbst erledigt.

Daraus ergibt sich als zweiter Ansatzpunkt, besser mit der Situation umzugehen, diese beiden Glaubenssätze zu überdenken. Herr Jäger muss sich bewusst machen, dass es nicht besser werden wird und dass es genau jetzt an der Zeit ist, etwas zu verändern. Auch der zweite Glaubenssatz »Ich muss mich selbst darum kümmern, sonst wird es nichts!« kommt auf den Prüfstein. Denn erst dann, wenn er sich die negativen Konsequenzen klar vor Augen führt, kann er sich alternative Formulierungen überlegen.

In der Tat fand er dann einen besseren Glaubenssatz: »Ich konzentriere mich auf das, was wirklich wichtig ist.« Dieser neue Glaubenssatz verändert zwar nicht die Welt, aber er führt dazu, dass Herr Jäger nunmehr sorgsamer überlegt, ob er zu dieser Besprechung wirklich gehen muss. Es ist ein entscheidender Schritt in die richtige Richtung.

Checkliste Selbstmanagement durch die Veränderung von Glaubenssätzen

- Machen Sie sich bewusst, welche Glaubenssätze Ihren Umgang mit sich selbst, mit Stress und Zeitdruck bestimmen. Schreiben Sie sich die hinderlichen Glaubenssätze auf.
- Versuchen Sie, diese hinderlichen Glaubenssätze zu bearbeiten. Greifen Sie dazu auf die Anregungen auf Seite 47 ff. zurück.
- Versuchen Sie, für sich »bessere« Glaubenssätze zu formulieren. Achten Sie dabei auf Ihr Gefühl: Welcher Glaubenssatz fühlt sich gut an. Halten Sie diesen neuen Glaubenssatz in Erinnerung: auf einer Karte, als Bildschirmschoner…

Selbstmanagement durch die Nutzung der emotionalen Intelligenz

Mittlerweile geht Herr Jäger jeden Morgen mit einem unguten Gefühl zur Arbeit. Er fühlt sich unter Druck, beklemmt. Und dieses Gefühl bleibt im Grunde den ganzen Tag über und lässt ihn auch nicht abends los.

Erinnern Sie sich an das, was wir in Bezug auf Emotionen auf Seite 118 ff. festgestellt haben: Herrn Jägers schlechtes Gefühl ist eine »verzerrte« Emotion, die keine aktuelle Botschaft mehr enthält, nicht auf besondere Punkte aufmerksam macht, sondern die generalisiert ist und sich durchgehend hält. Wichtig für Herrn Jäger ist daher, diese Emotion zu verändern. Das bedeutet: die Generalisierung aufheben und anschließend wieder echte Emotionen als Botschaften für das konkrete Handeln nutzen. Konkret auf Herrn Jäger bezogen: Er muss wieder lernen, seiner Arbeit gegenüber positive Emotionen zu empfinden. Eine Möglichkeit dafür ist, sich positive Erlebnisse in Erinnerung zu rufen: Herr Jäger achtet darauf, dass er jeden Tag während der Arbeit etwas tut, was er wirklich positiv erlebt. Damit er das nicht vergisst, schreibt er sich abends in sein »Tagebuch« die positiven Erlebnisse. Übrigens: dieses »Brevier« ab und an zu lesen, ist eine hilfreiche Möglichkeit, sich aus seiner deprimierten Stimmung zu lösen und wieder positive Empfindungen wachzurufen.

Wenn das geschafft ist, kann man wieder die somatischen Marker als Signale nutzen. Es wird ein Arbeitskreis Innovation gebildet und Herr Jäger ist dazu eingeladen. Er achtet auf sein Gefühl und erhält ein positives Signal. Offensichtlich könnte das wichtig sein. Bei einer anderen Anfrage sagt sein Bauchgefühl »ist nicht wichtig«, daher schickt er einen Mitarbeiter.

Checkliste: Selbstmanagement durch die Nutzung der emotionalen Intelligenz

- Werden Sie sich Ihrer Gefühle bewusst, die Sie in Bezug auf bestimmte Anforderungen und Situationen haben: Welche Gefühle kommen in Ihnen zum Vorschein? Was spüren Sie?
- Lernen Sie zwischen echten und verzerrten Emotionen zu unterscheiden: Echte Emotionen (somatische Marker) sind an konkrete Situationen gebunden. Wenn Gefühle (zum Beispiel negative Gefühle) ständig vorhanden und unterschwellig spürbar sind, handelt es sich mit hoher Wahrscheinlichkeit um verzerrte Emotionen.
- Versuchen Sie, diese abzuändern: Überlegen Sie, ob die Emotion berechtigt ist und machen Sie sich positive Erfahrungen bewusst, schaffen Sie positive Momente in Ihrem Alltag.
- Schließlich: Vor konkreten Herausforderungen aktualisieren Sie Ihre somatischen Marker: Was sagt Ihr Gefühl in dieser Situation? Sagt es »Halt!«, oder stimmt es zu?
- Reflektieren Sie dann dieses Gefühl? Wo könnten die Probleme liegen? Was wären Alternativen? Achten Sie auch hier wieder auf Ihr Bauchgefühl.

Selbstmanagement als Teil der Lebensstrategie

Herr Jäger wird seine Schwierigkeiten nicht lösen können, wenn er lediglich eine effizientere Arbeitsmethodik lernt. Sicher kann er versuchen, die Arbeit mehr zu bündeln und sich nicht durch jede neue Anfrage herausreißen zu lassen. Das hat er bereits mehrfach versucht. Aber geändert hat sich nichts. Im Gegenteil: In seiner Partnerschaft fängt es an zu kriseln, den Sport, den er früher gemacht hat, schafft er schon lange nicht.

»Mit sich selbst befreundet sein«:
Selbstmanagement und Lebenskunst

Den Durchbruch brachte erst eine neue Frage: »Was ist Ihnen in Ihrem Leben wirklich wichtig?« Erst diese Frage brachte ihn zum Nachdenken: Ist der Druck, den er in der Arbeit verspürt, ist sein hektisches Bemühen, alles in den Griff zu bekommen, es wert, seine Partnerschaft zu riskieren? Was bleibt ihm denn dann noch?

Lothar Seiwert, einer der bekanntesten Autoren zum Thema Zeitmanagement führt in diesem Zusammenhang die Unterscheidung von vier Lebensbereichen ein (Seiwert et al. 2011; Seiwert 2011, S. 20):

- **Lebensbereich Leistung, Beruf, Arbeit:** Wie viel Zeit nimmt in unserem Leben die Arbeit ein? Bei Herrn Jäger ist es der umfassendste Bereich, der ihn bis spät abends und oft noch am Wochenende beansprucht.
- **Lebensbereich Partnerschaft, Familie, Freunde:** Wie viel Zeit verwenden wir für unsere Partnerschaft, für unsere Familie, unsere Kinder? Inwieweit gelingt es uns, Kontakte zu halten? Herr Jäger hat sich immer wieder vorgenommen, doch endlich einmal frühere Freunde zu besuchen oder einen Abend mit Kollegen zu verbringen, aber er schafft es nicht.
- **Lebensbereich Körper:** Dieser Bereich umfasst all das, was wir für uns selbst tun. Das kann Sport sein, aber auch ein Spaziergang zwischendurch oder die Wanderung am Wochenende, sich ein gutes Buch vornehmen, in die Sauna gehen, in Ruhe die Zeitung lesen und vieles andere mehr.
- Neben diesen drei Lebensbereichen führt Seiwert noch einen vierten auf, den er **»Sinn«** nennt: Was ist das, was Sie in Ihrem Leben geschaffen haben möchten? Das kann sicherlich unterschiedlich sein: für die eigenen Kinder eine gute Zukunft zu schaffen, ein Unternehmen aufzubauen, aber möglicherweise auch Engagement in einem Ehrenamt.

Zeitmanagement ist kein lediglich »technisches« Problem, Planungsmethoden führen häufig nicht dazu, dass man wirklich mehr Zeit hat. Sondern die damit gewonnene Zeit wird dadurch gefüllt, dass sofort neue Aufgaben auf einen warten – das Hamsterrad setzt sich fort. Im Hintergrund steht die Frage, was einem selbst im Leben wirklich wichtig ist. Zeitmanagement wird damit letztlich zu einem Teil der »Lebensstrategie«: Wie richte ich mein Leben wirklich ein?

Lothar Seiwert schlägt vor, die vorhandene Zeit prozentual aufzugliedern: Wie viel Prozent in ihrem Leben nimmt die Arbeit ein? Wie viel Prozent Kontakte oder die übrigen Bereiche? Allerdings lassen sich die einzelnen Bereiche meist nicht scharf voneinander abgrenzen, sondern überlappen sich. Deshalb haben wir das etwas abgeändert.

Checkliste Zeitmanagement als Teil der Lebensstrategie

- Schreiben Sie auf, was Sie in den einzelnen Lebensbereichen tatsächlich tun: Was machen Sie im Bereich Arbeit, was für die Familie und Kontakte, für sich persönlich? Was ist wirklich sinnvoll?
- Welches Gewicht haben die einzelnen Lebensbereiche tatsächlich? Gewichten Sie:
  0: Dieser Lebensbereich fehlt Ihnen völlig.
  100: Dieser Lebensbereich ist für Sie ausgewogen. So soll es sein!
  200 (notfalls höher): Dieser Lebensbereich hat ein viel zu starkes Übergewicht.
- Überlegen Sie: Wie zufrieden sind Sie mit dieser Gewichtung? Was ist ausgewogen? Was kommt zu kurz? Was möchten Sie ändern? Schreiben Sie die Gewichtung, die Sie erreichen möchten, daneben.
- Halten Sie Ihre »Vision« für sich in Erinnerung. Vielleicht gestalten Sie ein Bild des Bereichs, den Sie verstärken möchten (zum Beispiel von Ihrem nächsten Urlaubsziel, von Ihren Kindern) und stellen es sich sichtbar als Erinnerung auf den Schreibtisch.

Selbstmanagement durch die Entwicklung besserer Copingstrategien

Copingstrategien sind die Handlungsstrategien, die jemand nutzt, schwierige oder belastende Situationen zu bewältigen. Sie können mehr oder weniger erfolgreich sein. Herrn Jägers Copingstrategien sind im Wesentlichen: mehrere Sachen zugleich zu bearbeiten, auf E-Mails sofort zu antworten, die Abende und auch das Wochenende zum Arbeiten zu nutzen. Diese Strategien sind zum Teil kontraproduktiv: Jede neue E-Mail reißt ihn aus seiner bisherigen Arbeit; abends länger zu arbeiten sowie das Wochenende dafür zu verwenden, geht auf Kosten der Partnerschaft – abgesehen davon, dass abends um 21 Uhr Herr Jäger auch nicht mehr sehr effizient ist.

Es gibt zahllose ineffiziente Copingstrategien. Das sind zum einen die bei Herrn Jäger aufgeführten Vorgehensweisen, zum anderen gehören dazu, ständig etwas aufzuschieben; etwas anfangen, aber nicht abzuschließen … Weitere ungeeignete Copingstrategien sind:

- Sich Vorwürfe machen: Sich selbst fortwährend zu fragen warum man etwas nicht gesehen hat, was man hätte anders machen können,
- Grübeln: Sich gedanklich mit dem Thema ständig zu beschäftigen, immer wieder darüber nachzudenken, wie es zu dieser Situation kam,

»Mit sich selbst befreundet sein«:
Selbstmanagement und Lebenskunst

- Sich selbst bemitleiden: sich zum Beispiel fragen, wieso das ausgerechnet Ihnen passieren musste,
- Bagatellisieren: Sich selbst einzureden, dass alles gar nicht so schlimm sei.

Solche Copingstrategien helfen in der Regel wenig, kosten stattdessen Zeit und Nerven. Sie können schließlich zu sozialer Abkapselung führen (man redet nicht mehr mit anderen, die sozialen Kontakte mit Freunden und Bekannten brechen ab, man geht nicht mehr in den Sportverein), zu Resignation, bis zur Einnahme von Alkohol, Schlafmitteln oder sogar Drogen – ohne dadurch das Problem zu lösen. Von daher gilt: Überlegen Sie, welche besseren Copingstrategien Sie wählen können.

In der Literatur zum Thema Zeitmanagement hat man lange Zeit großes Gewicht auf bessere Strategien der Arbeitsmethodik gelegt. Einige führen wir hier auf:

- **Überlegen Sie, was wirklich wichtig ist, und lernen Sie, Nein zu sagen:** Nicht alles, was an Anfragen, Aufträgen, Vorschlägen und durchaus spannenden Projekten zu Ihnen kommt, ist im Blick auf Ihre Lebensvision wirklich wichtig. Von daher ist hier der erste Schritt, zu überlegen: Ist das wirklich wichtig? Und wenn nicht, dann gilt es, Position zu beziehen und deutlich Nein zu sagen.
- **Verschaffen Sie sich eine Übersicht über anstehende Aufgaben:** Was ist überhaupt zu tun? Das kann eine elektronische To-do-Liste sein, ein Blatt auf Ihrem Schreibblock, ein Zettel, ein Post-it auf dem Schreibtisch – übrigens ist es ausgesprochen befriedigend, wenn Sie dann einzelne Punkte auf Ihrer To-do-Liste durchstreichen oder das Post-it in den Papierkorb werfen!
- **Priorisieren Sie die anstehenden Aufgaben:** Eine hilfreiche Möglichkeit ist das »Eisenhower-Prinzip«, bei dem die anstehenden Aufgaben nach Wichtigkeit und Dringlichkeit priorisiert werden:
  - A-Aufgaben sind dringlich und wichtig und müssen sofort getan werden.
  - B-Aufgaben sind wichtig, aber nicht dringlich. Das sind strategische Aufgaben, für die Zeit eingeplant werden muss.
  - C-Aufgaben sind dringlich, aber nicht wichtig. Hier gilt es, den Aufwand dafür zu minimieren, die Arbeitszeit zu reduzieren, sie möglicherweise zu delegieren.
  - D-Aufgaben sind weder dringlich noch wichtig. Es sind im Grunde Aufgaben, die unerledigt im Papierkorb verschwinden können.
- **Setzen Sie einen »strategischen Schwerpunkt«** für den Tag oder die Woche. Das ist die Tätigkeit, die für diesen Zeitraum oberste Priorität hat. Das kann eine A-Aufgabe sein, aber auch möglicherweise ein B- oder C-Thema, zum Beispiel die anstehende Steuererklärung. Das muss irgendwann erledigt werden – und es ist effizienter, wenn Sie das auf einmal erledigen.

- **Bündeln Sie gleichartige Tätigkeiten.** In einer Stunde Emails zu bearbeiten, ist deutlich effizienter, als wenn Sie jede ankommende Email sofort beantworten. Versuchen Sie, Telefonanrufe zu bündeln (dafür können Mailbox oder ein Sekretariat äußerst hilfreich sein).
- **Definieren Sie den Zeitrahmen, den Sie für die Erledigung bestimmter Aufgaben aufwenden wollen.** In der Literatur zum Thema Zeitmanagement wird häufig vorgeschlagen, den Zeitrahmen zu schätzen. Besser ist, ihn von vornherein festzulegen: Wie viel Zeit sind Sie bereit, in diese Aufgabe zu investieren? Dahinter steht das sogenannte Pareto-Prinzip: die Erfahrung, dass in 20 Prozent der Zeit in der Regel 80 Prozent des Ergebnisses erzielt werden, während man die restlichen 80 Prozent aufwenden muss, um die noch fehlenden 20 Prozent des Ergebnisses zu erzielen. Überlegen Sie, ob das den Aufwand lohnt. In vielen Fällen reicht ein 80prozentiges Ergebnis (ohnehin wird kaum jemand den Unterschied wahrnehmen).
- Nutzen Sie die Pomodoro-Technik: Pomodoro ist der italienische Kurzzeitwecker in Form einer Tomate. Daraus wurde eine Arbeitstechnik entwickelt:
  - Formulieren Sie die anstehende Aufgabe schriftlich.
  - Stellen Sie den Wecker auf 25 Minuten.
  - Arbeiten Sie 25 Minuten ohne Unterbrechung und machen anschließend eine Pause von fünf Minuten.
  - Nach vier solcher Arbeitseinheiten (»Pomodori«) ist dann eine längere Pause angesagt (etwa 15 bis 20 Minuten).
  - Das Gleiche können Sie natürlich auch mithilfe Ihres Smartphones machen.
- Nutzen Sie Ihren persönlichen Arbeitsrhythmus: Nicht alle sind Planungsfreaks, die sich einen detaillierten Plan zurechtlegen und ihn dann Schritt für Schritt abarbeiten. Es gibt Planungsfreaks und Chaoten, es gibt Nachteulen, die überhaupt erst abends in Fahrt kommen, und es gibt die Lerchen, die am liebsten morgens um vier Uhr mit der Arbeit beginnen, aber ab 20 Uhr nur noch Löcher in die Wand starren. Wann sind Ihre kreativen Zeiten, die Sie für strategisch wichtige Themen, die Entwicklung neuer Konzepte, eine schwierige Stellungnahme nutzen können? In welchen Zeiten planen Sie am besten Routinetätigkeiten ein?

Hier nochmals als Checkliste zusammengefasst:

Checkliste Arbeitsmethodik

- Überlegen Sie, was wirklich wichtig ist, und lernen Sie, Nein zu sagen!
- Verschaffen Sie sich eine Übersicht über anstehende Aufgaben!
- Priorisieren Sie die anstehenden Aufgaben!
- Setzen Sie den »strategischen Schwerpunkt« für den Tag oder die Woche!

»Mit sich selbst befreundet sein«:
Selbstmanagement und Lebenskunst

- Bündeln Sie gleichartige Tätigkeiten!
- Definieren Sie den Zeitrahmen, den Sie für die Erledigung der einzelnen Aufgaben aufwenden wollen!
- Nutzen Sie Ihren persönlichen Arbeitsrhythmus!

Arbeitsmethodik ist ein wichtiger Bereich der Copingstrategien. Aber gerade in den letzten Jahren wird ein weiterer Bereich von Copingstrategien zunehmend thematisiert, den wir »Strategien der Lebenskunst« nennen: zusätzliche Handlungsmöglichkeiten, die helfen, besser mit sich und den eigenen Lebensumständen umzugehen. Dafür gibt es eine lange Tradition, die von traditionellen Meditationstechniken über Konzepte der Achtsamkeit bis zu Ansätzen in der Tradition der Positiven Psychologie und des Selbstcoachings reicht.

Checkliste: Strategien der Lebenskunst

- **Distanz** schaffen: Dazu gehört, sich von Problemen oder dem Tagesgeschäft lösen zu können. Überlegen Sie, was Ihnen dabei hilft: Vielleicht haben Sie einen bestimmten Anker, einen Platz, eine CD ...
- **Achtsam mit sich umgehen:** Das bedeutet, das Gedankenkarussell ausschalten, im »Hier und jetzt leben«, die Aufmerksamkeit auf den gegenwärtigen Moment richten ...
- **Ordnung schaffen:** Das ist zunächst das befreiende Aufräumen des Schreibtisches, kann aber auch das Aufräumen seelischen Ballasts bedeuten. Da hilft es, schwelende Streitigkeiten aufzulösen, eine lange leidige Geschichte zu beenden ...
- **Körperlich entspannen und regenerieren:** Dazu gehören klassische Entspannungstechniken, Sauna, Massage, sich bewegen, schlafen, den Schlaf als Regenerationsmöglichkeit nutzen und darauf vertrauen, dass sich bis zum nächsten Morgen neue Lösungen finden werden.
- **Mit anderen Personen zusammen sein:** Der gesellige Umgang miteinander, mit anderen Personen über Probleme zu reden und sich von ihnen Unterstützung holen, das ist für viele Menschen eine hilfreiche Strategie.
- **Genießen:** Das ist eine der wirksamsten Copingstrategien: der Genuss beim Essen, beim Reisen, bei Musik und Tanz, in der Natur, im Gleichklang mit anderen. Dazu gehört, sich die Zeit zu gönnen, sich die Erlaubnis zum Genuss zu geben. Sie können auch einen Erfolg, etwas Positives, das Ihnen widerfahren ist, genießen. Machen Sie es sich bewusst – anstatt Haare in der Suppe zu betrachten.
- **Lachen und Heiterkeit:** Positiver Humor befreit, verbindet und bringt Bewegung in starre Denkmuster. Das humorvolle »Erleichtern« anstrengender Situationen senkt den Stresspegel, ermöglicht innere Distanzierung und eröffnet neue Handlungsmöglichkeiten

- **Einführung von Ritualen:** Ein Ritual kann das Sitzen am offenen Kamin oder bei Kerzenlicht sein, bestimmte Abläufe zum Abschließen des Arbeitstages. Rituale sind Orientierungsmuster zur Lebensbewältigung, sie helfen, den Alltag hinter sich zu lassen und neue Energie zu gewinnen.

In der Tradition der Positiven Psychologie wird darüber hinaus die Bedeutung sozialer Handlungen für das eigene Wohlbefinden und letztlich das eigene Glück betont (Seligman 2003, S. 125):

- **Danken macht glücklich:** Zum Beispiel sich jeden Abend Dinge notieren oder bewusstmachen, für die Sie dankbar sind. Das kann ein Gespräch mit einem Freund, ein guter Hinweis eines Mentors sein – aber auch Dankbarkeit dafür, am Morgen gesund aufgewacht zu sein, eine gute Entscheidung getroffen zu haben.
- **Gute Taten beglücken:** Einer anderen Person oder sich selbst etwas Gutes tun, aber auch, sich belohnen – sind ebenfalls gute Strategien.

Und zum Abschluss: Unterbrechen Sie hinderliche Regelkreise

Sie fangen eine Arbeit an, werden durch einen Anruf gestört, sind in Ihrer Arbeit unterbrochen und brauchen anschließend zehn Minuten, sich wieder auf Ihre Arbeit zu konzentrieren. Sie haben eine wichtige Präsentation vor sich, wollen sich besonders viel Mühe geben, suchen nach Material in Ihren Unterlagen, schauen, was Sie im Internet dazu finden, verlieren sich immer mehr in der Fülle des Materials, aber die Zeit drängt, Sie geraten unter Zeitdruck. Sie sind bei der Beförderung übergangen worden und fangen an zu grübeln, wieso das nicht geklappt hat – und verfangen sich immer nur mehr im Sumpf negativer Gefühle.

All das sind Regelkreise. Damit gilt auch hier das, was wir zum Umgang mit hinderlichen Regelkreisen (s. S. 75 ff.) festgestellt haben: Unterbrechen!

Checkliste: Regelkreise unterbrechen

- Machen Sie sich den hinderlichen Regelkreis bewusst: Was geschieht Ihnen in solchen Situationen immer wieder? Vielleicht zeichnen Sie sich den Regelkreis auf: Womit beginnt die Situation? Was folgt als Nächstes? Was denken Sie? Was tun Sie? Was tun andere?
- Die Unterbrechung ist »im Prinzip« ganz einfach: Machen Sie etwas anderes! Überlegen Sie sich andere Möglichkeiten!

»Mit sich selbst befreundet sein«:
Selbstmanagement und Lebenskunst

Was jeweils »das Andere« sein kann, dafür haben wir Ihnen in den vorangegangenen Abschnitten Anregungen gegeben. Sie können Auslöser unterbrechen, einen positiven Anker setzen, die Situation aus einer anderen Perspektive betrachten, überlegen, was in Ihrem Leben wirklich wichtig ist, sich das Positive in Ihrem Leben bewusst machen, andere Copingstrategien entdecken. Es gibt eine Fülle von Möglichkeiten.

Die Botschaft dahinter ist: Sie sind solchen Situationen nicht ausgeliefert, sondern können etwas ändern. Gehen Sie, wie es der Philosoph Wilhelm Schmid (2004) formuliert, mit sich so um, wie Sie mit einem guten Freund umgehen würden!

Anregung zur Weiterarbeit

Mit sich selbst gut umzugehen kann man tagtäglich üben. Nehmen Sie sich Zeit, darüber nachzudenken – vielleicht auch mit einem guten Freund, der Sie dabei unterstützt:
- Wie gehen Sie mit sich selbst um?
- Wie deuten Sie belastende Situationen? Wie können Sie sie anders deuten?
- Was sind Ihre Copingstrategien? Welche neuen Strategien können Sie entwickeln?

Zum Abschluss möchten wir Ihnen auch hier wieder einige Bücher aus verschiedenen Ansätzen als Anregung geben.

Literaturhinweise

Allgemein zum Umgang mit sich selbst:
- Dietz, I./Dietz, T. (2008): Selbst in Führung. 2. Auflage, Paderborn: Junfermann
- Härtl-Kasulke, C. (2015): Individuelles Gesundheitsmanagement. Der Leitfaden für mehr Achtsamkeit am Arbeitsplatz. Weinheim und Basel: Beltz
- Kehr, H. M. (2002): Souveränes Selbstmanagement. Weinheim und Basel: Beltz
- Besser-Siegmund, C. (2006): Mentales Selbst-Coaching. Paderborn: Junfermann
- Fredrickson, B. L. (2011): Die Macht der guten Gefühle. Frankfurt am Main: Campus
- Münchhausen, M. v. (2004): Wo die Seele auftankt. Frankfurt am Main: Campus
- Branden, N. (2009): Die 6 Säulen des Selbstwertgefühls. 7. Auflage München: Piper

Zum Thema Zeitmanagement:
- Kurz, J. (2013): Für immer aufgeräumt. 7. Auflage, Offenbach: Gabal
- Nussbaum, C. (2012): Organisieren Sie noch oder leben Sie schon? 2. Auflage, Frankfurt am Main: Campus
- Seiwert, L./Tracy, B./Küstenmacher, W. T./McGee-Cooper, A. (2011): Wenn du es eilig hast, gehe langsam. 15. Auflage, Frankfurt am Main: Campus
- Seiwert, L. (2006): Noch mehr Zeit für das Wesentliche. Kreuzlingen: Hugendubel

Hinweise zum Thema Stress finden Sie zum Beispiel bei:
- Kaluza, G. (2015): Gelassen und sicher im Stress. 6. Auflage Berlin, Heidelberg: Springer
- Leonhardt, J. (2016): Stressmanagement – Mit weniger Druck mehr erreichen. SOS-Techniken nutzen und Resilienz stärken. Mit dem StressRadar®-Programm. Weinheim und Basel: Beltz

Grundlagen 04

Personale Systemtheorie: Wurzeln und Konzepte

Diese »Einführung in das systemische Denken und Handeln« ist ein praktisch ausgerichtetes Buch. Es soll zeigen, dass Systemtheorie etwas anderes ist als ein wissenschaftliches Sprachspiel, sondern dass sie für den Alltag nutzbar und hilfreich ist, dass sie den Blick weitet und damit neue Lösungsmöglichkeiten eröffnet. Nachdem in den vorausgegangenen Teilen die praktische Anwendung im Vordergrund stand, möchten wir uns abschließend noch der theoretischen Fundierung zuwenden: Was heißt personale Systemtheorie für uns, und welches Menschenbild liegt zugrunde?

Unser Weg zur Systemtheorie

In den 1980er-Jahren (relativ früh nach dem Erscheinen des Buches »Soziale Systeme«) sind wir zum ersten Mal mit der Systemtheorie Luhmanns in Berührung gekommen – einem Ansatz, der schon damals viel diskutiert wurde, der faszinierte aber zugleich Fragen offenließ. Für uns, die wir zum einen an der Universität arbeiteten, aber zum anderen zugleich immer auch praktisch tätig waren, war es vor allem die Frage der praktischen Umsetzung, die uns beschäftigte.

Diese Fragen führten uns Ende der 1980er-Jahre nach Palo Alto. So kamen wir in Kontakt mit der Systemtheorie in der Tradition von Gregory Bateson. Hier fanden wir ein Konzept, das genau das bot, was bei Luhmann fehlte: nicht die Personen als Teil der Umwelt gleichsam auszublenden, sondern Personen als Teil des Systems zu begreifen, die sich ein Bild der Wirklichkeit machen und auf der Basis dieses Bildes handeln – aber trotzdem der Eigendynamik des sozialen Systems unterworfen sind.

Die Entwicklung führte uns dann zur Familientherapeutin Virginia Satir, die zum einen ein humanistisches Menschenbild in der Tradition von Carl Rogers zugrunde legte. Sie betonte, dass Menschen nicht konditioniert werden können, sondern sich entwickeln. Zum anderen nahm sie bei ihrer Arbeit nicht nur den Einzelnen in den Blick, sondern stellte ihn in Zusammenhang mit dem sozialen System – hier insbesondere dem System der Familie.

Auf dem Hintergrund unserer Arbeit in Organisationen (Unternehmen, Schulen, soziale Organisationen, Verwaltungen …) wurde uns klar, dass das ein Ansatz ist, der unsere Arbeit voranbringen und weiterführen kann: nämlich die Entwicklung des Einzelnen in den Mittelpunkt zu stellen und ihn zugleich im Zusammenhang des sozialen Systems zu sehen. Daraus entstand – begleitet von Forschungen an der Universität Paderborn und aus

Personale Systemtheorie:
Wurzeln und Konzepte

unserer praktischen Arbeit in den 1990er-Jahren – das Konzept der »personalen Systemtheorie« und seine Umsetzung insbesondere in den Bereichen Organisationsberatung und Coaching.

Der Anfang: die Allgemeine Systemtheorie

Die Kritik am linearen Ursache-Wirkungs-Denken hat seit den 40er-Jahren des 20. Jahrhunderts dazu geführt, nach anderen Erklärungsmodellen für komplexe Phänomene zu suchen. Eben das ist der Ansatz für die Entstehung der Systemtheorie. »Immer mehr«, so der Biologe Ludwig von Bertalanffy, einer der Begründer der Systemtheorie, »tritt uns auf allen Gebieten [...] das Problem der organisierten Kompliziertheit gegenüber, das anscheinend neue Denkmittel erfordert [...] Damit gelangen wir [...] zur Systemtheorie« (Bertalanffy 1972, S. 20). Daraus entstanden unterschiedliche systemtheoretische Konzepte.

Systemtheorie ist für Bertalanffy eine Universaltheorie (daher die Bezeichnung »Allgemeine Systemtheorie«), die sich auf unterschiedliche Phänomene anwenden lässt: »Wie schon erwähnt, finden wir allgemeine Systemmerkmale auf den verschiedensten Gebieten: im lebenden Organismus, im Verhalten und in soziokulturellen Phänomenen ... Daraus resultiert die auf den ersten Blick überraschende Tatsache, dass zum Beispiel verallgemeinerte kinetische, formal identische Gesetze sich auf Gegebenheiten anwenden lassen, die so verschieden sind wie chemische Systeme, tierische und menschliche Gemeinschaften und Wirtschaftsprozesse« (Bertalanffy 1970, S. 126).

Systemtheorie ist für Bertalanffy ein »Modell«, das den theoretischen Rahmen zur Betrachtung komplexer Phänomene liefert. Grundbegriffe dieses Modells sind:

- System
- Element
- Relation
- Systemgrenze

System: Ein System ist eine Anzahl von in Wechselwirkung stehenden Elementen, die von einer Systemumwelt (mehr oder weniger strikt) abgegrenzt sind.

Elemente sind die einzelnen »Bestandteile«, in die sich ein komplexes System zerlegen lässt, zum Beispiel Thermostat und Regler als Elemente des Systems Heizung (Bertalanffy 1970, S. 117). Dabei ist nicht ein für alle Mal festgelegt, was Element und was System ist, sondern es hängt von der Perspektive des Beobachters ab (Bertalanffy 1972, S. 42): Der Thermostat kann als Element des umfassenderen Systems Heizung oder als eigenes System betrachtet werden, das dann wiederum in neue Elemente zerlegt wird.

Relationen sind die Beziehungen, die zwischen Elementen bestehen. Aber im Unterschied zum Ursache-Wirkungs-Denken, in dem ein Element A Ursache von B ist, sind Systeme durch wechselseitige Beziehungen, sogenannten Regelkreisen gekennzeichnet: Der Regler wirkt auf die Heizung, während zugleich die Heizung (vermittelt über ein Thermometer) den Regler beeinflusst. Daraus ergibt sich das Grundmodell des Regelkreises: A wirkt auf B, und zugleich wirkt B auf A.

Systemgrenze: Schließlich ist jedes System ist durch eine Systemgrenze von der »Systemumwelt« abgegrenzt. Je nach Durchlässigkeit lässt sich dabei zwischen offenen und geschlossenen Systemen unterscheiden:

- Bei geschlossenen Systemen (Standardbeispiel ist das Sonnensystem) erklärt sich der Zustand des Systems allein aus dem System heraus.
- Offene Systeme stehen im Austausch zu der Umwelt. Ein Beispiel ist die Flamme, die im Austausch mit der sie umgebenden Luft steht. Offene Systeme sind auch tierische, pflanzliche und menschliche Populationen.

Dieses allgemeine Systemmodell wurde seit den 1950er-Jahren in unterschiedliche Richtungen weiterentwickelt:

- Das **Kommunikationsmodell** von Shannon/Weaver (1963) mit dem Regelkreis zwischen Sender und Empfänger: Der Sender wirkt auf den Empfänger, während zugleich der Empfänger durch Rückmeldung den Sender beeinflusst.
- Die in den 1950er-Jahren von Jay Forrester an der Sloan School of Management am MIT begründete **Systemdynamik.** Dabei wird die Aufmerksamkeit insbesondere auf komplexe Regelkreise in Organisationen gerichtet (zum Beispiel Bossel 2004).
- Das in den 1960er-Jahren entstandene **»St. Gallener Management-Modell«,** von Hans Ulrich und Gilbert Probst (zum Beispiel Ulrich 1970; Ulrich/Probst 1995) versteht die Unternehmung als »produktives soziales System« (Ulrich 1970), wobei die Aufmerksamkeit insbesondere auf komplexe Regelkreise gelenkt wird. Management wird zur Gestaltung und Führung von Systemen.
- Die Biologen Fritjof Capra (1988) oder Frederic Vester (zum Beispiel 2002) entwickeln die allgemeine Systemtheorie zu einer **»evolutionistischen Systemtheorie«,** in der »Entwicklung« zu einem weiteren Merkmal von Systemen wird: Ökologische Abläufe sind von Rückkopplungsprozessen bestimmt (wie

Personale Systemtheorie:
Wurzeln und Konzepte

etwa der Wasserkreislauf zwischen Verdunstung, Regen, Abfluss), wobei die Veränderung einzelner Faktoren letztlich zum Zusammenbruch des gesamten Systems führen kann: Die Einführung von Monokulturen (ein Beispiel für die Anwendung linear-kausalen Denkens) unterbrach natürliche Regelkreise, was zu höherer Anfälligkeit von Pflanzen und Tieren, Erosion oder Gewässerverschmutzung führte. Ökologische Prozesse lassen sich demzufolge nicht linear-kausal steuern, sondern erfordern eine »systemische Steuerung«, bei der »Eingriffe und Entscheidungen in einem Bereich immer auch in ihrer Wirkung auf andere Bereiche überdacht werden müssen« (Vester 1988, S. 63).

Soziologische Systemtheorie in der Tradition Luhmanns: Systeme ohne Menschen

Niklas Luhmann (1968 bis 1992 Soziologe an der Universität Bielefeld) ist derjenige, der die soziologische Systemtheorie in Deutschland am stärksten geprägt hat. Die »Theorie sozialer Systeme« (ursprünglich 1984) sowie die »Gesellschaft der Gesellschaft« (1997) haben das Verständnis sozialer Systeme in der deutschen Soziologie, aber auch die Diskussion in Psychologie, Familientherapie oder Organisationsberatung entscheidend beeinflusst.

Luhmann hebt sich ausdrücklich von einem alltäglichen Verständnis sozialer Systeme ab: Ein soziales System ist für ihn nicht aus einzelnen Individuen als Elementen zusammengesetzt. Ausgangspunkt ist für ihn die Abgrenzung zwischen System und Umwelt: »Als Ausgangspunkt jeder systemtheoretischen Analyse hat [...] die Differenz von System und Umwelt zu dienen. Systeme [...] konstituieren und sie erhalten sich durch Erzeugung und Erhaltung einer Differenz zur Umwelt, und sie benutzen ihre Grenzen zur Regulierung dieser Differenz« (Luhmann 1984, S. 35).

Erst auf dieser Basis werden Elemente eines sozialen Systems definiert: Für Luhmann sind jedoch nicht die Personen Elemente eines sozialen Systems, sondern Element ist jedes »Elementarereignis von Kommunikation« (Luhmann 1984, S. 242). Das Sozialsystem Familie besteht dann »nicht aus Menschen und auch nicht aus ›Beziehungen‹ zwischen Menschen, sondern aus ›Kommunikation und nur aus Kommunikation‹« (Luhmann 1990, S. 197).

Luhmanns Systemmodell ist ein grundlegendes Modell zur Beschreibung und Erklärung komplexer Prozesse in Organisationen. Aber es ist ein Erklärungs- und kein Handlungsmodell. Es lassen sich daraus keine Handlungsempfehlungen gewinnen – was man zum Beispiel tun könnte, um Strukturen in einem festgefahrenen Team oder Unternehmen aufzubrechen. Luhmann selbst hat immer wieder den Erklärungscharakter seines Konzepts im Unterschied zu einem pragmatischen

Modell hervorgehoben: »Ich habe nicht die Vorstellung, dass es wissenschaftliche Erkenntnisse gibt, die auf die Praxis angewendet werden könnten. Die Praxis, zum Beispiel ein Ministerium, ist für mich ein nach eigener Logik funktionierendes System« (Luhmann/Baecker 1987, S. 135).

Wenn man versucht, Luhmanns Systemmodell für Therapie, Beratung oder allgemein für praktisches Handeln zu nutzen, gerät man damit in ein Dilemma: Entweder gelangt man zu einer eher resignativen Erkenntnis, dass Luhmanns Systemtheorie keine Ansätze für praktisches Handeln liefert, wie es bei Rudolf Wimmer (Universität Witten-Herdecke) der Fall ist: »*Die neuere Systemtheorie [...] beinhaltet [...] keinen konkret benennbaren Kanon an beraterischen Vorgehensweisen, die gleichsam kontextunabhängig bestimmten Wirkungen erzeugen [...] Sie bietet ein ausreichend elaboriertes Denkinstrumentarium, mit dem sich ein angemessenes Verständnis der jeweiligen Organisation [...] und ihrer spezifischen Probleme erarbeiten lässt*« (Wimmer 2004, S. 257).

Oder man versucht, durch zusätzliche sprachliche Konstruktionen wie das Konzept der »strukturellen Kopplung« die Verbindung zum praktischen Handeln herzustellen. So definiert Fritz B. Simon soziale Systeme als Kommunikationssysteme, die mit psychischen Systemen (Personen) »strukturell gekoppelt sind« und sich nur gegenseitig »irritieren« können: »Beide Typen autopoietischer Systeme sind miteinander strukturell gekoppelt und füreinander irritierende Umwelten [...] psychische Prozesse legen nicht fest, was in der Kommunikation geschieht, und Kommunikationsprozesse legen nicht fest, was in der Psyche der Kommunikationsteilnehmer geschieht« (Simon 2014, S. 53).

Dabei besteht die Gefahr, dass man zu komplexen begrifflichen Konstruktionen gelangt, die schwer nachzuvollziehen sind und bisweilen der Systemtheorie den Vorwurf einer »Systemsprache« eingebracht hat »wie früher das Latein in der katholischen Kirche [...], mit der auch Gewöhnliches zum Besonderen und Feierlich-Außeralltäglichen verklärt wurde« (Neuberger 2007, S. 27).

Personale Systemtheorie nach Gregory Bateson: Systeme handelnder Personen

Während die Systemtheorie in Deutschland sehr stark unter dem Einfluss Luhmanns steht, gibt es insbesondere im internationalen Raum eine Reihe systemtheoretischer Konzepte, in denen die Personen als Elemente des sozialen Systems verstanden werden. Exemplarisch seien drei Ansätze erwähnt:

Peter Senge sieht in dem Buch »Die fünfte Disziplin« die Ursache von Problemen darin, dass immer wieder die gleichen Fehler gemacht werden – dass man sich

Personale Systemtheorie:
Wurzeln und Konzepte

in Regelkreisen verfängt. Gefordert ist stattdessen eine »Disziplin des Systemdenkens [...], die Wahrnehmung von Wechselbeziehungen statt linearer Ursache-Wirkung-Ketten und die Wahrnehmung von Veränderungsprozessen statt von Momentaufnahmen« (Senge 2011, S. 91). Wenn Senge ein »Umdenken« fordert, die Bedeutung der »persönlichen Vision« und die »Offenlegung mentaler Modelle und die immer bewusstere Auseinandersetzung mit ihnen hervorhebt« (Senge 2011, S. 197), so erweitert er den Rahmen und sieht Menschen als – herausragenden Teil – bei der Veränderung sozialer Systeme.

Fredmund Malik betont, dass Organisationen komplexe Systeme mit eigenen Gesetzmäßigkeiten sind, die sich nicht einfach technisch steuern lassen. Auf der anderen Seite wendet er sich ebenso gegen einen »naiven Unmöglichkeitsglauben« mancher Systemiker, der Manager und Management »auf die Rolle von Katalysatoren und Moderatoren reduziert oder auf ein prozessorientiertes Anregen, Stören und Irritieren« (Malik 2008, S. 12). Demgegenüber betont er »Qualität der Führung« und formuliert Grundsätze wirksamer Führung wie Resultatorientierung, Konzentration auf Weniges oder Vertrauen (Malik 2014).

Joseph O'Connor und Ian McDermott verwenden in ihrem Buch »Die Lösung lauert überall« (2006) entsprechend der Allgemeinen Systemtheorie »System« als Oberbegriff für sehr unterschiedliche Bereiche. Als zentrale Merkmale werden Rückkopplungskreisläufe, aber auch »mentale Landkarten« aufgeführt. »Mentale Landkarten« im Sinne unserer »tief verwurzelten Annahmen, Handlungs- und Sichtweisen sowie Leitbilder« (O'Connor/McDermott 2006, S. 83) beziehen sich auf Personen.

Ein Ansatz, der die allgemeine Systemtheorie ganz explizit zu einer Systemtheorie handelnder Personen entwickelt – und den wir in diesem Buch zugrunde legen – stammt vom Anthropologen Gregory Bateson. Bateson – ursprünglich Biologe und Anthropologe – kam in den 1940er-Jahren in Kontakt mit der Allgemeinen Systemtheorie. Sein 1951 zusammen mit dem Psychiater Jürgen Ruesch verfasstes Buch »Kommunikation« (1995) stellt den Versuch dar, die Allgemeine Systemtheorie auf soziale Systeme beziehungsweise die Kommunikation in sozialen Systemen zu übertragen. Ab 1952 arbeitete Bateson zusammen mit den Therapeuten John Weakland und Jay Haley in Palo Alto/Kalifornien an einem Forschungsprojekt der Rockefeller Foundation über »Paradoxien der Abstraktion in der Kommunikation«. Dabei gelangte er in Kontakt mit einer zweiten Forschungsgruppe, an der John D. Jackson, Virginia Satir und Paul Watzlawick beteiligt waren, die (ebenfalls Palo Alto) ein Projekt über »Homöostase in der Familie« durchführten. In der Folge entwickelte sich daraus eine enge Zusammenarbeit, in der eine deutlich auf praktisches Handeln ausgerichtete Systemtheorie entstand (Lutterer 2009).

Bateson übernimmt zunächst den Systembegriff der Allgemeinen Systemtheorie, wenn er bei Systemen zwischen den einzelnen Teilen (Elementen), der Systemumwelt und den zirkulären Strukturen unterscheidet. Bei der Übertragung auf soziale Systeme definiert Bateson die Personen als Elemente: Soziale Systeme, so Bateson, bestehen aus »teilnehmenden Individuen« (Ruesch/Bateson 1995, S. 305). Als Beispiele werden Familien, Patientensysteme oder politische Parteien aufgeführt. »Elemente« des sozialen Systems »Partei« sind Geschäftsführer, Verwaltungsassistenten, Mitglieder des Komitees und technische Ratgeber (ebd., S. 174 ff.).

Der Unterschied zwischen sozialen und technischen Systemen liegt darin, dass Personen nicht einfach reagieren, sondern die Situation deuten und auf der Basis dieser Deutung handeln. Bateson gibt dafür folgendes Beispiel: Man stelle sich vor, eine Person A gebe einen Laut von sich. Wenn eine Person B die Absicht hat, sich mit As Hinweisen zu befassen, muss B dieses Verhalten deuten: Handelt es sich um eine »Drohung, eine sexuelle Annäherung, eine erzieherische Geste oder einen Hinweis auf die Zugehörigkeit zu derselben Spezies?« (Bateson 1982, S. 144). Wenn B das Verhalten von A als Drohung deutet, wird er anders handeln, als wenn er es als erzieherische Geste oder als sexuelle Annäherung interpretiert.

Beziehungen zwischen den Elementen werden zunächst durch soziale Regeln definiert: »Jede soziale Situation ist bestimmt von expliziten oder impliziten Regeln [...] Die Bedeutung von Regeln, Regulationen und Gesetzen ist am besten zu verstehen, wenn man an ein Kartenspiel denkt, an dem mehrere Personen beteiligt sind. Die Kommunikationskanäle sind vorgeschrieben, die Abfolge der Botschaften ist reguliert und ihre Wirkungen überprüfbar« (Ruesch/Bateson 1995, S. 39).

Aus Regeln und aus der jeweiligen Deutung der Situation entstehen »zirkuläre Strukturen«, nämlich Regelkreise, bei denen sich Verhaltensweisen wechselseitig beeinflussen: Ein soziales System, so Bateson, hat »einen zirkulären Charakter, in dem Veränderung, Korrektur und Selbstregulation« eingeschlossen sind (Ruesch/Bateson 1995, S. 176).

Wieder in Übereinstimmung mit der Allgemeinen Systemtheorie ist jedes soziale System von einer Umwelt und einer Systemgrenze zur Umwelt gekennzeichnet: Eine Partei kann zum Beispiel mehr oder weniger von der Umwelt »isoliert« sein (Ruesch/Bateson 1995, S. 176). Und schließlich bestehen soziale Systeme innerhalb einer Zeitstruktur: »Jedes gegebene System verkörperte Zeitrelationen, das heißt, war durch Zeitkonstanten charakterisiert, die durch das vorgegebene Ganze determiniert wurden« (Bateson 1982, S. 134). Jedes soziale System hat einen Anfangspunkt, an dem es entsteht, und einen Endpunkt, an dem es sich auflöst, und die gegenwärtige Situation ist ebenso durch die jeweilige Geschichte wie durch die Entwürfe auf die Zukunft bestimmt.

Personale Systemtheorie:
Wurzeln und Konzepte

Batesons Schriften sind relativ schwer zu lesen, und sein Systemmodell hätte vermutlich die weitere Diskussion weniger beeinflusst, wäre es nicht durch Paul Watzlawicks Bücher bekannt und durch zahlreiche Beispiele illustriert worden. Die »Axiome menschlicher Kommunikation« im Buch »Menschliche Kommunikation« (Watzlawick/Beavin/Jackson 1969) sind letztlich nichts anderes als die Definition des Systembegriffs in der Tradition von Gregory Bateson:

Erstes Axiom: Man kann nicht nicht kommunizieren. Dieses Axiom bezieht sich auf die Personen des sozialen Systems und besagt: Jedes Verhalten in einem sozialen System wird gedeutet.

Zweites Axiom: Jede Kommunikation besitzt einen Inhalts- und einen Beziehungsaspekt. Dieses Axiom ist eine Konkretisierung des ersten: Verhalten wird sowohl im Blick auf den Inhalt als auch im Blick auf die Beziehung zwischen den beteiligten Personen gedeutet. Ein klassisches Beispiel führt Schulz von Thun (1981, S. 25) auf: Zwei Personen fahren in einem Auto. Der Beifahrer sagt zur Fahrerin: »Du, da vorn ist grün!«. Die Antwort darauf lautet: »Fährst du oder fahre ich?« Auf inhaltlicher Ebene würde die Äußerung »Du, da vorn ist grün!« eine Antwort erwarten lassen wie »Ich sehe es« oder »Es wird aber gleich rot«. Die Antwort der Fahrerin zeigt aber, dass sie die Äußerung im Blick auf die Beziehung deutet: »Du kannst nicht richtig fahren« oder »Fahr schneller«.

Drittes Axiom: Die Natur einer Beziehung ist durch die Interpunktion der Kommunikationsabläufe bestimmt. Er verdeutlicht dies anhand des »Nörgler-Rückzug-Beispiels«: Der Mann verhält sich passiv zurückgezogen, während die Frau nörgelt. Beide Verhaltensweisen verstärken sich wechselseitig. Ausgangspunkt für diesen Regelkreis ist die »Interpunktion«. Es sind also die wechselseitigen Deutungen der Situation, die verstärkend wirken: Die Frau deutet das Verhalten als Interesselosigkeit und ihr Verhalten als Reaktion auf das des Mannes. Der Mann deutet das Verhalten der Frau als Ablehnung und entsprechend sein Verhalten als Reaktion.

Viertes Axiom: Menschliche Kommunikation bedient sich digitaler und analoger Modalitäten. Digital und analog lässt sich im Groben mit verbal und nonverbal übersetzen, womit dieses Axiom zu einer Erläuterung des ersten führt: Gedeutet wird in sozialen Systemen nicht nur das, was der andere sagt, sondern ebenso, wie er es sagt beziehungsweise wie er sich körpersprachlich verhält.

Fünftes Axiom: Zwischenmenschliche Kommunikationsabläufe sind entweder symmetrisch (gleichwertig) oder komplementär (ergänzend), je nachdem ob die Beziehung zwischen den Partnern auf Gleichheit oder Unterschiedlichkeit beruht. Dieses Axiom ist eine Erläuterung des Regelkreisaxioms: Regelkreise können entweder durch gleiches Verhalten gekennzeichnet sein (zum Beispiel, dass sich A und B wechselseitig Vorwürfe machen oder kritisieren) oder durch unterschiedliches Verhalten (A kritisiert, B entschuldigt sich).

Batesons Systemmodell hat die systemische Familientherapie, aber auch die Organisationberatung sowie zahlreiche Kommunikationsmodelle entscheidend beeinflusst. Exemplarisch seien vier Konzepte erwähnt:

Die systemische Familientherapie (Übersicht bei Schlippe/Schweitzer 2016, S. 29). Die Begründer der systemischen Familientherapie wie Virginia Satir, Jay Haley, aber auch Mara Selvini Palazzoli oder Salvadore Minucchin gehörten entweder selbst der Palo-Alto-Gruppe an oder standen im engen Kontakt dazu. Grundgedanke ist hier, die Familie als ein System handelnder Personen zu verstehen, wobei Probleme bei einzelnen Personen aus dem System Familie resultieren können, also von anderen Personen und den Beziehungen zwischen ihnen beeinflusst wurden. In Deutschland ist die systemische Familientherapie zunächst durch den Psychoanalytiker Helmut Stierlin aufgegriffen und dann von Schülern wie Arnold Retzer, Gunther Schmidt, Fritz B. Simon und Gunthard Weber in unterschiedliche Richtung weiterentwickelt worden.

Friedemann Schulz von Thun hat versucht, Batesons Systemmodell und Ansätze aus der humanistischen Psychologie (Carl Rogers, aber auch Ruth Cohn und Fritz Perls) zu einer allgemeinen Psychologie der Kommunikation zu verbinden. Sein 1981 erstmals erschienenes Buch »Miteinander reden – Störungen und Klärungen« versucht, den »Ansatz am Individuum« und den »Ansatz an der Art des Miteinanders« zu verbinden (1981, S. 19).

Jürgen Kriz proklamiert für die Psychologie eine »personzentrierte Systemtheorie«. Er geht davon aus, dass »Regelmäßigkeiten und Muster« in sozialen Systemen »stets auch persönlicher Ausdruck der beteiligten Individuen« sind (Kriz 1999, S. 130). Probleme hängen damit wesentlich auch davon ab, »wie die Menschen sich und ihre Umwelt wahrnehmen, wie sie in ihre Lebensprozesse gestaltend eingreifen und welche Vorstellungen, Gedanken und Gefühle damit verbunden sind« (Kriz 1999, S. 129). Auf dieser Basis entwickelt er schließlich eine »Systemtheorie für Coaches« (Kriz 2016).

Systemische Organisationsberatung: Die Mailänder Familientherapeutin Mara Selvini Palazzoli hat in den 1970er-Jahren zum ersten Mal versucht, Batesons Ansatz auf die Beratung von Organisationen anzuwenden (Selvini Palazzoli u. a. 1981).

Personale Systemtheorie:
Wurzeln und Konzepte

Eckard König und Gerda Volmer entwickelten in Anlehnung an Batesons Systemmodell in den 1990er-Jahren das Konzept der personalen Systemtheorie als Grundlage für systemische Organisationsberatung (König/Volmer 1993), das mit der Strukturierung des Systemmodells in die Merkmale sozialer Systeme (Personen, ihre subjektiven Deutungen, soziale Regeln, Regelkreise, Systemumwelt und Entwicklung) als ein Leitrahmen für praktisches Handeln angelegt ist. Angewandt wurde dieses Konzept zunächst für systemische Organisationsberatung (König/Volmer 2014) und systemisches Coaching (König/Volmer 2012, ursprünglich 2002): als Berater oder Coach jeweils den Blick auf das soziale System (das Team, die Organisation) zu richten.

Es gibt heute eine Fülle von Konzepten und Ansätzen, die sich als »systemisch« bezeichnen, sowie zahllose Bücher zu systemischer Führung, systemischer Personalentwicklung, systemischem Unterricht. Zahlreiche Veröffentlichungen legen den Schwerpunkt eher auf »systemisches Handwerkszeug«, weniger auf die theoretische Diskussion legen (zum Beispiel Baumfeld/Hummelbrunner/Lukesch 2015; Ellebracht/Lenz/Osterhold 2011; Schwing/Fryszer 2015). Zudem existieren umfangreiche theoretische Diskussionen zur Frage, was Systemtheorie eigentlich ist. Zum einen ist das positiv, weil es zeigt, dass systemisches Denken »angekommen« ist, zum anderen tauchen einige Probleme auf:

- Ein Problem ist, dass »systemisch« zu einem Sammelbegriff aller möglicher Konzepte wurde, wobei die Spannweite von der Wissenschaftstheorie des logischen Empirismus über die Gestaltpsychologie, die allgemeine Systemtheorie, Luhmann, die »Kommunikations- und Erkenntnistheorie« von Bateson und Watzlawick bis zur Lernpsychologie Piagets reicht (exemplarisch Königswieser/Hillebrand 2004, S. 19).
- Ein zweites Problem ergibt sich daraus, dass im deutschsprachigen Raum immer noch häufig versucht wird, systemisches Handeln mit der Theorie Luhmanns zu begründen. Die handlungstheoretische These, dass Menschen auf der Basis ihrer Deutung der Situation handeln, und Luhmanns Systemtheorie, der zufolge Menschen nicht Teil des Systems, sondern der Systemumwelt zugeordnet sind, sind jedoch grundsätzlich unvereinbar. Wenn man versucht, trotzdem beide Ansätze zu verknüpfen, führt das in der Regel zu komplizierten sprachlichen Konstruktionen mit wenig zusätzlichem Erklärungs- und Handlungswert. Die These, dass psychische und soziale Systeme strukturell gekoppelt sind und sich wechselseitig nur irritieren können, hat letztlich keinen höheren Erklärungswert als die nun keineswegs neue These, dass andere Menschen und Organisationen nicht einfach veränderbar sind, sondern dass soziale Systeme eine Eigendynamik besitzen.

Eine Theorie, so stellte schon der Philosoph Karl R. Popper fest, »ist das Netz, das wir auswerfen, um ›die Welt‹ einzufangen, sie zu rationalisieren, zu erklären und zu beherrschen« (Popper 1973, S. 31).

Systemtheorie, wie wir sie in diesem Buch verstehen, ist ein Modell, das uns hilft, die Welt zwar nicht zu beherrschen, aber uns in der Welt besser zurechtzufinden und besser zu handeln – letztlich ist es der Blick auf das praktische Handeln, der uns beim Entwickeln von Theorien leiten sollte (zur dahinterstehenden wissenschaftstheoretischen Diskussion s. unter anderem König 2002; König/Zedler 2007).

Das Menschenbild

Beispiel: Es liegt am Menschenbild

Herr Holler ist neuer Geschäftsführer bei der Firma Klöbner. Die Firma steht vor umfangreichen Umstrukturierungen. Herrn Holler hat man aufgrund seiner umfangreichen Erfahrung geholt. Er beginnt, das Unternehmen umzustrukturieren. Mitarbeiter werden gekündigt, sie haben umgehend das Büro zu räumen. Sein Stellvertreter, der lange Jahre im Unternehmen war, erfährt erst aus der Presse, dass sein Aufgabengebiet wegfällt. Es herrscht ein Klima der Angst.

Das Verhalten von Herrn Holler hat nichts mit seinen Fähigkeiten zu tun. Er ist hochintelligent, kann durchaus charmant sein, betont bei offiziellen Reden, wie wichtig ihm die Mitarbeiter seien. Doch das ist alles nur Fassade. »Entweder, die können es oder sie können es nicht – und wenn sie es nicht können, gehören sie raus!«, so ein Satz, den er im kleineren Kreis des Öfteren äußert.

Das, was hier zum Tragen kommt, sind nicht sein Wissen und seine Erfahrung, sondern es ist seine Grundeinstellung oder, wie wir im Folgenden formulieren, sein Menschenbild. Herr Holler hat ein Menschenbild, wo Menschen für ihn austauschbar sind.

Der Begriff »Menschenbild« ist ebenso faszinierend wie unklar: Auf der einen Seite faszinierend, weil er etwas bezeichnet, das hinter angelernten Verhaltensweisen steht und die eigentliche Persönlichkeit ausmacht. Auf der anderen Seite ist der Begriff »Menschenbild« unscharf: Was ist das, was hinter dem konkreten Tun steht?

Vielleicht fällt es leichter, wenn man hier vom angedeuteten Beispiel ausgeht: Was ist das Menschenbild, das bei Herrn Holler hinter dem konkreten Tun deutlich wird? Offenbar sind es folgende Grundannahmen, die sein Handeln leiten:

- Mitarbeiter »können es oder können es nicht«. Letztlich steht dahinter die Annahme, dass Menschen durch stabile Persönlichkeitsmerkmale bestimmt sind, die sich bestenfalls geringfügig ändern lassen.
- Wenn ein Mitarbeiter den Anforderungen nicht gerecht wird, ist nicht damit zu rechnen, dass er das lernen wird. – Dass Mitarbeiter an neuen Aufgaben wachsen können, dass sie dafür Unterstützung benötigen, kommt Herrn Holler gar nicht in den Sinn.

- Eine Lösung dieser Probleme besteht seiner Ansicht nach darin, solche Mitarbeiter auszuwechseln.
- Für Herrn Holler ist es legitim, ihnen zu kündigen, und man braucht sich darüber keine weiteren Gedanken zu machen.

Anhand dieses Beispiels lässt sich der Begriff »Menschenbild« präzisieren:

Menschenbild

- Das Menschenbild ist der begriffliche »Rahmen« zur Beschreibung menschlichen Tuns. Bei Herrn Holler ist es die Grundannahme, dass Menschen sich nicht ändern können und sich auch nicht ändern lassen.
- Auf der Basis dieses Rahmens wird menschliches Tun erklärt: So werden die geringen Leistungen des Mitarbeiters dadurch erklärt, dass er es nicht kann, dass ihm die Fähigkeiten fehlen.
- Das Menschenbild definiert zugleich die zentralen Werte, die die Grundlage für Handeln auf der Basis dieses Menschenbildes bilden: Es ist für Herrn Holler legitim, Mitarbeiter zu kündigen und auszuwechseln.
- Schließlich definiert das jeweilige Menschenbild einen Rahmen für konkrete Interventionen. Bei Herrn Holler sind es Kündigung und Einstellung neuer Mitarbeiter.

Theoretischer Hintergrund

Menschliches Handeln ist immer von Menschenbildern geleitet. Dabei lassen sich folgende Hauptrichtungen unterscheiden (Übersicht zum Beispiel bei Kriz 2014; Rammsayer/Weber 2010, S. 87):

Trait-Menschenbild: Das Trait-Menschenbild geht davon aus, dass menschliches Verhalten von relativ stabilen Verhaltenseigenschaften, sogenannten Traits, bestimmt ist. Eines der frühen Trait-Modelle ist die von Carl G. Jung Anfang des 20. Jahrhunderts eingeführte Unterscheidung zwischen extravertiert und introvertiert: Eine introvertierte Person wird sich in unterschiedlichen Situationen entsprechend verhalten und dieses Verhalten in ihrer Entwicklung beibehalten. Auch den zahlreichen neueren Persönlichkeitsmodellen wie Big Five, DISG, MBTI, Insights liegt letztlich dieses Modell zugrunde, dass menschliches Verhalten von »Traits« bestimmt ist, wobei jedoch heute in der Regel mehr Gewicht auf die Veränderbarkeit der Traits gelegt wird.

Das Menschenbild

Menschenbild des Behaviorismus: Gleichsam den Gegenpol zum Trait-Modell bildet das Menschenbild des Behaviorismus. Hauptthese ist, dass Menschen konditionierbar und damit veränderbar sind. Am deutlichsten drückt das 1913 der Psychologe John B. Watson in seinem Buch »Behaviorismus« aus, wenn er die These aufstellt: »Gebt mir ein Dutzend wohlgeformter, gesunder Kinder und meine eigene, von mir entworfene Welt, in der ich sie großziehen kann und ich garantiere euch, dass ich jeden von ihnen zufällig herausgreifen kann und ihn so trainieren kann, dass aus ihm jede beliebige Art von Spezialist wird – ein Arzt, ein Rechtsanwalt, ein Kaufmann und, ja, sogar ein Bettler und Dieb, ganz unabhängig von seinen Talenten, Neigungen, Tendenzen, Fähigkeiten, Begabungen und der Rasse seiner Vorfahren« (Watson 1968, S. 123).

Dieses Menschenbild findet sich auch noch heute in zahlreichen lerntheoretischen Ansätzen, die suggerieren, dass man Kinder, aber grundsätzlich auch Mitarbeiter durch entsprechende Konditionierung wie Lob, Kritik, Incentives konditionieren könne.

Menschenbild des Homo Oeconomicus: Insbesondere aus den Wirtschaftswissenschaften ist das Menschenbild des Homo Oeconomicus bekannt, das bereits im 18. Jahrhundert Adam Smith formulierte: Menschen handeln rational, indem sie Kosten und Nutzen verschiedener Alternativen gegeneinander abwägen (Kirchgässner 2013).

Humanistisches Menschenbild: Als Gegenbewegung zum Behaviorismus versteht sich das humanistische Menschenbild, wie es Mitte des 20. Jahrhunderts insbesondere von Abraham Maslow und Carl Rogers, ähnlich auch von Fritz Perls oder Ruth Cohn entwickelt wird. Hauptthese dieses »personenzentrierten« Menschenbilds ist, dass Menschen weder in ihrem Verhalten von vornherein festgelegt sind (wie es das Trait-Modell postuliert), noch beliebig konditioniert werden können (so der Behaviorismus), sondern dass sie sich entwickeln. Der Mensch – so Rogers – zeichnet sich durch seine »Selbstverwirklichungstendenz« aus, »die Tendenz zu wachsen, sich zu entwickeln, alle seine Möglichkeiten zu verwirklichen« (Rogers/Schmid 2004, S. 241), Entwicklung verläuft in Richtung »einer wachsenden Selbstbeherrschung, Selbstregulierung und Autonomie« (Rogers 2000, S. 422). Autonomie wird zum zentralen Wert: Aufgabe der Therapie zum Beispiel ist es, die Entwicklung zur Autonomie zu fördern, was durch drei Grundvariable, nämlich die Grundhaltungen Wertschätzung, Empathie und Authentizität (Rogers spricht hier von Kongruenz) unterstützt wird.

Menschenbild der Neurobiologie: Auch der Neurobiologie liegt ein Menschenbild zugrunde. Dabei wird häufig eine Vorstellung vom Menschen entwickelt, dessen

Verhalten »von Synapsen, Dendriten. Axonen und Neuromodulatoren« gesteuert ist, »deren Aktivitäten eben denjenigen Gesetzen folgen, die den Gang der Natur auch außerhalb des menschlichen Gehirns bestimmen«, so der Philosoph Michael Pauen (2015, S. 172). Während dieses Konzept zunächst einen deutlichen Determinismus nahelegt, gibt es mittlerweile Versuche, neurobiologisches Überlegungen mit einem Menschenbild zu verbinden, das auch freien Willen, Selbstbestimmung und Selbststeuerung berücksichtigt (zum Beispiel Bauer 2015).

Menschenbild der Systemtheorie

Die Systemtheorie ist zunächst kein eigenes Menschenbild. Hall und Fagen (1974, S. 127) führen mit der Definition »A system is a set of objects together with relationships between the objects and between their attributes« die Grundbegriffe »System«, »Element«, »Relation«, »Systemumwelt« zur Beschreibung komplexer Situationen ein. Diese Begriffe werden auf Menschen und Organisationen übertragen, ohne dass es sich dabei jedoch um ein Menschenbild im Sinn eines spezifischen Begriffssystems zur Beschreibung menschlichen Tuns handelt und insbesondere ohne ein Wertesystem, das das menschliche Handeln zu leiten vermag.

Das führt dazu, dass systemtheoretische Ansätze in Bezug auf das Menschenbild und die grundlegenden Werte und Haltungen häufig unbestimmt bleiben. So sieht zum Beispiel Fritz B. Simon die Besonderheit systemischer Therapie in Abgrenzung zum humanistischen Menschenbild gerade darin, »dass hier der Therapeut keine positiv definierten Ziele (Vertrauen, Einsicht) im Blick auf das Verhalten des Patienten hat. Er hat kein Bild davon, was der Patient erreichen sollte« (Simon 1993, S. 347). Für Niklas Luhmann sind, wie er 1990 in einem Interview formuliert, »Menschenbilder« so etwas »Grausliches. Also der Mensch interessiert mich nicht, wenn ich das so hart sagen darf« (Huber 1991, S. 132).

Damit gelten Interventionen unter der Hand dann als gerechtfertigt, wenn sie wirkungsvoll sind. Ein Beispiel dafür ist die Technik der »wohlwollenden Sabotage«, die Paul Watzlawick in seinem Buch »Lösungen« vorschlägt: Um den Regelkreis »Druck der Eltern – Rebellion des Jugendlichen« aufzulösen, werden Eltern in »wohlwollender Sabotage« ausgebildet: »Auf jedes freche oder ungehorsame Verhalten des Jungen antworten sie so bald wie möglich mit einem... Sabotageakt: Wenn er sein Bett nicht macht, so macht es die Mutter für ihn, wirft aber eine Handvoll Brotbrösel zwischen die Leinentücher. Wenn er sich darüber beschwert, kann sie es zuerst nicht glauben, gibt dann aber verlegen zu, dass sie beim Bettenmachen Zwieback aß und dass es ihr leid tue« (Watzlawick et al. 2013, S. 197).

Sicher mag das Vorgehen wirkungsvoll sein. Aber die Frage, ob es moralisch vertretbar und gerechtfertigt ist, wird hier nicht diskutiert.

Das Menschenbild

Dies ändert sich erst bei Virginia Satir, die bei der Begründung einer entwicklungsorientierten Familientherapie sowohl auf die Systemtheorie in der Tradition Batesons als auch auf die humanistische Psychologie im Anschluss an Rogers zurückgreift. Sie übernimmt das Begriffssystem der Systemtheorie, fügt es aber in das Menschenbild der humanistischen Psychologie ein. Grundbegriffe sind für sie »Entwicklung« und »Autonomie«. Diese beiden Begriffe definieren zentrale Werte für menschliches Handeln. Auf dieser Basis formuliert Satir ihr Menschenbild als »therapeutische Glaubenssätze« (Satir/Stachowiak/Taschman 2000, S. 33):

- Menschen sind im Grunde ihres Wesens gut.
- Ziel der Entwicklung ist der Mensch als ein verantwortungsbewusstes, menschliches Wesen, das entsprechend seinen Bedürfnissen wählt und plant und Unterschiede zwischen Personen genauso erkennt wie vorhersagbare Gleichheiten.
- Gesunde zwischenmenschliche Beziehungen gründen auf Gleichwertigkeit.
- Hauptziel jeder Therapie ist, dass wir in die Lage versetzt werden, eigenständig Entscheidungen zu treffen.

Es ist dieses humanistische Menschenbild in der Tradition von Virginia Satir, das wir in diesem Buch zugrunde legen.

Menschenbild der personalen Systemtheorie

Autonomie ist ein Wert, der im Grunde für die gesamte neuzeitliche Ethik zentral ist. Bereits Kant hat »Autonomie« zum Grundbegriff der »Kritik der praktischen Vernunft« gemacht: »Die Autonomie des Willens ist das alleinige Prinzip aller moralischen Gesetze und der ihnen gemäßen Pflichten« (Kant 1788, § 8 IV). Autonomie des Willens nach Kant wendet sich gegen Autoritäten und Traditionen und ist die Fähigkeit des Menschen, selbst entscheiden zu können. Autonomie ist dann (unter verschiedenen Bezeichnungen) zentraler Grundbegriff des humanistischen Menschenbildes, wie es etwa von Maslow, Rogers, Perls oder Cohn vertreten wird. Während Autonomie jedoch in der Tradition der Humanistischen Psychologie vor allem auf den Einzelnen bezogen ist, wird sie in der personalen Systemtheorie auf das gesamte soziale System ausgeweitet:

- **Autonomie des Gegenübers:** Am deutlichsten wird dieser Wert der Autonomie möglicherweise in Coaching und Beratung. Coaching und Beratung sind nur unter der Voraussetzung überhaupt möglich, dass das Gegenüber autonom ist, es also in der Lage ist, selbst Entscheidungen zu treffen. Autonomie ist da-

rüber hinaus ein Grundwert in der Pädagogik: Kinder als eigenständige Personen zu respektieren und sie auf dem Weg zur Autonomie, zum selbstständigen Lernen und Handeln zu unterstützen. Autonomie gewinnt schließlich als Grundwert in der Medizin ebenfalls an Bedeutung: den Kranken als autonome Person zu begreifen (Steinfath/Wiesemann 2016).
- **Autonomie der eigenen Person:** Autonomie gilt daher für die eigene Position als Führungskraft, als Lehrerin, Ärztin und gleichermaßen als Beraterin oder Dozent und Trainer. Das bedeutet: die eigene Autonomie zu bewahren, zum Beispiel als Führungskraft Position zu beziehen, als Lehrerin zu entscheiden, wie ich ein Thema bearbeite, wie ich Schülern in einer unruhigen Klasse begegne.
- **Autonomie des sozialen Systems:** Schließlich sind soziale Systeme autonom in dem Sinn, dass sie sich nicht beliebig gestalten und formen lassen. Letztlich entscheidet das Team, entscheidet die Organisation, wie sie mit Interventionen umgeht.

Entwicklung in Richtung höherer Autonomie, so schon Carl Rogers, wird unterstützt durch die drei Grundhaltungen Wertschätzung, Empathie und Authentizität. Nur wer von seinem Gegenüber Wertschätzung und Verständnis erfährt und wer sein Gegenüber als authentisch erlebt, kann sich selbst weiterentwickeln.

- Wertschätzung, so Rogers, »ist eine entgegenkommende, positive, nicht besitzergreifende Wärme ohne Einschränkungen und ohne Wertungen« (Rogers/Schmid 2004, S. 199). Das bedeutet nicht, alle Verhaltensweisen des Gegenübers als »gut« zu bewerten, sondern es bedeutet, ihn als autonome Person zu akzeptieren, die mir wichtig ist.
- Empathie bedeutet, »dass man empfindsam ist […] gegenüber den sich verändernden gefühlten Bedeutungen, die in einer anderen Person fließen« (Rogers 1977), dass man sensibel ist für die Empfindungen des anderen sowie offen ist für andere Perspektiven.
- Authentizität (Rogers spricht von Kongruenz) schließlich ist »eine aufrichtige Beziehung von Person zu Person zwischen zwei unvollkommenen Menschen« (Rogers 1977), das heißt, als Führungskraft, als Dozentin, Trainerin, als Coach oder Berater auch sensibel zu sein für die eigenen Empfindungen, für sich selbst zu sorgen und zu dem zu stehen, was man sagt.

Personale Systemtheorie, so das Ergebnis, hat kein eigenes, von anderen Menschenbildern abgehobenes Menschenbild. Grundlage ist für uns – das klang in den vorausgehenden Kapiteln immer wieder an – das Menschenbild der humanistischen Psychologie. Aber es wird erweitert durch die Begrifflichkeit der Systemtheorie, die die Aufmerksamkeit auf die komplexen Zusammenhänge in einem sozialen System, auf die handelnden Personen, ihre subjektiven Deutungen, die sozialen Regeln und Werte, die Regelkreise und die Systemumwelt und schließlich auf die Entwicklung richtet.

Anregungen zur Weiterarbeit

Menschenbild ist ein persönliches Thema. Wir möchten Sie hier nun anregen, Ihr persönliches Menschenbild zu reflektieren:
- Was ist Ihre Vorstellung vom Menschen? Finden Sie Anklänge in den verschiedenen oben dargestellten Menschenbildern? Wo setzen Sie Ihren Schwerpunkt?
- Reflektieren Sie die Umsetzung Ihres Menschenbildes im Alltag. Zum Beispiel: Setzen Sie das humanistische Menschenbild (so es für Sie wichtig ist) um? Was heißt das?

Und zum Abschluss wieder einige Literaturhinweise:

Literaturhinweise

Zum Thema Menschenbild allgemein:
- Rollka, B./Schultz, F. (2011): Kommunikationsinstrument Menschenbild. Wiesbaden: VS Verlag für Sozialwissenschaften

Einen Überblick über verschiedene Menschenbilder in der Psychotherapie gibt zum Beispiel
- Kriz, J. (2014): Grundkonzepte der Psychotherapie. 7. Auflage, Weinheim und Basel: Beltz

Als Einführung in das humanistische Menschenbild ist zu nennen:
- Hutterer, R. (1998): Das Paradigma der humanistischen Psychologie. Wien: Springer, S. 115 ff.

Anhang

05

Literaturverzeichnis

Altmann, G./Fiebiger, H./Müller, R. (2005): Mediation. 3. Auflage, Weinheim und Basel: Beltz.

Ariely, D. (2010): Denken hilft zwar, nützt aber nichts. München: Knaur.

Arnold, R. (2015): Wie man lehrt, ohne zu belehren. 3. Auflage Heidelberg: Carl Auer.

Arnold, R./Siebert, H. (1995): Konstruktivistische Erwachsenenbildung. Baltmannsweiler: Schneider.

Atteslander, P./Cromm, J. (2010): Methoden der empirischen Sozialforschung. 13. Auflage, Berlin: Erich Schmidt.

Bandler, R./Grinder, J. (1992): Reframing. 5. Auflage, Paderborn: Junfermann.

Bandura, A. (1997): Self-efficacy. New York: Freeman.

Bang, R. (1963): Hilfe zur Selbsthilfe. 2. Auflage, München: Reinhardt.

Bartens, W. (2015): Empathie. München: Droemer.

Bateson, G. (1982): Geist und Natur. Frankfurt am Main: Suhrkamp.

Bauer, J. (2015): Selbststeuerung. Die Wiederentdeckung des freien Willens. 3. Auflage, München: Blessing.

Baumfeld, L./Hummelbrunner, R./Lukesch, R. (2015): Instrumente systemischen Handelns. Eine Erkundungstour. Berlin, Heidelberg: Gabler.

Becker, H./Langosch, I. (1995): Produktivität und Menschlichkeit. 4. Auflage, Stuttgart: Enke.

Beer, S. (1967): Kybernetik und Management. 3. Auflage, Frankfurt am Main: S. Fischer.

Bentner, A. (2007): Systemisch-lösungsorientierte Organisationsberatung in der Praxis. Göttingen: Vandenhoeck & Ruprecht.

Berger, W. (2014): Die Kunst des klugen Fragens. Berlin: Berlin-Verlag.

Berndt, C./Bingel, C./Bittner, B. (2009): Tools im Problemlösungsprozess. 2. Auflage, Bonn: managerSeminare.

Bertalanffy, L. v. (1970): ... aber vom Menschen wissen wir nichts. Düsseldorf: Econ.

Bertalanffy, L. v. (1972): Systemtheorie. Berlin: Colloquium-Verlag.

Besser-Siegmund, C. (2006): Mentales Selbst-Coaching. Paderborn: Junfermann.

Birkmayer, S./Dannenmaier, R./Matlasek, S./Weibert, W. (2010): Six Sigma Toolkit. 4. Auflage, Wien: ifss Institute.

Blickhan, D. (2015): Positive Psychologie. Paderborn: Junfermann.

Blumer, H. (1973): Der methodologische Standort des symbolischen Interaktionismus. In: Arbeitsgruppe Bielefelder Soziologen (Hrsg.) (1973): Alltagswissen, Interaktion und gesellschaftliche Wirklichkeit. 5. Auflage, Opladen: Westdeutscher Verlag.

Bohinc, T. (2011): Projektmanagement. 4. Auflage, Offenbach: Gabal.

Bonsen, M. (1994): Führen mit Visionen. Wiesbaden: Gabler.

Borgert, S. (2012): Holistisches Projektmanagement. Berlin, Heidelberg: Springer.

Bossel, H. (2004): Systeme, Dynamik, Simulation. Norderstedt: Books on Demand.

Branden, N. (2009): Die 6 Säulen des Selbstwertgefühls. 7. Auflage, München: Piper.

Breu, U. (2002): Das Chaos im Griff. Würzburg: Lexika.

Brunner, A. (2013): Die Kunst des Fragens. 4. Auflage, München: Hanser.

Buchinger, K. (2011): Supervision in Organisationen. Den Wandel begleiten. Heidelberg: Carl Auer.

Literaturverzeichnis

Budde, C. (2015): Mitten ins Herz – Storytelling im Coaching. Bonn: managerSeminare.

Bührmann, T. (2008): Übergänge in sozialen Systemen. Weinheim: Beltz.

Caligor, E./Kernberg, O. F./Clarkin, J. F./Caligor-Kernberg-Clarkin (2010): Übertragungsfokussierte Psychotherapie bei neurotischer Persönlichkeitsstruktur. Stuttgart: Schattauer.

Capra, F. (1988): Wendezeit. Bausteine für ein neues Weltbild. München: Droemer.

Christakis, N. A./Fowler, J. H./Neubauer, J. (2010): Connected! Frankfurt am Main: Fischer.

Covey, S. R. (2015): Die 7 Wege zur Effektivität. 34. Auflage, Offenbach: Gabal.

Damasio, A. R. (2004): Descartes' Irrtum. München: List.

Leitlinien und Empfehlungen für die Entwicklung von Coaching als Profession. Kompendium mit den Professionsstandards des DBVC (2010). 3. Auflage, Osnabrück: DBVC.

Dehner, R./Dehner, U. (2007): Schluss mit diesen Spielchen! 3. Auflage, Frankfurt am Main: Campus.

Dietz, I./Dietz, T. (2008): Selbst in Führung. 2. Auflage, Paderborn: Junfermann.

Dilts, R. B. (1993): Die Veränderung von Glaubenssystemen. Paderborn: Junfermann.

Doppler, K./Lauterburg, C. (2005): Change-Management. 11. Auflage, Frankfurt am Main: Campus.

Döring, N./Bortz, J. (2016): Forschungsmethoden und Evaluation in den Sozial- und Humanwissenschaften. 5. Auflage, Berlin, Heidelberg: Springer.

Dörner, D. (1989): Die Logik des Mißlingens. Reinbek: Rowohlt.

Dücker, B. (2007): Rituale. Formen – Funktionen – Geschichte. Stuttgart: J. B. Metzler und Carl Ernst Poeschel.

Duncker, K. (1974): Zur Psychologie des produktiven Denkens. Neudruck. Berlin: Springer.

Duss, D. (2015): Storytelling in Beratung und Führung. Theorie. Praxis. Geschichten. Berlin, Heidelberg: Springer.

Echter, D. (2011): Führung braucht Rituale. 2. Auflage, München: Vahlen.

Eilert, D. (2013): Mimikresonanz. Gefühle sehen, Menschen verstehen. Paderborn: Junfermann.

Einsle, F./Hummel, K. V. (2015): Kognitive Umstrukturierung. Weinheim und Basel: Beltz.

Ekman, P. (2010): Gefühle lesen. 2. Auflage, Heidelberg: Spektrum.

Ellebracht, H./Lenz, G./Osterhold, G. (2011): Systemische Organisations- und Unternehmensberatung. 4. Auflage, Wiesbaden: Gabler.

Ellis, A./Hoellen, B. (1997): Die rational-emotive Verhaltenstherapie. München: Pfeiffer.

Esser, H. (2000): Institutionen. Frankfurt am Main: Campus.

Fey, G. (2015): Kontakte knüpfen und beruflich nutzen. 7. Auflage, Regensburg: Walhalla und Praetoria.

Fischer, P. (2015): Neu auf dem Chefsessel. 11. Auflage, München: Redline.

Fisher, R./Ury, W./Patton, B. M. (2004): Das Harvard-Konzept. 22. Auflage, Frankfurt am Main: Campus.

Fredrickson, B. L. (2011): Die Macht der guten Gefühle. Frankfurt am Main: Campus.

Freeman, R. E. (1984): Strategic management. Boston: Pitman.

Freimuth, J./Barth, T. (Hrsg.) (2014): Handbuch Moderation. Göttingen: Hogrefe.

Frenzel, K./Müller, M./Sottong, H. J. (2006): Storytelling. Das Praxisbuch. München: Hanser.

Fuhse, J. A. (2016): Soziale Netzwerke. Konzepte und Forschungsmethoden. Konstanz: UVK.

Funcke, A./Havenith, E. (2013): Moderations-Tools. 3. Auflage Bonn: managerSeminare.

Gairing, F. (1996): Organisationsentwicklung als Lernprozess von Menschen und Systemen. Weinheim: Deutscher Studien Verlag.

Garfinkel, H. (1967): Studies in ethnomethodology. 9. Auflage, Englewood Cliffs: Prentice-Hall.

Gazzaniga, M. S. (1989): Das erkennende Gehirn. Entdeckungen in den Netzwerken des Geistes. Paderborn: Junfermann.

Gergen, K. J. (2002): Konstruierte Wirklichkeiten. Stuttgart: Kohlhammer.

Gessler, M./Goerner, M. (2003): Projektmanagement und Teamarbeit. Aachen: Shaker.

Glaser, B. G./Strauss, A. L. (1971): Status passage. Chicago: Aldine.

Glaser, B. G./Strauss, A. L. (2008): Grounded theory. Strategien qualitativer Forschung. 2. Auflage, Bern: Huber.

Glasersfeld, E. (1987): Wissen, Sprache und Wirklichkeit. Arbeiten zum radikalen Konstruktivismus. Wiesbaden: Vieweg+Teubner.

Glasl, F. (2013): Konfliktmanagement. 11. Auflage, Bern, Stuttgart: Paul Haupt; Freies Geistesleben.

Glatz, H./Graf-Götz, F./Glatz-Graf-Götz (2007): Handbuch Organisation gestalten. Weinheim und Basel: Beltz.

Gloger, B. (2013): Scrum. Produkte zuverlässig und schnell entwickeln. 4. Auflage, München: Hanser.

Gloger, B./Rösner, D. (2014): Selbstorganisation braucht Führung. Die einfachen Geheimnisse agilen Managements. München: Hanser.

Goffman, E. (1971): Verhalten in sozialen Situationen. Strukturen und Regeln der Interaktion im öffentlichen Raum. Gütersloh: Bertelsmann.

Goffman, E. (1986): Interaktionsrituale. Über Verhalten in direkter Kommunikation. Frankfurt am Main: Suhrkamp.

Goleman, D. (2015): Emotionale Intelligenz. 24. Auflage, München: Deutscher Taschenbuchverlag.

Goleman, D./Boyatzis, R./McKee, A./Zehetmayr, U. (2015): Emotionale Führung. 8. Auflage, Berlin: Ullstein.

Gomez, P./Probst, G. (2007): Die Praxis des ganzheitlichen Problemlösens. 3. Auflage, Bern: Haupt.

Gordon, T. (2005): Managerkonferenz. Effektives Führungstraining. München: Heyne.

Gordon, T. (2011): Familienkonferenz. Die Lösung von Konflikten zwischen Eltern und Kind. München: Heyne.

Gordon, T. (2014): Familienkonferenz. 4. Auflage, München: Heyne.

Greenberg, L. S. (2004): Emotion-focused therapy. In: Clinical Psychology & Psychotherapy 11, H. 1, S. 3–16.

Greenberg, L. S./Steppuhn, C. (2006): Emotionsfokussierte Therapie. Tübingen: dgvt.

Groß, M. (2014): Handbuch Change-Manager. Weinheim und Basel: Beltz.

Grzeskowitz, I. (2016): Mach es einfach! Warum wir keine Erlaubnis brauchen, um unser Leben zu verändern. Offenbach: Gabal.

Haas, M. (2014): Crashkurs Networking. München: Beck.

Haley, J. (2006): Die Psychotherapie. Milton H. Ericksons. 7. Auflage, Stuttgart: Klett-Cotta.

Hall, A. D./Fagen, R. E. (1974): Definition of System. In: Händle, F./Jensen, S. (Hrsg.) (1974): Systemtheorie und Systemtechnik. Sechzehn Aufsätze. München: Nymphenburger Verlags-Handlung, S. 125–137.

Literaturverzeichnis

Hammond, J. S./Keeney, R. L./Raiffa, H. (2001): Schnell und sicher entscheiden. Düsseldorf, Berlin: Metropolitan.

Hartmann, M./Rieger, M./Funk, R. (2012): Zielgerichtet moderieren. Ein Handbuch für Führungskräfte, Berater und Trainer. 6. Auflage, Weinheim und Basel: Beltz.

Härtl-Kasulke, C. (2015): Individuelles Gesundheitsmanagement. Der Leitfaden für mehr Achtsamkeit am Arbeitsplatz. Mit über 100 Übungen. Weinheim und Basel: Beltz

Hemel, U. (2007): Wert und Werte. Ethik für Manager. Ein Leitfaden für die Praxis. 2. Auflage, München: Hanser.

Herbst, D. (2014): Storytelling. 3. Auflage, Konstanz: UVK.

Hertel, A. v. (2013): Professionelle Konfliktlösung. Führen mit Mediationskompetenz. 3. Auflage, Frankfurt am Main: Campus.

Hofbauer, H./Kauer, A. (2014): Einstieg in die Führungsrolle. 5. Auflage, München: Hanser.

Holler, I. (2010): Trainingsbuch gewaltfreie Kommunikation. 5. Auflage, Paderborn: Junfermann.

Hornung, M. (2015): Der Abschied von der Sachlichkeit. Göttingen: BusinessVillage.

Houben, A./Frigge, C./Trinczek, R./Pongratz, H. J. (2007): Veränderungen erfolgreich gestalten. Repräsentative Untersuchung über Erfolg und Misserfolg im Veränderungsmanagement, http://www.veranderungen-erfolgreich-gestalten.de/pages/pdf/summary_deutsch.pdf (n.v.)

Huber, H.-D. (1991): Interview mit Niklas Luhmann am 13.12.1990. In: Texte zur Kunst, H. 4, S. 121–133.

Hüther, G. (2012): Biologie der Angst. Wie aus Stress Gefühle werden. 11. Auflage, Göttingen: Vandenhoeck & Ruprecht.

Hutterer, R. (1998): Das Paradigma der humanistischen Psychologie. Wien: Springer.

Imber-Black, E. (Hrsg.) (2001): Rituale. 3. Auflage, Heidelberg: Carl Auer.

Jacob, G./van Genderen, H./Seebauer, L. (2011): Andere Wege gehen. Weinheim und Basel: Beltz.

Jánszky, S. G./Jenzowsky, S. A. (2010): Rulebreaker. Wien: Goldegg.

Kabat-Zinn, J. (2009): Achtsamkeitsbasierte Interventionen im Kontext: Vergangenheit, Gegenwart und Zukunft. In: Heidenreich, T./Michalak, J. (Hrsg.) (2009): Achtsamkeit und Akzeptanz in der Psychotherapie. Ein Handbuch. 3. Auflage, Tübingen: dgvt, S. 103–139.

Kahneman, D. (2012): Schnelles Denken, langsames Denken. München: Siedler.

Kaluza, G. (2015): Gelassen und sicher im Stress. 6. Auflage, Berlin, Heidelberg: Springer.

Kamlah, W./Lorenzen, P. (1973): Logische Propädeutik. Vorschule des vernünftigen Redens. 2. Auflage, Mannheim: Bibliographisches Institut.

Kant, I. (1788): Kritik der praktischen Vernunft. Riga

Kanfer, F. H./Reinecker, H./Schmelzer, D. (2012): Selbstmanagement-Therapie. 5. Auflage, Berlin, Heidelberg: Springer.

Kaplan, R. S./Norton, D. P. (1997): Balanced scorecard. Strategien erfolgreich umsetzen. Stuttgart: Schäffer-Poeschel.

Kasper, H./Mayrhofer, W./Meyer, M. (1998): Managerhandeln – nach der systemtheoretisch-konstruktivistischen Wende. In: Die Betriebswirtschaft (DBW) 58, H. 5, S. 603–621.

Kehr, H. M. (2002): Souveränes Selbstmanagement. Weinheim und Basel: Beltz.

Keller, E. (2013): Nachhaltigkeit in Beratung und Training. Bonn: managerSeminare.

Kerth, K./Asum, H./Stich, V. (2011): Die besten Strategietools in der Praxis. 5. Auflage, München: Hanser.

Kerth, K./Asum, H./Stich, V. (2015): Die besten Strategietools in der Praxis. 6. Auflage, München: Hanser.

Kerzner, H. (2008): Projektmanagement. 2. Auflage, Heidelberg: mitp.

Keysers, C. (2013): Unser empathisches Gehirn. München: Bertelsmann.

Kindl-Beilfuß, C. (2015): Fragen können wie Küsse schmecken. 6. Auflage, Heidelberg: Carl Auer.

Kirchgässner, G. (2013): Homo oeconomicus. Das ökonomische Modell individuellen Verhaltens und seine Anwendung in den Wirtschafts- und Sozialwissenschaften. 4. Auflage, Tübingen: Mohr Siebeck.

Kleiner, A./Roth, G.: Field Manual for a Learning Historian. https://www.solonline.org/store/ViewProduct.aspx?id=526878 (Abruf 27.06.2016).

Klejbor, M. (2014): Rituale der Wertschätzung. Eschweiler: Erfolgsimpulse.

Knapp, P. (Hrsg.) (2014): Konfliktlösungs-Tools. 3. Auflage, Bonn: managerSeminare.

Kohli, M. (1988): Normalbiographie und Individualität: Zur institutionellen Dynamik des gegenwärtigen Lebenslaufregimes. In: Brose, H.-G./Hildenbrand, B. (Hrsg.) (1988): Vom Ende des Individuums zur Individualität ohne Ende. Wiesbaden: VS Verlag für Sozialwissenschaften, S. 33–53.

König, E. (2002): Der pragmatische Blick in der Erziehungswissenschaft. In: Otto, H.-U./Rauschenbach, T./Vogel, P. (Hrsg.) (2002): Erziehungswissenschaft: Politik und Gesellschaft. Wiesbaden: VS Verlag für Sozialwissenschaften, S. 75–86.

König, E./Volmer, G. (1993): Systemische Organisationsberatung. Weinheim: Deutscher Studien Verlag.

König, E./Volmer, G. (2002): Systemisches Coaching. Handbuch für Führungskräfte, Berater und Trainer. Weinheim und Basel: Beltz.

König, E./Volmer, G. (2005): Systemisch denken und handeln. Weinheim und Basel: Beltz.

König, E./Volmer, G. (2012): Handbuch Systemisches Coaching. 2. Auflage, Weinheim und Basel: Beltz.

König, E./Volmer, G. (2014): Handbuch systemische Organisationsberatung. 2. Auflage, Weinheim und Basel: Beltz.

König, E./Zedler, P. (2007): Theorien der Erziehungswissenschaft. 3. Auflage, Weinheim: Beltz.

Königswieser, R./Exner, A. (2008): Systemische Intervention. Stuttgart: Schäffer-Poeschel.

Königswieser, R./Hillebrand, M. (2004): Einführung in die systemische Organisationsberatung. Heidelberg: Auer.

Kopp, D. (2014): Führungskraft – und was jetzt? Berlin: Springer.

Kostka, C./Mönch, A. (2006): Change-Management. 3. Auflage, München: Hanser.

Kotter, J./Rathgeber, H./Stadler, H./Mueller, P. (2006): Das Pinguin-Prinzip. München: Droemer.

Kotter, J. P. (1995): Acht Kardinalfehler bei der Transformation. In: Harvard Business manager, H. 3, S. 21–29.

Kotter, J. P. (2013): Leading Change. München: Vahlen.

Kriz, J. (1999): Systemtheorie für Psychotherapeuten, Psychologen und Mediziner. Wien: Facultas.

Kriz, J. (2014): Grundkonzepte der Psychotherapie. 7. Auflage, Weinheim: Beltz.

Kriz, J. (2016): Systemtheorie für Coaches. Wiesbaden: Springer.

Krizanits, J. (2015): Einführung in die Methoden der systemischen Organisationsberatung. 2. Auflage, Heidelberg: Carl Auer.

Kübler-Ross, E. (2001): Interviews mit Sterbenden. München: Droemer.

Literaturverzeichnis

Kurz, J. (2013): Für immer aufgeräumt. 7. Auflage, Offenbach: Gabal.

Laufer, H. (2015): Grundlagen erfolgreicher Mitarbeiterführung. 16. Auflage, Offenbach: Gabal.

Lazarus, A. A. (1995): Praxis der multimodalen Therapie. Tübingen: dgvt.

Leahy, R. L. (2007): Techniken kognitiver Therapie. Paderborn: Junfermann.

Leman, K. (2014): Geschwisterkonstellationen. 10. Auflage, München: mvg.

Leonhardt, J. (2016): Stressmanagement – Mit weniger Druck mehr erreichen. SOS-Techniken nutzen und Resilienz stärken. Mit dem StressRadar®-Programm. Weinheim und Basel: Beltz.

Lewin, K. (1963): Feldtheorie in den Sozialwissenschaften. Bern: Huber.

Lippold, D. (2013): Die Unternehmensberatung. Wiesbaden: Springer.

Lipps, T. (1907): Das Wissen vom fremden Ichen. In: Lipps, T. (Hrsg.) (1907): Psychologische Untersuchungen. Leipzig: Engelmann, S. 694–722.

Loebbert, M. (2003): Storymanagement. Stuttgart: Klett-Cotta.

Lorenz, E. N. (1993): The essence of chaos. London: UCL Press.

Lorenz, K./Leyhausen, P. (1969): Antriebe tierischen und menschlichen Verhaltens. München: Piper.

Luhmann, N. (1984): Soziale Systeme. Frankfurt am Main: Suhrkamp.

Luhmann, N. (1990): Soziologische Aufklärung. Opladen: Westdeutscher Verlag.

Luhmann, N. (1997): Die Gesellschaft der Gesellschaft. Frankfurt am Main: Suhrkamp.

Luhmann, N./Baecker, D. (1987): Archimedes und wir. Interviews. Berlin: Merve.

Lutterer, W. (2009): Gregory Bateson. Eine Einführung in sein Denken. 2. Auflage, Heidelberg: Auer.

Majer, C./Stabauer, L. (2010): Social competence im Projektmanagement. Wien: Goldegg.

Malik, F. (2000): Systemisches Management, Evolution, Selbstorganisation. 2. Auflage, Bern: Haupt.

Malik, F. (2008): Strategie des Managements komplexer Systeme. 10. Auflage, Bern: Haupt.

Malik, F. F. (2014): Führen Leisten Leben. Wirksames Management für eine neue Welt. Frankfurt am Main, New York: Campus.

Marek, D. (2010): Unternehmensentwicklung verstehen und gestalten. Wiesbaden: Gabler.

Maturana, H. R. (1985): Erkennen: Die Organisation und Verkörperung von Wirklichkeit. 2. Auflage, Wiesbaden: Vieweg+Teubner.

Mayring, P. (2008): Einführung in die qualitative Sozialforschung. 5. Auflage, Weinheim und Basel: Beltz.

Mayring, P. (2015): Qualitative Inhaltsanalyse. Grundlagen und Techniken. 12. Auflage, Weinheim und Basel: Beltz.

Mersch, P. (2012): Systemische Evolutionstheorie. Norderstedt: Books on Demand.

Migge, B. (2014): Handbuch Coaching und Beratung. 3. Auflage, Weinheim und Basel: Beltz.

Mohl, A. (2010): Der große Zauberlehrling. 2. Auflage, Paderborn: Junfermann.

Montada, L./Kals, E. (2013): Mediation. 3. Auflage, Weinheim und Basel: Beltz.

Münchhausen, M. v. (2004): Wo die Seele auftankt. Frankfurt am Main: Campus.

Mutafoff, A./Riekehof, R. (2002): Die sieben Seiten des perfekten Managers. 2. Auflage, Landsberg: Moderne Industrie.

Nestmann, F./Engel, F./Sickendiek, U. (Hrsg.) (2007): Das Handbuch der Beratung. 2. Auflage, Tübingen: dgvt.

Neuberger, O. (2007): Ach wie gut, dass niemand weiß, was man so systemisch heißt oder. In: Tomaschek, N. (Hrsg.) (2007): Perspektiven systemischer Entwicklung und Beratung von Organisationen. Ein Sammelband. Heidelberg: Carl Auer, S. 11–36.

Neuberger, O. (2009): Mikropolitik. In: Rosenstiel, L. v./Regnet, E./Domsch, M. E. (Hrsg.) (2009): Führung von Mitarbeitern. Handbuch für erfolgreiches Personalmanagement. 6. Auflage, Stuttgart: Schäffer-Poeschel, S. 28–35.

Nitschke, P. (2014): Trainings planen und gestalten. 3. Auflage, Bonn: managerSeminare.

Niven, P. R. (2009): Balanced Scorecard. 2. Auflage, Weinheim: VCH Wiley.

Nussbaum, C. (2012): Organisieren Sie noch oder leben Sie schon? 2. Auflage, Frankfurt am Main: Campus.

O'Connor, J./McDermott, I. (2006): Die Lösung lauert überall. 4. Auflage, Kirchzarten bei Freiburg: VAK-Verlag.

Pauen, M. (2015): Was ist der Mensch? 2. Auflage, München: Create Space.

Paulus, G./Schrotta, S./Visotschnig, E. (2010): Systemisches konsensieren. 2. Auflage, Holzkirchen: Danke-Verlag.

Petermann, F./Petermann, U./Nitkowski, D. (2016): Emotionstraining in der Schule. Göttingen: Hogrefe.

Pinnow, D. F. (2012): Führen. Worauf es wirklich ankommt. 6. Auflage, Wiesbaden: Springer.

Pinnow, D. F.: »Sphären Modell« der Systemischen Führung. http://www.daniel-pinnow.de/downloads/Sphaeren-Modell_2014.pdf (Abruf 27.06.2016).

Poincaré, H. (2003): Wissenschaft und Methode. Neuauflage. Berlin: Xenomos.

Popper, K. R. (1973): Logik der Forschung. 5. Auflage, Tübingen: Mohr.

Popper, K. R. (1994): Alles Leben ist Problemlösen. Darmstadt: Wissenschaftliche Buchgesellschaft.

Probst, G. J. B. (1987): Selbst-Organisation. Berlin: Parey.

Rammsayer, T./Weber, H. (2010): Differentielle Psychologie. Persönlichkeitstheorien. Göttingen: Hogrefe.

Reuter, M. (2011): Psychologie im Projektmanagement. Erlangen: Publicis.

Rizzolatti, G./Sinigaglia, C. (2008): Empathie und Spiegelneurone. Frankfurt am Main: Suhrkamp.

Rogers, C. R. (Hrsg.) (1977): Therapeut und Klient. München: Kindler.

Rogers, C. R. (2000): Die klientenzentrierte Gesprächspsychotherapie. 14. Auflage, Frankfurt am Main: Fischer.

Rogers, C. R./Schmid, P. F. (2004): Personzentriert. 4. Auflage, Mainz: Matthias Grünewald.

Rohm, A. (Hrsg.) (2011): Change-Tools II. Bonn: managerSeminare.

Rohm, A. (Hrsg.) (2015): Change-Tools. 6. Auflage, Bonn: managerSeminare.

Rosenberg, M. B. (2012): Gewaltfreie Kommunikation. 10. Auflage, Paderborn: Junfermann.

Rosenbusch, H. S. (2005): Organisationspädagogik der Schule. München: Luchterhand.

Rosenstiel, L. v./Regnet, E./Domsch, M. E. (Hrsg.) (2014): Führung von Mitarbeitern. 7. Auflage, Stuttgart: Schäffer-Poeschel.

Roth, M./Schönefeld, V./Altmann, T. (Hrsg.) (2016): Trainings- und Interventionsprogramme zur Förderung von Empathie. Berlin, Heidelberg: Springer.

Ruesch, J./Bateson, G. (1995): Kommunikation. Heidelberg: Carl Auer.

Rustler, F. (2016): Denkwerkzeuge der Kreativität und Innovation. 2. Auflage, St. Gallen, Zürich: Midas Management Verlag.

Literaturverzeichnis

Salovey, P./Mayer, J. D. (1990): Emotional intelligence. In: Imagination, cognition and personality 9, H. 3, S. 185–211.

Sander, C. (2012): Change! Bewegung im Kopf. 3. Auflage, Göttingen: BusinessVillage.

Satir, V./Banmen, J./Gerber, J./Gomori, M. (2007): Das Satir-Modell. Familientherapie und ihre Erweiterung. 3. Auflage, Paderborn: Junfermann.

Satir, V./Stachowiak, J./Taschman, H. A. (2000): Praxiskurs Familientherapie. Paderborn: Junfermann.

Scharlau, C./Rossié, M. (2014): Gesprächstechniken. Freiburg: Haufe.

Scheitler, C./Wetzel, S. (2007): Werte, Worte, Taten. Bern: Haupt.

Schelle, H. (2010): Projekte zum Erfolg führen. Projektmanagement systematisch und kompakt. 6. Auflage, München: dtv.

Schiersmann, C. (1999): Zielgruppenforschung. In: Tippelt, R. (Hrsg.) (1999): Handbuch Erwachsenenbildung/Weiterbildung. 2. Auflage, Wiesbaden: VS Verlag für Sozialwissenschaften, S. 557–565.

Schiersmann, C./Thiel, H.-U. (2014): Organisationsentwicklung. 4. Auflage, Wiesbaden: VS Verlag für Sozialwissenschaften.

Schlippe, A. v./Schweitzer, J. (2016): Lehrbuch der systemischen Therapie und Beratung I. 3. Auflage, Göttingen: Vandenhoeck & Ruprecht.

Schmid, W. (2004): Mit sich selbst befreundet sein. Frankfurt am Main: Suhrkamp.

Schmidt, G. (2007): Liebesaffären zwischen Problem und Lösung. Hypnosystemisches Arbeiten in schwierigen Kontexten. 2. Auflage, Heidelberg: Carl Auer.

Schneider, I./Flor, V. (Hrsg.) (2014): Erzählungen als kulturelles Erbe. Münster: Waxmann.

Schneider, W./Lindenberger, U./Oerter, R./Montada, L. (Hrsg.) (2012): Entwicklungspsychologie. 7. Auflage, Weinheim und Basel: Beltz.

Schröer, W./Stauber, B./Walther, A./Böhnisch, L./Lenz, K. (Hrsg.) (2013): Handbuch Übergänge. Weinheim und Basel: Beltz Juventa.

Schulz von Thun, F. (1981): Miteinander reden. Reinbek: Rowohlt.

Schulz von Thun, F. (2006): Klarkommen mit sich selbst und anderen. 2. Auflage, Reinbek: Rowohlt.

Schulz von Thun, F. (2014): Miteinander reden: 1. Störungen und Klärungen. Reinbek: Rowohlt.

Schulze-Seeger, J. (2013): Schwarzer Gürtel für Trainer. 2. Auflage, Weinheim und Basel: Beltz.

Schwing, R./Fryszer, A. (2015): Systemisches Handwerk. Werkzeug für die Praxis. 7. Auflage, Göttingen: Vandenhoeck & Ruprecht.

Scott-Morgan, P. (2008): Die heimlichen Spielregeln. Frankfurt am Main: Campus.

Searle, J. R. (2007): Sprechakte. 10. Auflage, Frankfurt am Main: Suhrkamp.

Seifert, J. W. (2015): Besprechungen erfolgreich moderieren. 15. Auflage, Offenbach: Gabal.

Seiwert, L. (2006): Noch mehr Zeit für das Wesentliche. Kreuzlingen: Hugendubel.

Seiwert, L. (2011): Work-Life-Balance. 15. Auflage, Offenbach: Gabal.

Seiwert, L./Tracy, B./Küstenmacher, W. T./McGee-Cooper, A. (2011): Wenn du es eilig hast, gehe langsam. 15. Auflage Frankfurt am Main: Campus.

Seligman, M. E. P. (2003): Der Glücksfaktor. Bergisch Gladbach: Ehrenwirth.

Seligman, M. E. P. (2005): Der Glücks-Faktor. 2. Auflage Köln: Bastei Lübbe.

Selvini Palazzoli, M. (1984): Hinter den Kulissen der Organisation. Stuttgart: Klett-Cotta.

Selvini Palazzoli, M./Boscolo, L./Cecchin, G./Prata, G. (1981): Hypothetisieren – Zirkularität – Neutralität. Drei Richtlinien für den Leiter der Sitzung. In: Familiendynamik 6, H. 2, S. 123–139.

Selye, H. (1983): Stress. Reinbek: Rowohlt.

Senge, P. M. (2011): Die fünfte Disziplin. Kunst und Praxis der lernenden Organisation. 11. Auflage, Stuttgart: Schäffer-Poeschel.

Shannon, C. E./Weaver, W. (1963): The mathematical theory of communication. Urbana: University of Illinois Press.

Shazer, S. de (2010): Worte waren ursprünglich Zauber. 2. Auflage, Heidelberg: Carl Auer.

Shazer, S. de/Dolan, Y./Korman, H./Hildenbrand, A. (2008): Mehr als ein Wunder. Heidelberg: Carl Auer.

Simon, F. B. (1993): Unterschiede, die Unterschiede machen. Frankfurt am Main: Suhrkamp.

Simon, F. B. (2014): Einführung in die (System-)Theorie der Beratung. Heidelberg: Carl Auer.

Simon, F. B. (2015): Einführung in die systemische Organisationstheorie. 5. Auflage, Heidelberg: Carl Auer.

Steiger, T./Lippmann, E. (2013): Handbuch Angewandte Psychologie für Führungskräfte. 4. Auflage, Berlin, Heidelberg: Springer.

Stein, S. J./Book, H. E. (2011): Das EQ-Potenzial. 2. Auflage, Weinheim: VCH Wiley.

Steinfath, H./Wiesemann, C. (Hrsg.) (2016): Autonomie und Vertrauen. Wiesbaden: VS Verlag für Sozialwissenschaften.

Steinkellner, P. (2006): Systemische Führung. In: Dengg, O. (Hrsg.) (2006): Coaching. Ein Instrument für Management und Führung. Wien: Landesverteidigungsakad, S. 149–177.

Stewart, I./Joines, V. (2010): Die Transaktionsanalyse. 23. Auflage, Freiburg im Breisgau: Herder.

Stippler, M./Dörffer, T. (Hrsg.) (2013): Führung – Überblick über Ansätze, Entwicklungen, Trends. 3. Auflage Gütersloh: Bertelsmann-Stiftung.

Storch, M. (2015): Das Geheimnis kluger Entscheidungen. 9. Auflage, München, Berlin, Zürch: Piper.

Stueber, K.: Empathy. http://plato.stanford.edu/entries/empathy/ (Abruf 27.06.2016).

Thier, K. (2010): Storytelling. 2. Auflage, Berlin, Heidelberg: Springer.

Thomas, W. I./Thomas, D. S. (1928): The child in America. Behavior problems and programs. New York: Knopf.

Titscher, S./Meyer, M./Mayrhofer, W. (2008): Organisationsanalyse. Konzepte und Methoden. Wien: Facultas.

Turner, V. (2005): Das Ritual. Struktur und Anti-Struktur. Frankfurt am Main: Campus.

Ulrich, H. (1970): Die Unternehmung als produktives soziales System. 2. Auflage, Bern: Haupt.

Ulrich, H./Probst, G. J. B. (1995): Anleitung zum ganzheitlichen Denken und Handeln. 4. Auflage, Bern: Haupt.

Umek, J. (2011): Was sagt mir meine Kindheit? Wien: Kneipp.

Vahs, D. (2012): Organisation. Ein Lehr- und Managementbuch. 8. Auflage, Stuttgart: Schäffer-Poeschel.

van Gennep, A. (2005): Übergangsriten. 3. Auflage, Frankfurt am Main: Campus.

Verzuh, E. (2016): The fast forward MBA in project management5. Auflage. Weinheim: VCH Wiley.

Vester, F. (1988): Neuland des Denkens. Vom technokratischen zum kybernetischen Zeitalter. 5. Auflage, München: dtv.

Vester, F. (1999): Die Kunst vernetzt zu denken. 2. Auflage, Stuttgart: DVA.

Vester, F. (2002): Unsere Welt – ein vernetztes System. 11. Auflage, München: dtv.

Literaturverzeichnis

Walsh, J. P./Ungson, G. R. (1991): Organizational Memory. In: The Academy of Management Review 16, H. 1, S. 57–91.

Watson, J. B. (1968): Behaviorismus. Köln: Kiepenheuer & Witsch.

Watzlawick, P. (2015): Anleitung zum Unglücklichsein. 28. Auflage, München: Piper.

Watzlawick, P./Beavin, J. H./Jackson, D. D. (1969): Menschliche Kommunikation. Formen, Störungen, Paradoxien. Bern: Huber.

Watzlawick, P./Weakland, J. H./Fisch, R./Erickson, M. H. (2013): Lösungen. 8. Auflage, Bern: Huber.

Wehr, M. (2002): Der Schmetterlingsdefekt. Stuttgart: Klett-Cotta.

Wehrle, M. (2013): Die 500 besten Coaching-Fragen. 2. Auflage, Bonn: managerSeminare.

Weidenmann, B. (2013): Erfolgreiche Kurse und Seminare. 8. Auflage, Weinheim und Basel: Beltz.

Weidenmann, B. (2014): Update für Trainer. 2. Auflage, Bonn: managerSeminare.

Wellensiek, S. K. (2011): Handbuch Resilienz-Training. Weinheim und Basel: Beltz.

Werner, E. E./Smith, R. S. (1992): Overcoming the odds. Ithaca: Cornell University Press.

Werther, D. (Hrsg.) (2015): Mission – Vision – Werte. Weinheim und Basel: Beltz.

White, M./Epston, D. (2013): Die Zähmung der Monster. 7. Auflage, Heidelberg: Carl Auer.

Whitmore, J. (1992): Coaching for Performance. München: Heyne.

Whitmore, J. (2015): Coaching for Performance. Paderborn: Junfermann.

Willke, H. (1994): Systemtheorie. Stuttgart: Fischer.

Willke, H. (2005): Systemtheorie II. Interventionstheorie. 4. Auflage, Stuttgart: Lucius & Lucius.

Willke, H. (2006): Grundlagen. 7. Auflage, Stuttgart: Lucius & Lucius.

Wimmer, R. (2004): Organisation und Beratung. Heidelberg: Carl Auer.

Wittgenstein, L. (1968): Philosophische Untersuchungen. Frankfurt am Main: Suhrkamp.

Young, J. E./Klosko, J. S./Weishaar, M. E. (2008): Schematherapie. 2. Auflage, Paderborn: Junfermann.

Personenverzeichnis

A
Adler, A. 92
Ariely, D. 119, 120
Arnold, R. 180

B
Bandler, R. 43
Bandura, A. 86
Bateson, G. 206, 218, 242, 247
Berger, W. 35
Berg, I. K. 43
Berne, E. 49, 72
Bertalanffy, L. von 243
Blumer, H. 33
Bonsen, M. zur 98
Boos, F. 219
Borgert, S. 192
Boyatzis, R. 121

C
Capra, F. 90
Cohn, R. 255

D
Damasio, A. 120
Damasio, H. 120
Darwin, Ch. 89
Dilts, R. 48, 50
Doppler, K. 205
Dörner, D. 118
Duncker, K. 104

E
Ekman, P. 126
Ellebracht, H. 219
Ellis, A. 49
Epston, D. 129

Erickson, M. H. 129
Esser, H. 54
Exner, A. 219

F
Fisher, R. 169
Freud, S. 129

G
Gazzaniga, M. 119
Gennep, A. van 151
Gergen, K. J. 34
Glaser, B.G. 152
Glasersfeld, E. von 33
Glasl, F. 71
Gmeiner, H. 98
Goffman, E. 54
Goleman, D. 121
Gordon, T. 77, 168
Greenberg, L. 121
Grinder, J. 43

H
Heitger, B. 219

J
Jung, C. G. 254

K
Kabat-Zinn, J. 122
Kahnemann, D. 119
Kamlah, W. 40
Kanfer, F. 227
Kernberg, O. 126
Kerzner, H. 192
König, E. 180, 218, 251
Königswieser, R. 219

Personenverzeichnis

Kotter, J. P. 211
Kriz, J. 250
Kübler-Ross, E. 91

L
Lauterburg, C. 205
Lazarus, A. A. 227
Lenz, G. 219
Lewin, K. 93, 197, 204
Lippitt, R. 204
Lipps, T. 125
Loebbert, M. 40, 129
Lorenz, E. N. 94
Lorenz, K. 157
Luhmann, N.
  13, 83, 195, 206, 219, 242, 245, 256

M
Malik, F. 90, 196, 247
Maslow, A. 255
Maturana, H. R. 33
Mayer, J. 119
Mayring, P. 138
McDermott, I. 247

N
Newell, A. 105

O
O'Connor, J. 247
Osterhold, G. 219

P
Palazzoli, M. S. 206, 218, 250
Patton, B. 169
Paulus, G. 170
Perls, F. 255
Pinnow, D. F. 196
Poincaré, H. 94
Popper, K. R. 105
Probst, G. 72, 206

R
Retzer, A. 219, 250
Rizzolatti, G. 126
Rogers, C. 125, 242, 255, 258
Rosenberg, M. B. 170
Ruesch, J. 247

S
Salovey, P. 119
Satir, V. 92, 242, 257
Schiersmann, C. 205
Schmidt, G. 219, 250
Schrotte, S. 170
Schulz von Thun, F. 250
Seligman, M. 44
Senge, P. 72, 246
Seyle, H. 226
Shazer, S. de 43, 218
Siebert, H. 180
Simon, F. 219
Simon, F. B. 250, 256
Simon, H. 105
Simon, P. 83
Sperry, R. 119
Stierlin, H. 219, 250
Strauss, A. L. 152

T
Thiel, H. 205
Turner, V. 151

U
Ungson, G. R. 93
Ury, W. 169

V
Vester, F. 71, 90
Visotschnig, E. 170
Volmer, G. 180, 218, 251

W
Walsh, J. P. 93
Watson, J. B. 255
Watzlawick, P. 218, 249, 256
Weber, G. 219, 250
Weber, M. 54
Werner, E. 227
White, M. 129
Whitmore, J. 106
Willke, H. 218
Wimmer, R. 195, 246
Wittgenstein, L. 54

Y
Young, J. 93

Stichwortverzeichnis

A
Ablösungsphase 152 f.
Achtsamkeit 122, 237
analoge Verfahren 213, 220
Anker 229 f.
Arbeitsmethodik 236 f.
Auswertung, inhaltsanalytische 148 f.
Authentizität 172, 258
Autonomie 257 ff.
Axiome menschlicher Kommunikation 249 f.

B
Balanced Scorecard 148
Beobachtung 144 ff.
    offene 145
    strukturierte 146
Beobachtungskategorien 145
Beratung 216 f.
    Experten- 216 f.
    Prozess- 216 f.
Beratungssystem 223 ff.
Biografieforschung 152

C
Change 203 ff.
Change-Management 204 ff.
    systemisches 206
Chaostheorie 94, 100
Coaching 217 ff.
    systemisches 243, 251
Coachingprozess 220
Copingstrategien 227, 234 ff.

D
Deutungen
    subjektive 15 ff., 146, 163 f., 180, 187, 199, 208, 221, 223
Diagnosephase 155, 206
DMAIC-Zirkel 105 f.
Dokumentenanalyse 147 f., 184

E
Eisenhower-Prinzip 235
Elemente von Systemen 243 ff.
emotionale Intelligenz 25 f., 75, 119, 123, 128, 231 ff.
Emotionen 120 ff., 231 ff.
Emotionsfokussierte Therapie 126
Empathie 125, 127, 172, 258
Entscheidungsprozess 200
Entwicklung sozialer Systeme 19, 89 ff., 146, 166, 210, 223
Erhebungen
    qualitative 137
    quantitative 137
Erwachsenenbildung 180 ff.
    konstruktivistische 180
    systemische 180
Ethnomethodologie 54

F
Familientherapie
    entwicklungsorientiert 257
    systemische 43, 250
Fokusgruppen 163
Fortbildung 179
Fragen
    geschlossene 112
    offene 113
    Skalierungs- 113
    starke 112
    zirkuläre 46
Führung 196 ff.
    situative 197

strategische 197
systemische 195, 198, 200, 251
Führungsaufgaben 197

G
Geschichten erzählen 128 ff.
Glaubenssätze 47 f., 230 f.
Grounded Theory 138, 152
GROW 104, 106, 111 f., 115 f., 159 f., 200, 220
Guiding Coalition 208, 212

H
Handeln, professionelles 217
Harvard-Konzept 169

I
Ich-Botschaft 115
Integrationsphase 156
Interview 138 ff.

K
kognitive Wende in der Verhaltenstheorie 226
Kommunikation
gewaltfreie 170
nonverbale 126
Kommunikationssystem 219, 246
Konflikte 168
Konfliktschlichtung 171, 173
Konsensieren, systemisches 170
Konstruktivismus
radikaler 33, 83
sozialer 34

L
Learning-Histories-Ansatz 129
Lebenskunst 237
Lebensstrategie 232, 234
Leitfragen 139

M
Managementkonzepte, systemische 195 f.
Matrixtechnik 143

Mediation 169
Menschenbild 218, 253 ff.
der personalen Systemtheorie 257
humanistisches 242, 255
Trait- 254
Moderation 158 ff.

N
Nachhaltigkeit 188 f.
narrative Therapie 129
Networking 30
Netzwerke 28
Neurolinguistisches Programmieren (NLP) 43, 50, 229
Neutralität 173
Neuwaldegger Ansatz 219
niederlagelose Methode 168

O
Organisationsberatung 217 ff.
systemische 206, 218, 243, 250
Organisationsberatungsprozess 221
Organisationsentwicklung 204 f.

P
Perspektivenwechsel 46 ff.
Phasenmodell 91 f.
Pomodoro-Technik 236
Position beziehen 38 f.
Positive Psychologie 44 ff.
PrOACT-Methode 106
Problem
-begriff 104
-besitz 114 f.
-löseprozess 105
-lösung 216 f.
Projektmanagement, systemisches 191 ff.
Prozessebene 192 ff.
Prozesssteuerung 159, 172
Psychologie
humanistische 250, 257

Stichwortverzeichnis

Q
Quick Wins 214

R
Reframing 43
Regeldrift 63
Regelkreise 70 ff., 76, 80, 146, 165, 210, 223, 238
    erkennen 75
    unterbrechen 80
Regeln 52 ff., 62 ff., 164 f.
    beurteilen 56 f., 58 f.
    erkennen 54
    implizite und explizite 53
    soziale 17, 146, 164, 209, 223, 248
    verändern 59 f.
Reiz-Reaktions-Modell 226
Resilienz 227
Ressourcen 97
Rituale 67 ff.

S
Schematherapie 49 f., 93
Schlichtungsgespräch 177 f.
Schwellenphase 153 f.
Schwerpunkt, strategischer 235
Selbstmanagement 197 f., 226, 228, 230, 231, 232, 234
Selbstwirksamkeitserwartung 86 f., 209
Sozialforschung, empirische 137
Spiegelneuronen 126
Stakeholderanalyse 22 ff.
Stakeholdermanagement 21 ff., 197
Steuerung von sozialen Systemen 162 ff., 186 ff.
Stichprobe 139
Storytelling 128 ff.
Stress 226
Stress-Auslöser 228 ff.
Stressoren 226
Stufenmodell erfolgreicher Veränderungen 211

subjektive Deutungen 32, 223 f.
Survey-Feedback 204
System
    -begriff 12 f., 243
    -diagnose 198
    -dynamik 244
    -ebene 192 ff., 199
    -ebenen in der Erwachsenenbildung 182
Systeme
    geschlossene 244
    komplexe 198 f.
    Merkmale sozialer 14 ff.
    offene 244
    soziale 245
    verstehen 134 f.
Systemgrenze 82, 84, 86, 146, 166, 244, 248
Systemtheorie
    allgemeine 206, 243 f., 248
    evolutionistische 244 f.
    personale 218, 242 ff.
    personzentrierte 250
Systemumwelt 146, 166, 248

T
Teamberatung 220 f.
Thomas-Theorem 32 f.
Transaktionsanalyse 49, 72, 93

U
Übergangsforschung 151
Umwelt
    materielle 87
    soziale 86 f.

V
Veränderungsprozesse 203 f.
Veranstaltungsvorbereitung 182, 185
verdecktes Wissen 136, 213
Verhaltenstheorie
    kognitive 33
Verhaltenstherapie

kognitive 43
  multimodale 227
Vision 98 f., 212 f.
Visualisierung sozialer Systeme 25 ff.

W
Weiterbildung 179
Werte 64 ff.
  -klärung 64
  -konflikte 66 f.
  -quadrats 67
  -reflexion 64
Wertschätzung 172 f., 258
Wirkungsverlaufsanalyse 206

Z
Zeitmanagement 234
Zielgruppenanalyse 184 f.
Zuhören 34 f.
  aktives 36

Anwendungsorientierte Methodensammlung

Eckard König | Gerda Volmer
Handbuch Systemische Organisationsberatung
2. Auflage 2014.
464 Seiten. Gebunden.
ISBN 978-3-407-36549-1

Beratung von Organisationen – die Bandbreite reicht von Unternehmen bis zu Kommunen, Schulen und Kliniken – ist mittlerweile ein eigenständiger Arbeitsbereich. Von Beraterinnen und Beratern wird dabei eine umfassende Beratungskompetenz erwartet.

Hier setzt dieses Handbuch an: Vor dem Hintergrund der Systemtheorie und gestützt auf langjährige Erfahrung der Autoren ist ein Buch entstanden, das die Grundlagen des systemischen Ansatzes, die einzelnen Schritte im Beratungsprozess sowie mögliche Vorgehensweisen umfassend und zugleich konkret darstellt. Beraterinnen und Berater finden das methodische Rüstzeug, das sie benötigen, um einzelne Personen, Teams oder komplexe Organisationen erfolgreich beraten zu können. Damit ist das Handbuch sowohl eine umfassende Einführung als auch eine anwendungsorientierte Methodensammlung für Berater, Trainer und Experten in Personal- und Organisationsabteilungen.

Aus dem Inhalt:
- Grundlagen der Organisationsberatung: Erklärungsmodelle menschlichen Handelns
- Der Organisationsberatungsprozess
- Diagnoseverfahren im Rahmen systemischer Organisationsberatung
- Systemische Organisationsberatung komplexer Systeme
- Das Beratungssystem

Beltz Verlag · Weinheim und Basel · Weitere Infos: www.beltz.de